机电专业“十三五”规划教材

# 液压与气压传动项目教程

主　编　蒋光玉　冯新伟　刘顺心

副主编　毕既华　李子燕　郑建红

長江出版傳媒

湖北科学技术出版社

图书在版编目（CIP）数据

液压与气压传动项目教程 / 蒋光玉，冯新伟，刘顺心主编. --武汉：湖北科学技术出版社，2014.5

ISBN 978-7-5352-6719-1

Ⅰ. ①液… Ⅱ. ①蒋…②冯…③刘… Ⅲ. ①液压传动—职业教育—教材②气压传动—职业教育—教材 Ⅳ. ①TH137②TH138

中国版本图书馆 CIP 数据核字（2014）第 097818 号

| | |
|---|---|
| 责任编辑：高诚毅 | 封面设计：赵俊红　喻杨 |
| 出版发行：湖北科学技术出版社 | 电话：027-87679468 |
| 地　　址：武汉市雄楚大街 268 号 | 邮编：430070 |
| （湖北出版文化城 B 座 13-14 层） | |
| 网　　址：http://www.hbstp.com.cn | |
| 印　　刷：北京市通县华龙印刷厂 | 邮编：101119 |
| 787×1097　　1/16　　15.5 印张 | 380 千字 |
| 2014 年 5 月第 1 版 | 2024 年 2 月第 2 次印刷 |
| | 定价：48.00 元 |

**本书如有印装质量问题　可与本社市场部更换**

# 前　言

《液压与气压传动项目教程》一书是根据应用型本科院校、职业院校教学改革要求，吸取作者多年的教学经验编写而成。掌握液压与气压传动方面的基本知识，是每个机电类专业学生的必备技能。

## ➢ 本书特点

本书作者都是长期工作在教学一线的资深老师，在液压与气压传动教学的科学化、规范化、现代化等方面做了一定的探索，取得了显著效果。本书具有以下几个主要特点：

（1）本书采用项目教学的方式，以任务为驱动全面介绍了液压与气压传动的基本知识及实际应用的图书，以各种重要技术为主线，然后对每个技术版本中的重点内容进行详细介绍。

（2）本书层次清楚、内容简洁、通俗易懂、实用性强。在较全面阐述液压传动与气压传动基本内容的基础上，着重分析了各类元件的工作原理、结构特点及应用，并强调传授知识与培养能力并重的教学思想。

（3）本书的每个项目均含有项目重点、项目目标、任务说明、理论指导、任务实施、知识拓展、课后总结和考核评价等。

（4）本书以实用为出发点，以培养读者的实践和实际应用能力为目标，并通过通俗易懂的文字和手把手的教学方式讲解液压与气压传动中的要点、难点。

## ➢ 本书结构安排

本书结构安排如下：

**项目一　液压与气压传动系统的认知**。通过本项目学习，读者可以了解液压传动的工作原理及其优缺点；理解液压传动的组成及图形符号；了解液体静力学和动力学的基础；掌握液压油的性质与选用；了解气压传动的工作原理及其优缺点；理解气压传动的组成及图形符号。

**项目二　液压泵和液压缸的选用**。通过本项目的学习，读者可以了解液压泵的工作压力、排量和流量的概念；理解液压泵与液压缸的结构和工作原理；了解液压泵与液压缸的种类、结构和特点；掌握液压泵的选用原则及常见故障排除方法；掌握如何正确拆装与维护液压泵和液压缸。

**项目三　液压阀及液压控制回路的构建**。通过本项目学习，读者可以理解各种液压阀的结构、工作原理及应用；能辨别各种液压阀及其图形符号的绘制；掌握液压基本回路的组成、工作原理、性能特点及应用。

**项目四　液压辅助元件的选用与安装**。通过本项目学习，读者可以了解蓄能器、过滤器的工作原理、功用；了解压力表的工作原理、使用。

**项目五　典型液压系统的组装与调试。**通过本项目学习，读者可以掌握组合机床动力滑台液压系统，以及液压系统的安装于调试；理解液压系统的工作原理及其特点。

**项目六　液压系统预防性维护及常见故障诊断与维修。**通过本项目学习，读者可以了解液压系统日常检查的方法及步骤；掌握液压系统常见故障的处理方法；掌握液压故障的诊断方法和排除方法。

**项目七　气源装置与气动执行元件选用。**通过本项目学习，读者可以掌握气源装置的组成和工作原理；掌握气缸和气马达的结构组成和工作原理。

**项目八　气动控制阀及气动控制回路构建。**通过本项目学习，读者可以掌握方向控制阀、气压控制换向阀、磁控制换向阀、时间控制换向阀等的种类、结构、工作原理；掌握压力控制阀、流量控制阀的种类、结构、工作原理及其应用。

**项目九　气动系统的预防性维修、常见故障诊断与维修。**通过项目章学习，读者可以掌握如何对气动系统进行维护；掌握气压系统常见故障及排除方法。

## ➢ 本书创作人员

本书由蒋光玉、冯新伟、刘顺心担任主编，毕既华、李子燕、郑建红担任副主编。本书的相关资料可扫封底微信二维码或登录 www.bjzzwh.com 获得。

## ➢ 本书适合对象

本书既可作为应用型本科院校、职业院校机电类专业的教学用书，也可作为有关专业和生产企业技术人员的参考用书。

本书在编写过程中，难免有疏漏和不当之处，敬请各位专家及读者不吝赐教。

编　者

# 目　录

# 项目一　液压与气压传动系统的认知

## 【项目重点】

- 磨床工作台液压传动系统的认知
- 压力和流量，以及剪板机气压传动系统的认知

## 【项目目标】

- 了解液压传动的工作原理及其优缺点
- 理解液压传动的组成及图形符号
- 了解液体静力学和动力学的基础
- 掌握液压油的性质与选用
- 了解气压传动的工作原理及其优缺点
- 理解气压传动的组成及图形符号

## 任务1　磨床工作台液压传动系统的认知

### 【任务说明】

观察磨床工作台的工作过程，重点观察其工作台实现纵向往复直线运动的方式。操作磨床工作台液压传动系统，控制其往复运动，调节其速度，了解液压系统的组成。通常，液压系统由以下几部分组成：

（1）动力元件。

（2）执行元件。

（3）控制调节元件。

（4）辅助元件。

（5）工作介质。

### 【理论指导】

#### 一、液压传动的工作原理

液压千斤顶工作原理如图1-1所示。它是依靠液压传动系统来传递动力，完成对重物的举升。那么，什么是液压传动系统呢？它是如何工作的呢？

下面我们就以液压千斤顶为例来说明液压传动的工作原理。如图 1-1 所示，由大缸体 9 和大活塞 8 组成举升液压缸。

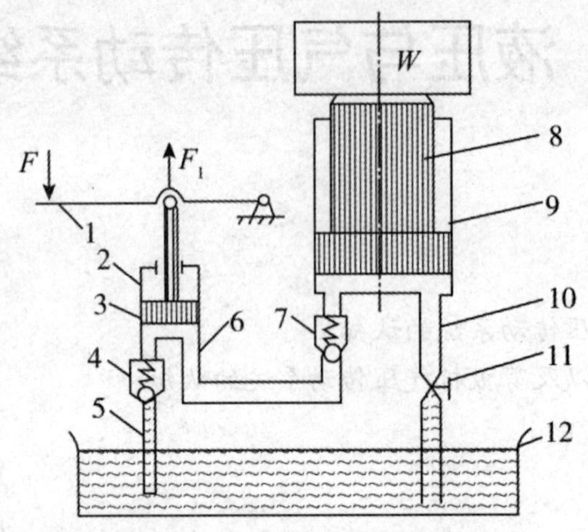


图 1-1　液压千斤顶工作原理

1-杠杆手柄；2-小缸体；3-小活塞；4、7-单向阀；5-吸油管；
6、10-管道；7-大活塞；9-大缸体；11-截止阀；12-油箱

杠杆手柄 1、小缸体 2、小活塞 3、单向阀 4 和 7 组成手动液压泵。如提起手柄使小活塞向上移动，小活塞下端油腔容积增大，形成局部真空；此时，油箱 12 中的油液会在大气压力的作用下，经吸油管 5 顶开单向阀 4 进入泵下腔内；用力压下手柄，小活塞下移，小活塞下腔压力升高，单向阀 4 关闭，下腔内的油液经管道 6 顶开单向阀 7 进入举升液压缸 9 的下腔，迫使大活塞 8 向上移动，顶起重物。

再次提起手柄吸油时，举升缸下腔的压力油将会倒流入手动泵内，但此时单向阀 7 自动关闭，使油液不能倒流，从而保证了重物不会自行下落。反复上下扳动杠杆手柄，则液压油会不断地补充进入到大缸体内，重物就会慢慢升起。手动泵停止工作，大活塞停止运动。打开截止阀 11，举升缸下腔的油液在重力的作用下通过管道 10、阀 11 排流回油箱，重物随大活塞一起向下移动并落回原位。

由上述分析可知，液压传动是以液体为工作介质，利用流体的压力能来传递运动和动力的一种传动方式。它们具有以下几个基本特征：

（1）以液体为传动介质来传递运动和动力。

（2）液压与气压传动必须在密闭容器内进行。

（3）依靠密闭容器的容积变化传递运动。

（4）依靠液体的静压力传递动力。

## 二、液压传动的组成及图形符号

机床工作台液压系统结构原理如图 1-2 所示。

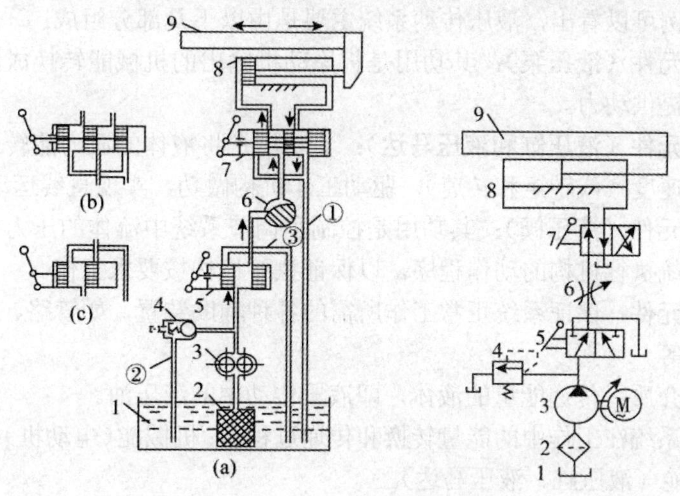


**图 1-2　机床工作台液压系统结构原理**

1-油箱；2-过滤器；3-液压泵；4-溢流阀；5-换向阀；6-节流阀；7-换向阀；8-液压缸

该系统的工作原理是：液压泵由电动机带动旋转后，从油箱中经过滤器吸油，由泵输出压力油→换向阀 5→节流阀 6→换向阀 7→液压缸 8 左腔，推动活塞并带动工作台向右移动；此时，液压缸右腔的油液 →换向阀 7→回油管→油箱。

如果将换向阀 7 的手柄位置转换成图 1-2（b）所示状态，则经节流阀的压力油→换向阀 7→液压缸 8 右腔。此时，液压缸左腔的油液→换向阀 7→回油管→油箱，液压缸中的活塞将带动工作台向左移动。

由此可知，换向阀的主要功用是控制和改变液压油的流动方向，进而控制液压缸及工作台的运动方向。当系统中的换向阀 5 处于图 1-2（c）位置时，则液压泵输出的压力油将经换向阀 5 直接流回油箱。此时，系统处于卸荷状态，压力油不能进入液压缸，所以换向阀还有启动、止停功能。工作台工作时的运动速度是由节流阀 6 来调节，并与溢流阀配合实现的。液压泵输出的多余流量经溢流阀流回油箱。节流阀的主要功用是控制进入液压缸的流量，进而控制液压缸活塞的运动速度。

为了克服推动工作台时所受到的各种阻力（如摩擦阻力、切削阻力等），液压缸必然要产生一个足够大的推力，这个推力就是由液压缸中的油液压力产生的，当阻力增大时，油液压力随之增大；反之，油液压力随之减小。根据工作时阻力的不同，要求液压泵输出的油液压力能够进行调节，这个功能是由溢流阀 4 实现的。当油液压力对溢流阀阀芯的作用力略大于溢流阀中弹簧对阀芯的作用力时，阀芯才能移动，使阀口打开，油液经溢流阀流回油箱，泵输出的压力将不再升高。

液压泵出口处的油液压力是由溢流阀决定的，它和液压缸中的压力（由负载决定）不一样大。因液压系统中液压油流经管路及元件时有压力损失，故液压泵出口处的油液压力值大于液压缸中的压力值，溢流阀在液压系统中的主要功用是调节和稳定系统的最大工作压力。

图 1-2（b）所示为该液压系统的图形符号图；图 1-2（a）结构原理图直观形象，易于理解，但图形复杂，不便于绘制，一般常用标准的元件图形符号来绘制液压系统。

从上述实例可以看出，液压传动系统主要是由以下几部分组成：

- **动力元件（液压泵）**：其功用是将原动机输出的机械能转换成液体的压力能，为系统提供动力。
- **执行元件（液压缸和液压马达）**：其功用是将液体的压力能转化为机械能。输出力和速度（或转矩和转速），驱动工作机构做功，实现直线运动或旋转运动。
- **控制元件（液压阀）**：其功用是控制和调节系统中流体的压力、流量、流动方向及系统执行机构的动作程序，以保证执行机构按要求工作。
- **辅助元件**：保证系统正常工作所需的各种辅助装置，如管路、管接头、油箱、压力表等。
- **工作介质**：传递能量的液体，即液压传动中的液压油。

液压传动系统在工作中的能量转换和传递过程是：机械能（电动机）→ 液体压力能（液压泵）→机械能（液压缸、液压马达）。

## 三、液压传动的优缺点

1．液压传动与其他传动方式相比较的主要优点

液压传动与其他传动方式相比较的主要优点有如下几个：

（1）在同等体积下液压装置能比电气装置产生出更大的动力。在输出同等功率的条件下，液压装置的体积小、重量轻、惯性小、结构紧凑。液压马达的体积和质量只有同等功率电动机 12%左右。

（2）液压装置能在大范围内实现无级调速，调速范围可达 2000:1，它还可以在运行的过程中进行调速。

（3）液压装置工作比较平稳。由于质量轻、惯性小、反应快，液压装置易于实现快速启动、制动和频繁的换向。

（4）液压传动装置的控制和调节比较简单，操纵比较方便、省力。当机、电、液结合起来使用时，整个传动装置能实现很复杂的顺序动作，也方便实现远程控制和自动化。

（5）液压传动易于实现过载保护，同时，液压油能自行润滑相对运动表面，因此液压元件的使用寿命长。

（6）由于液压元件已实现了标准化、系列化和通用化，液压系统的设计、制造和使用都比较方便。

（7）用液压传动实现直线运动远比用机械传动简单。

2．液压传动的主要缺点

液压传动的主要缺点有如下几个：

（1）液压传动是以液体为工作介质，在相对运动表面间难免有泄漏；同时又因为液体具有压缩性，因此不适宜在传动比要求严格的场合使用。

（2）液压传动在工作过程中有较多的能量损失（摩擦损失、泄漏损失等），因此不宜于远距离传动。

（3）液压传动对油温变化比较敏感，它的工作稳定性很容易受到温度的影响，因此它不适宜在很高或很低的温度条件下工作，且宜污染环境。

（4）为了减少泄漏，液压元件在制造精度上的要求较高，因此它的造价比较高，对

工作介质的污染也比较敏感。

（5）液压传动系统因为是密闭的系统，所以出现故障时诊断困难，也就对维修人员提出了更高的要求，既需要系统地掌握液压传动的理论知识，又要具有一定的实践经验。

（6）随着高压、高速、高效率和大流量化，液压元件和系统的噪声日益增大，这也是需要解决的问题。

## 【任务实施】

观察机床工作台的工作过程后，操作实验台上由教师构建好的工作台模拟控制系统，指出工作台液压系统中各组成部分的名称及作用。

- **动力元件**：如图 1-2 所示，液压泵在电机带动下转动，输出高压油。它的功能是将电机输入的机械能转换为液体的压力能，为整个系统提供动力。
- **执行元件**：如图 1-2 所示，液压缸在高压油的推动下移动，可以对外输出推力，通过它把压力能释放出来，转换成机械能，以驱动工作部件。
- **控制元件**：如图 1-2 所示中的换向阀可以控制液压系统中液体的流动方向，从而控制液压缸的运动方向。
- **辅助元件**：如图 1-2 所示中的油箱用来储存油液，是液压系统中不可缺少的元件。
- **传动介质**：即液压油，其作用是实现运动和动力的传送。

## 【知识拓展】

### 一、液压传动的历史及应用

液压传动相对于机械传动来说是一门较新的传动形式。如果从 1795 年世界上第一台水压机诞生算起，液压传动已有 200 多年的历史，然而液压传动的真正推广使用却是近 50 多年的事。特别是 20 世纪 60 年代以后，随着原子能科学、空间科学、计算机技术的发展，液压技术也得到很大的发展，渗透到国民经济的各个领域之中，在工程机械、冶金、军工、农机、汽车、轻纺、船舶、石油、航空和机床工业中，液压技术得到了普遍的应用。表 1-1 列举了液压与气压传动的部分应用实例。

表 1-1 液压与气压传动在各种行业中的一般应用

| 行业名称 | 应用举例 | 行业名称 | 应用举例 |
|---|---|---|---|
| 过程机械 | 装载机、推土机、挖掘机 | 机械制造 | 组合机床、剪板机、自动生产线 |
| 矿山机械 | 液压支架、凿岩机、开凿机 | 筑路机械 | 压路机、养路机、捣箍机 |
| 起重机械 | 汽车起重机、升降平台、叉车 | 轻工机械 | 打包机、自动计量灌装机 |
| 冶金机械 | 轧钢机、转炉、压力机 | 纺织机械 | 印染机、织布机、抛纱机 |
| 锻压机械 | 压力机、锻压机、空气锤 | 气动工具 | 气镐、气扳机、气动搅拌机 |

## 二、液压技术的发展趋势

随着机电一体化设备自动化程度的不断提高，液压元件在机电设备中的应用越来越广。液压元件呈小型化、系统集成化已是发展的必然趋势。特别是液压技术与传感技术、微电子技术的紧密结合，使得近年来出现了诸多新型元件，如电液比例阀、数字阀、电液伺服阀等，机液电一体化的组合元器件，使液压技术向着高压、大功率、低噪音、节能高效、集成方向发展。

## 【课后总结】

本任务主要讲述了磨床工作台液压传动系统，液压传动是利用密闭系统中的受压液体（液压油）来传递运动和动力的传动方式。通过本任务的学习，读者应掌握液压系统的工作原理、液压传动的组成及其图形符号；了解液压传动的优缺点、液压技术的应用和发展概况。

## 【考核评价】

1．什么是液压传动?液压传动与液力传动比较有何不同?

2．液压传动系统有哪些组成部分?各部分的作用是什么?

3．和其他传动方式比较，液压传动有哪些优缺点?

# 任务 2　压力和流量的认知

## 【任务说明】

在教师指导下操作如图 1-2 所示的机床工作台液压系统，观察液压缸在不同速度和负载下的运动规律。

## 【理论指导】

### 一、液体静力学基础

液体静力学所研究的是液体处于静止状态下的力学规律及其实际应用。所谓静止，是指液体内部质点之间没有相对运动，以至于液体整体完全可以像刚体一样作各种运动。

1．液体的静压力及特性

液体单位面积上所受的法向力称为压力。这一定义在物理学中称为压强，但在液压传动中习惯称为压力。用符号 P 表示。

$$P=\frac{F}{A} \tag{1-1}$$

式中 $F$—作用在液面上的法向力（N）；

$A$— 液体的受力面积（$m^2$）。

压力的法定单位为 Pa（帕，$N/m^2$）。由于其单位太小，工程上使用不便，因而常用 MPa（兆帕）。1MPa＝$10^6$Pa。

液体的静压力有如下特性：

（1）液体的压力沿着内法线方向作用于承压面。

（2）静止液体内任一点的压力在各个方向上都相等。

因此，静止液体总是处于受压状态，并且其内部的任何质点都是受平衡压力作用的。

2．液体静力学基本方程

如图 1-3 所示，密度为 $\rho$ 的液体在容器内处于静止状态。

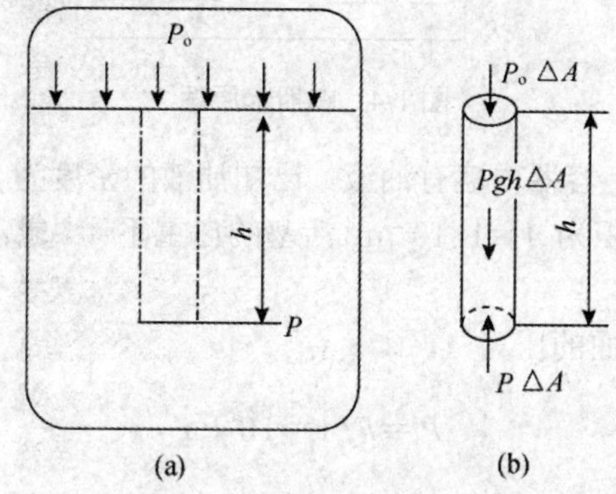


图 1-3 重力作用下的静止液体

为求任意深度处的液体压力 $P$，可以假想从液面往下切取一个垂直小液柱作为研究对象，设液柱的底面积为 $\Delta A$，高为 $h$，如图 1-3（b）所示。由于液柱处于平衡状态，于是有 $P\Delta A=P_0\Delta A+\rho gh\Delta A$ 即：

$$P = P_0 + \rho gh \tag{1-2}$$

式（1-2）即为液体静力学基本方程式。由此式可知，对于重力作用下的静止液体，其压力分布有如下特征：

（1）静止液体内任一点处的压力都由两部分组成：一部分是液面上的压力 $P_0$，另一部分是该点以上液体自重所形成的压力，即 $\rho gh$。当液面上只受大气压力 Pa 作用时，则液体内任一点处的压力为：

$$P = P_a + \rho gh \tag{1-3}$$

（2）静止液体内的压力随液体深度呈直线规律分布。

（3）离液面深度相同的各点组成了等压面，等压面为一水平面。

静力学基本方程的物理意义：静止液体中任一点都有单位质量液体的位能和压力能，即具有两部分能量，而且各点的总能量之和为一常量。

3．帕斯卡原理（也叫静压传递原理）

在密闭容器内，施加于静止液体的压力可以等值地传递到液体各个质点。这就是帕斯卡原理。在图 1-4 中，根据帕斯卡原理有 $P_1=P_2$。即 $F_1/A_1=F_2/A_2$，由于 $A_1>A_2$，所以用较小的力 $F_2$ 就可产生很大的力 $F_1$。液压千斤顶和水压机就是按此原理制成的。

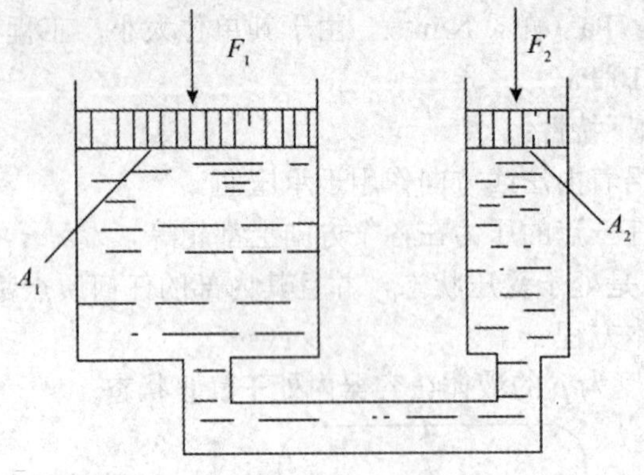


**图 1-4　帕斯卡原理**

【例】如图 1-5 所示，容器内盛有油液。已知油液的密度为 $\rho$=900kg/m$^3$，活塞上的作用力 $F$=10kN，活塞的面积为 $A$=1×10$^{-2}$ m$^2$ 活塞的自重不计。求活塞下方深 $h$=1m 处的压力为多少？

解：活塞与液体接触面的压力

$$P=F/A=10^6\text{Pa}$$

深度为 $h$ 处的液体压力为

$$\begin{aligned}P&=P_0+\rho gh\\&=10^6+900\times9.8\times1\\&=1.0088\times10^6\text{Pa}\end{aligned}$$

由此可见，液体在受外界压力作用的情况下，由液体自重所形成的那部分压力 $\rho gh$ 相对于外力引起的压力要小得多，在液压系统中常可忽略不计，因而近似认为整个液压系统内部各点的压力相等。以后在液压系统中，可以认为静止液体内各处的压力相等。

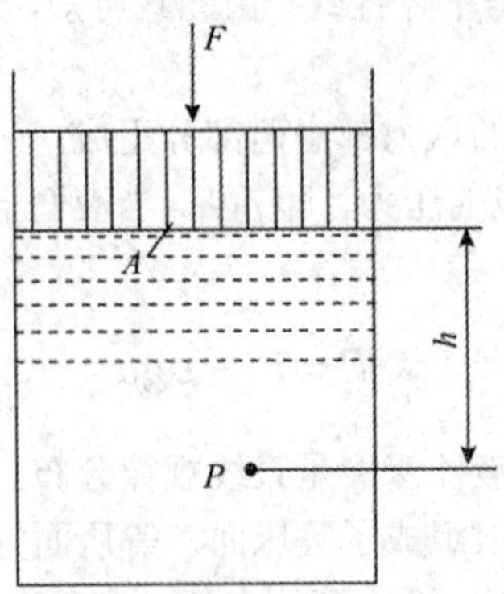


**图 1-5　帕斯卡原理应用实例**

4．压力的表示方法及单位

➢　**绝对压力：**是以绝对真空作为基准所表示的压力。

➢ **相对压力**：是以大气压力作为基准所表示的压力。

绝对压力与相对压力关系是：绝对压力=相对压力+大气压力。

➢ **真空度**：某点的绝对压力比大气压小的那部分数值叫作该点的真空度。

即：真空度=大气压力－ 绝对压力

绝对压力、相对压力（表压力）和真空度的关系如图 1-6 所示。

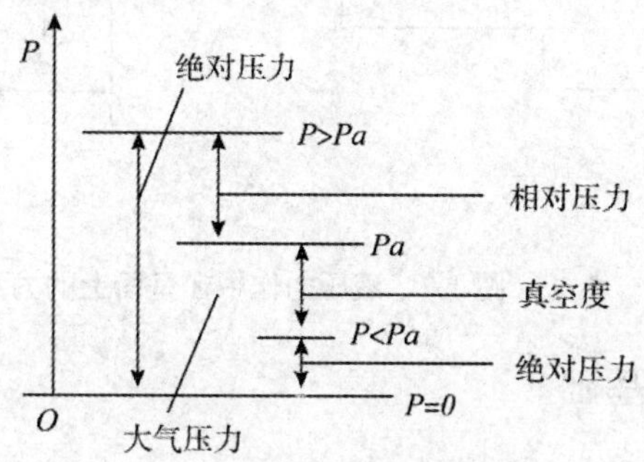


**图 1-6　绝对压力、相对压力和真空度**

压力的法定单位为 Pa（帕，$N/m^2$）。由于其单位太小，工程上使用不便，常使用 kPa、MPa、GPa 表示。工程单位制使用的单位有 kgf/cm、bar（巴）、at（工程大气压）、atm（标准大气压）、液柱高度等，它们之间的关系是：

$$1MPa=10^3kPa=10^6Pa$$

$$1atm=0.101325MPa$$

$$1at=1kgf/cm=9.8\times10^4Pa\approx1\times10^5Pa$$

5．静压力在固体壁面上的作用力

当固体壁面为一平面时，液体压力在该平面上的总作用力 $F$ 等于液体压力 $P$ 与该平面面积 $A$ 的乘积，其作用方向与该平面垂直，即：

$$F=PA \tag{1-4}$$

如图 1-7（a）所示，压力油对活塞的作用力为：

$$F=PA=p\frac{\pi D^2}{4}$$

当固体壁面为一曲面时，液体压力在该曲面某方向上的总作用力等于液体压力 $P$ 与曲面在该方向投影面积 $A_x$ 的乘积，即：

$$F=PA_x \tag{1-5}$$

如图 1-7（b）和 1-7（c）所示，压力油作用在固体壁面上的总作用力为：

$$F=PA_x=p\frac{\pi D^2}{4}$$

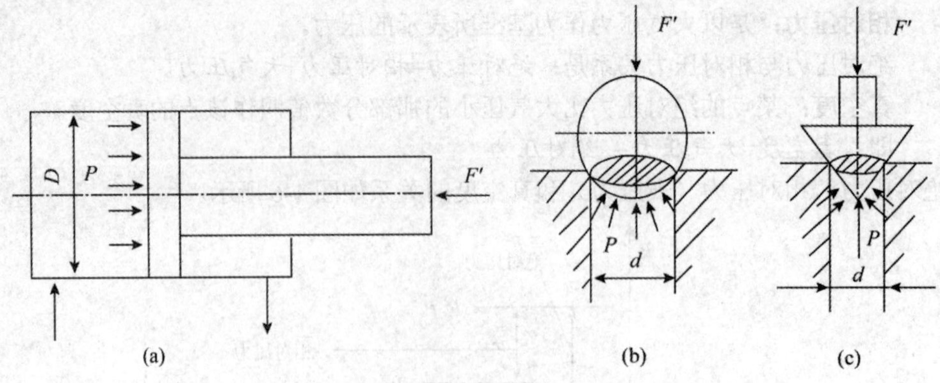


图 1-7　液压力作用在壁面上的力

## 二、液体动力学基础

液体动力学主要介绍液体处于流动状态时的运动规律以及液体流动时的能量转换关系。这些内容既构成了液体动力学基础，它是液压技术中分析问题和设计计算的理论依据。

1．基本概念

（1）理想液体和恒定流动。实际液体流动时具有黏性和可压缩性，因而研究液体流动时的运动规律比较困难。为研究问题方便，先假设液体没有黏性并且不可被压缩，然后再根据实验结果，考虑黏性和可压缩性的作用，对所得到的液体运动的基本规律、能量转换关系等进行修正和补充，使之符合实际流动情况。一般情况下，把既无黏性又不可压缩的假想液体称为理想液体。

液体流动时，若液体中任一点处的压力、速度和密度都不随时间而变化，这种流动称为恒定流动（也就称非恒定流动）如图 1-8 所示。图 1-8（a）的水平管内液流为恒定流动，图 1-8（b）中液体为非恒定流动。

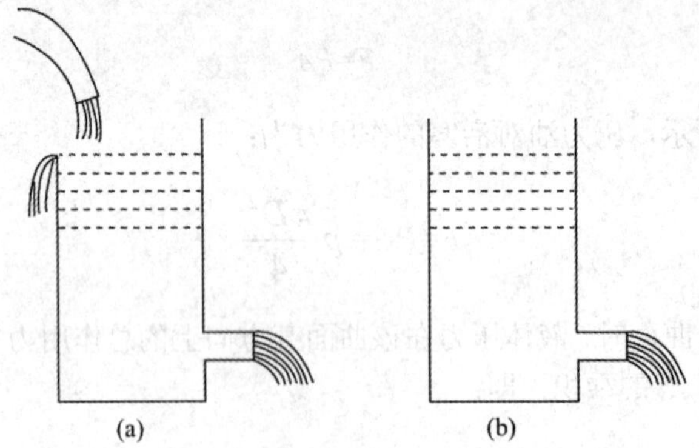


图 1-8　恒定流动和非恒定流动

（2）过流断面、流量和平均流速。

- **过流断面**：液体在管道中流动时，其垂直于流动方向的截面称为过流断面（或称通流截面）。
- **流量**：单位时间内流过某一过流断面的液体体积称为流量。该流量以 $q$ 表示，单位为 $m^3/s$，或 L/min。

假设理想液体在一直管内作恒定流动，如图 1-9 所示。

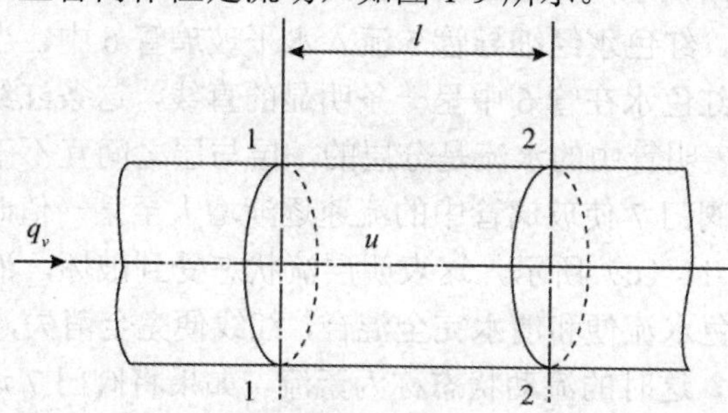


图 1-9　理想液体在直管中的流动

液流的过流断面面积即为管道截面积 $A$。液流在过流断面上各点的流速皆相等，以 $\mu$ 表示。流过截面 1-1 的液体经过时间 $t$ 后到达截面 2-2 处，所流过的距离为 $L$，则流过的液体体积为 $V$=$AL$，流量即为：

$$q=\frac{V}{t}=\frac{AL}{t}=Av \tag{1-6}$$

如图 1-10（a）所示，对于实际液体，当液流通过微小的过流断面 $d_A$ 时，液体在该断面各点的流速可以认为是相等的，所以流过该微小断面的流量为 $d_q$=$\mu d_A$。

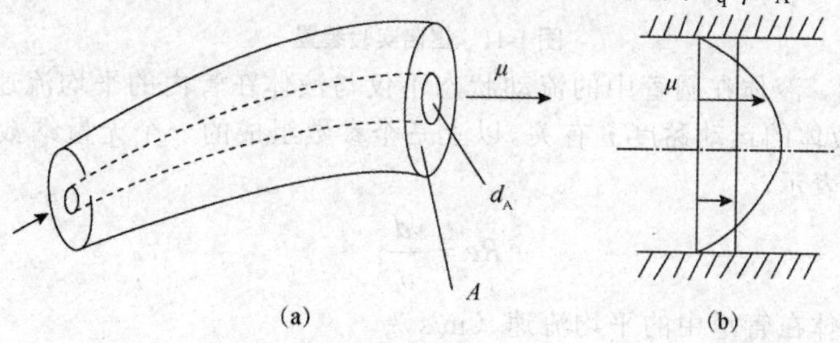


图 1-10　流量和平均流速

由于实际液体在流动时具有黏性，整个过流断面上各点的流速一般是不相等的，其分布规律大致呈抛物线形，如图 1-10（b）所示。中心线处流速最高，而边缘处流速为零，计算、使用不方便。因此引入平均流速的概念。平均流速是假设过流断面上各点的流速均匀分布，平均流速 $v$ 为流过过流断面的流量 $q$ 与该过流断面的面积 $A$ 的比值。即：

$$v=\frac{q}{A} \tag{1-7}$$

在工程实际中，平均流速 $v$ 才具有应用价值。液压缸工作时，活塞运动的速度就等于缸内液体的平均流速，因而可以建立起活塞运动速度 $v$ 与液压缸有效面积 $A$ 和流量 $q$ 之间的关系，当液压缸有效面积一定时，活塞运动速度决定于输入液压缸的流量。这是液压传动另一个基本概念。若要改变速度，只要改变流入液压缸的流量即可。

2．流态和雷诺数

液体流动有两种基本状态：层流和紊流。两种流动状态的物理现象可以通过雷诺实验观察出来，实验装置如图 1-11 所示。

水箱 4 由进水管不断供水，并由溢流管保持水箱水面高度恒定。水杯 2 内盛有红颜色的水，将开关 3 打开后，红色水经细导管 5 流入水平玻璃管 6 中。当调节阀门 7 的开度使玻璃管中流速较小时，红色水在管 6 中呈一条明显的直线，这条红线和清水不相混杂，如图 1-11（b）所示，这表明管中的水流是分层的，层与层之间互不干扰，液体的这种流动状态称为层流。当调节阀门 7 使玻璃管中的流速逐渐增大至某一值时，可看到红线开始抖动而呈波纹状，如图 1-11（c）所示，这表明层流状态受到破坏，液流开始紊乱。若使管中流速进一步加大，红色水流便和清水完全混合，红线便完全消失，如图 1-11（d）所示，表明管中液流完全紊乱，这时的流动状态称为紊流。如果将阀门 7 逐渐关小，就会看到相反的过程。

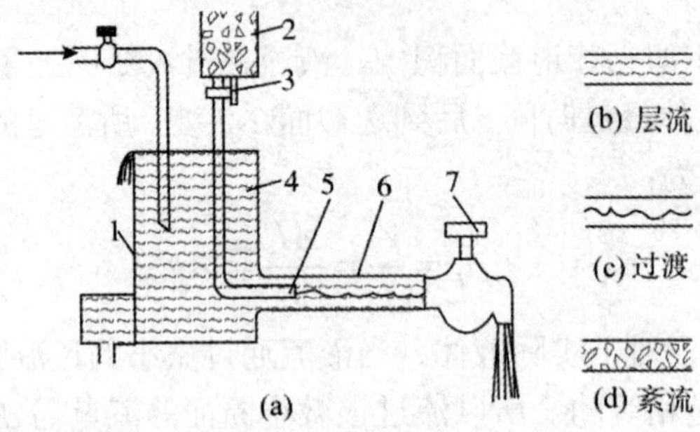


图 1-11　雷诺实验装置

实验证明，液体在圆管中的流动状态不仅与液体在管内的平均流速 $v$ 有关，还与管径 $d$ 和液体的运动黏度 $\upsilon$ 有关。以上三个参数组成的一个无量纲数就被称为雷诺数，用 $Re$ 表示。

$$Re=\frac{vd}{\upsilon} \tag{1-8}$$

式中　$v$—液体在管道中的平均流速（m/s）；

$d$—管道的内径（m）；

$\upsilon$—液体的运动黏度（$m^2/s$）。

管道中液体的流态随雷诺数的不同而改变，并且液体从层流变为紊流的雷诺数和从紊流变为层流的雷诺数是不相同的，后一种情况雷诺数较小，一般以其作为判断液体流态的依据，称其为临界雷诺数，用 $R_{ec}$ 表示。当液体的实际雷诺数 $R_e$ 小于临界雷诺数 $R_{ec}$ 时，流态为层流；反之，为紊流。各种管道的临界雷诺数可以由实验测出。常见管道的临界雷诺数如表 1-2 所示。

表 1-2　常见液流管道的临界

| 管道性质 | 临界雷诺数 $R_{ec}$ | 管道性质 | 临界雷诺数 $R_{ec}$ |
|---|---|---|---|
| 光滑金属管 | 2320 | 带沉割槽的同心环状缝隙 | 700 |
| 橡胶软管 | 1600~2000 | 带沉割槽的偏心环状缝隙 | 400 |
| 光滑的同心环状缝隙 | 1100 | 圆柱形滑阀阀口 | 260 |
| 光滑的偏心环状缝隙 | 1000 | 锥阀阀口 | 20~100 |

雷诺数的物理意义：雷诺数是液流的惯性力对黏性力的无因次比。当雷诺数较大时，说明惯性力起主导作用，这时液体处于紊流状态；当雷诺数较小时，说明黏性力起主导作用，这时液体处于层流状态。液体在管道中流动时，层流状态能量损失小，紊流状态能量损失大。因此，在液压系统设计过程中，应尽量使液体在管道中的流动状态为层流。

3．三个基本方程

在工程应用中，必须要知道以下一些常识：管径粗流速低，管径细流速快。泵的吸油管径要大，尽可能减小管路的长度，并限制泵的安装高度，一般控制在 0.5m 以下。根据经过阀芯的流量情况，合理选择换向阀的控制方式。这些常识涉及流体动力学中的三个基本方程：流量的连续性方程、伯努利方程和动量方程。

（1）流量的连续性方程。连续性方程是质量守恒定律在流体力学中的一种表达形式。在研究液体流动时，为计算方便，假定液体连续地充满着它所占据的空间。即液体内部没有空隙或不连续的地方。这个条件称为液体流动的连续性条件。设液体在图 1-12 所示的管道中作恒定流动。任取的 1、2 两个过流断面的面积分别为 $A_1$ 和 $A_2$，两个断面处的液体密度和平均流速分别为 $\rho_1$、$v_1$ 和 $\rho_2$、$v_2$，根据质量守恒定律，在单位时间内流过两个断面的液体质量相等，即

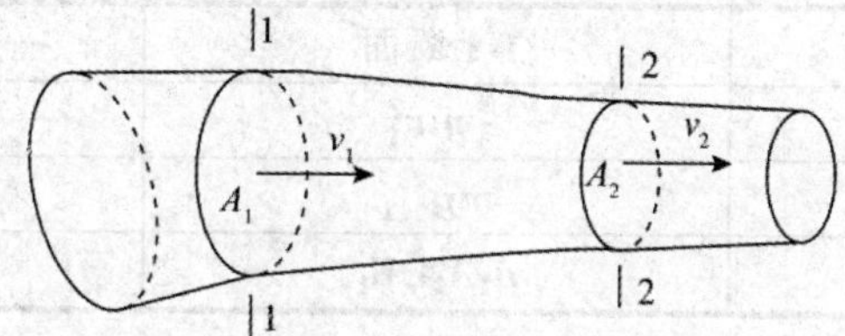


**图 1-12　液流的连续性原理**

$$\rho_1 v_1 A_1 = \rho_2 v_2 A_2$$

对于不可压缩性液体，$\rho_1 = \rho_2$，因此：

$$v_1 A_1 = v_2 A_2 = q \tag{1-9}$$

这就是液体的连续性方程。它说明液体在管道中流动时，流过各个断面的流量是相等的（即流量是连续的），因而流速和过流断面积成反比。（1-9）公式的前提都是连续流动，即流体质点间无间隙。如果液流中出现了气泡，油液的可压缩性会明显增加，这种连续性就破坏了，当然连续性方程也就不适用了，因此为了保证执行元件速度的准确，液压系统采用密封等措施，尽量避免在油液中混入空气。

（2）伯努利方程。伯努利方程是能量守恒定律在流体力学中的一种表达形式。为研究方便，先讨论理想液体的伯努利方程，再将其扩展到实际液体中。

➢　理想液体伯努利方程

如图 1-13 所示，理想液体在管道内作恒定流动。任取截面 1 和截面 2 中的一段液流作为研究对象，设 1、2 两断面中心到基准面 O-O 的高度分别为 $h_1$ 和 $h_2$，过流断面面积分别为 $A_1$ 和 $A_2$ 压力分别为 $P_1$ 和 $P_2$。由于是理想液体，断面上的流速可以认为是均匀分布的，

故设 1、2 断面的平均流速分别为 $v_1$ 和 $v_2$，假设经过很短时间 $\Delta t$ 以后，液体通过两断面的距离为 $\Delta L_1$、$\Delta L_2$。下面分析在Δt时间内该段液体的功能变化。则液体在两断面处所具有的能量如表 1-3 所示。

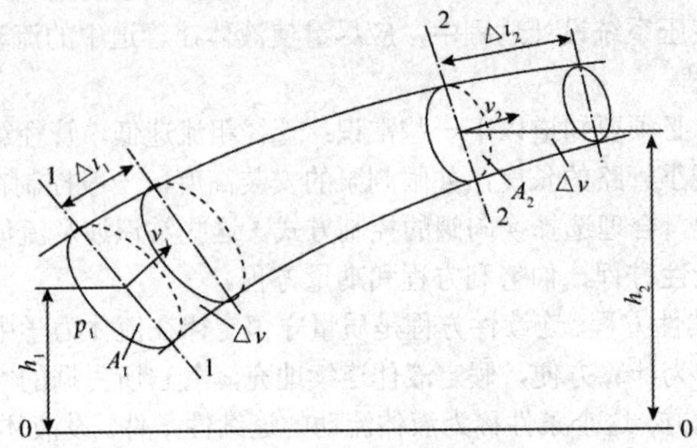


图 1-13　理想液体伯努利方程推导示意图

表 1-3　液体在两断面处所具有的能量

| 能 | 1-1 断面 | 2-2 断面 |
| --- | --- | --- |
| 动能 | $\frac{1}{2}mv_1^2$ | $\frac{1}{2}mv_2^2$ |
| 位能 | $mg\square_1$ | $mg\square_2$ |
| 压力能 | $\rho_1 A_1 \square L_1$ | $\rho_2 A_2 \square L_2$ |

由此可出理想液体伯努利方程为：

$$P_1 + \rho g h_1 + \frac{1}{2}\rho {v_1}^2 = P_2 + \rho g h_2 + \frac{1}{2}\rho {v_2}^2 \tag{1-10}$$

或写成：

$$P + \rho g h + \frac{1}{2}\rho v^2 = 常数 \tag{1-11}$$

式（1-11）中各项分别是单位体积液体的压力能、位能和动能。因此，理想液体伯努利方程的物理意义是：在密闭管道内作恒定流动的理想液体具有三种形式的能量，即压力能、位能和动能。在流动过程中，三种能量可以相互转化，但每个过流断面上三种能量之和恒为定值。

➢ 实际液体伯努利方程

实际液体在管道内流动时，由于液体存在黏性，会产生内摩擦力，消耗能量；同时，管道局部形状和尺寸的骤然变化，使液流产生扰动，亦消耗能量。因此，实际液体流动有能量损失。设单位体积液体在 1、2 两断面间流动的能量损失为 $\Delta p_{\mathrm{W}}$。另一方面，由于实际液体在管道过流断面上的流速分布是不均匀的，在用平均流速代替实际流速计算动能时，必然会产生误差。为了修正这个误差，需引入动能修正系数 $\alpha$。因此，实际液体的伯努利方程为：

$$P_1 + \rho g h_1 + \frac{\alpha_1 \rho v_1^2}{2} = P_2 + \rho g h_2 + \frac{\alpha_2 \rho v_2^2}{2} + \Delta p_W \tag{1-12}$$

式中　$\alpha_1$，$\alpha_2$—动能修正系数。

紊流时 $\alpha=1$，层流时 $\alpha=2$。

伯努利方程揭示了液体流动过程中的能量变化规律，因此它是液体力学中重要的基本方程。

➢ 动量方程

动量方程是动量定理在流体力学中的具体应用。在液压传动中，要计算液流作用在固体壁面上的力时，应用动量方程求解比较方便。动量定理指出，作用在物体上的外力等于物体在单位时间内的动量变化量，即：

$$\sum F = \frac{m(v_2 - v_1)}{\Delta t} \tag{1-13}$$

对于作恒定流动的液体，若忽略其可压缩性，可将m = ρgΔt代入上式，并考虑以平均流速代替实际流速产生的误差，引入动量修正系数β，则可写出恒定流动液体的动量方程：

$$\sum F = \rho q v(\beta_2 v_2 - \beta_1 v_1) \tag{1-14}$$

式中　$\sum \boldsymbol{F}$—作用在液体上所有外力的矢量和（N）；

$v_1$、$v_2$—液流在前、后两个过流断面上的平均流速（**m/s**）；

$\boldsymbol{\beta_1}$、$\boldsymbol{\beta_2}$—动量修正系数，紊流时 $\beta=1$，层流时 $\beta=1.33$；

$\boldsymbol{\rho}$—液体的密度（kg/m）；

$\boldsymbol{q_v}$—液体的流量（$m^3/s$）。

## 三、液压油的性质与选用

液压油是液压传动的工作介质，是能量进行传递的中间媒介。因此，了解液压油的基本性质，掌握液体平衡和运动的主要力学规律，对于正确理解液压传动原理以及合理设计、使用和维护液压系统都是非常必要的。

1．液压油的作用

液压油不仅作为工作介质传递能量，还发挥润滑、防腐及冷却等作用。液压油不同性质与其随着工作环境进行的变化会影响液压系统的工作性能及工作可靠性。

2．密度

单位体积液体的质量称为该液体的密度，即：

$$\rho = \frac{m}{v} \tag{1-15}$$

式中　$v$—液体的体积（$m^3$）；

$m$—体积为 v 的液体的质量（kg）；

$\rho$—液体的密度（$kg/m^3$）。

密度是液体的一个重要的物理参数。随着液体温度或压力的变化，其密度会发生一定的变化，但由于变化量不大，可以忽略不计。一般液压油的密度为 900 kg/m$^3$。

3．液体的粘性

（1）粘性的物理本质。液体在外力作用下流动时，分子间的内聚力会阻碍分子间的相对运动而产生内摩擦力，液体的这种性质称为液体的粘性。粘性是液体的重要物理性质，也是选择液压油的主要依据之一。

液体流动时，由于液体的黏性以及液体和固体壁面间的附着力，会使液体内部各层间的速度大小不等。如图 1-14 所示，设两平行平板间充满液体。下平板固定不动，上平板以速度 $u_0$ 向右平移。由于液体的粘性作用，紧贴下平板的液体层速度为零，紧贴上平板的液体层速度为 $u_0$。而中间层液体的速度则根据它与下平板间的距离大小近似呈线性规律分布。

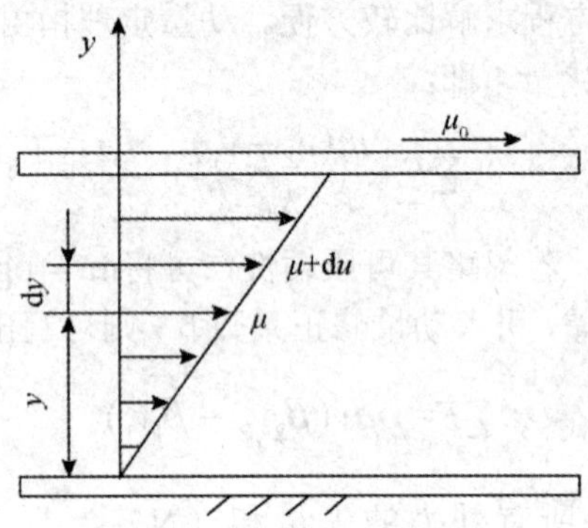


图 1-14 液体的黏性

实验测定结果指出，液体流动时相邻液层间的内摩擦力 $F$ 与液层接触面积 $A$、液层间的速度梯度 $d_u/d_y$ 成正比，即：

$$F = \mu A \frac{d_u}{d_y} \tag{1-16}$$

式中 $\mu$—比例系数，称为液体的动力粘度；

$d_u/d_y$—相对运动速度对液层间距离的变化率，也称速度梯度或剪切率。

若以 $\tau$ 表示内摩擦切应力，即液层间在单位面积上的内摩擦力，则上式（1-16）可改写为：

$$\tau = \frac{F}{A} = \mu \frac{d_u}{d_y} \tag{1-17}$$

这就是牛顿液体内摩擦定律。

由式（1-16）可知，在静止液体中，因速度梯度$d_u/d_y = 0$，内摩擦力 $F$ 为零，所以液体在静止状态下是不呈现粘性的。

（2）粘度。液体粘性的大小用粘度来表示。常用的粘度有三种，即动力粘度、运动粘度和条件粘度。

- 动力粘度。动力粘度又称为绝对粘度，它是表征流动液体内摩擦力大小的粘性系数，用 $\mu$ 表示。动力黏度的物理意义是：液体在单位速度梯度下流动时，接触液层间单位面积上的内摩擦力。由式（1-16）可知：

$$\mu = \frac{F}{A\frac{d_u}{d_y}} = \frac{\tau}{\frac{d_u}{d_y}}$$

动力粘度的法定计量单位为 Pa·s（帕·秒，N·s/m$^2$），它与以前沿用的非法定计量单位 P（泊，dyne·s/cm$^2$）之间的换算关系是1Pa·s＝10P。

➢ 运动粘度。动力粘度和该液体密度的比值称为该液体的运动粘度，以 $\upsilon$ 表示。

$$\upsilon = \frac{\mu}{\rho} \tag{1-18}$$

运动粘度的法定计量单位是 m$^2$/s，该单位偏大，它与以前沿用的非法定计量单位 cst（厘斯）之间的关系是 1m$^2$/s=10cs。

运动粘度无实际物理意义，由于其单位里只有长度单位和时间单位，类似于运动学的物理量，故称其为运动粘度。国际标准化组织 ISO 规定统一采用运动粘度来表示液压油的粘度等级。例如，牌号为 L-HL46 的液压油，表示这种液压油在 40℃时的运动粘度的平均值为 46mm$^2$/s。

➢ 条件粘度。条件粘度又称为相对粘度。它是采用特定的粘度计在规定的条件下测出来的液体粘度。测量条件不同，采用的相对粘度单位也不同。例如，我国及德国、俄罗斯采用恩氏粘度（°E）。美国采用赛氏黏度（SSU），英国采用雷氏黏度（R）。

粘度和温度的关系。液压油的粘度对温度的变化极为敏感，温度升高，油的粘度降低。油的粘度随温度变化的性质称为液压油的粘温特性。不同种类的液压油有不同的粘温特性。图 1-15 为几种典型液压油的粘温特性曲线图。

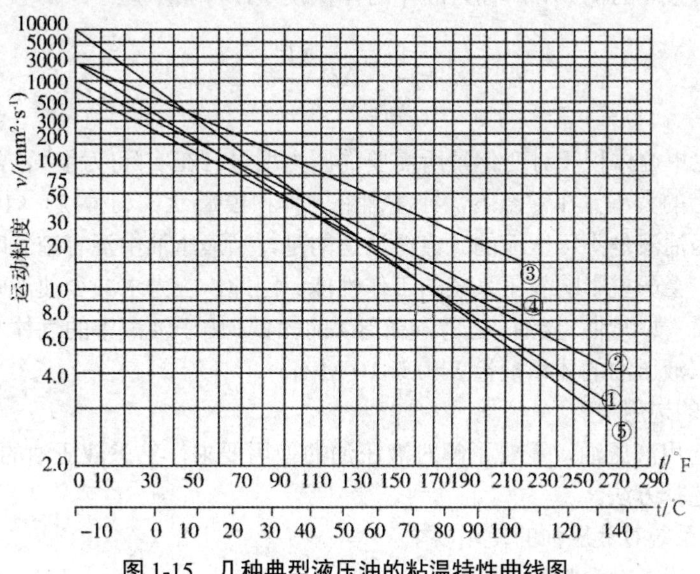


**图 1-15 几种典型液压油的粘温特性曲线图**

①矿油型普通液压油；②—矿油型高粘度指数液压油；

③—水包油乳化液；④—水—乙二醇液；⑤—磷酸脂液

粘温特性较好的液压油，粘度随温度的变化较小，因而油温变化对液压系统性能的影响较小。液体的粘温特性采用粘度指数*VI*值来衡量。粘度指数*VI*值较大，表示油液粘度随温度的变化率较小，即粘温特性较好。一般液压油的粘度指数*VI*值要求在 90 以上，优异的在 100 以上。

几种常见工作介质的粘度指数如表 1-4 所示。

表 1-4　几种常见工作介质的粘度指数

| 工作介质种类 | 矿物、型液压油 | 水包油乳化液 | 油包油乳化液 | 水–乙二醇液压液 |
|---|---|---|---|---|
| ***VI*** | 70~100 | 130~170 | 180 | 140~170 |

➢ 粘度和压力的关系。液体所受的压力增大时，其分子间的距离减小，内聚力增大，粘度亦随之增大。但对于一般的液压系统，当压力在 32MPa 以下时，压力对粘度的影响不大，可以忽略不计。

4．液体的可压缩性

液体受压力增大而发生体积缩小的性质称为液体的可压缩性。假设压力为 *P* 时液体的体积为 *V*，当压力增大 $\Delta p$ 时，液体的体积减小 $\Delta V$，液体在单位压力变化下的体积相对变化量为：

$$k = -\frac{1}{\Delta p}\frac{\Delta V}{V} \tag{1-19}$$

式中　*k*—液体压缩系数。

由于压力增大时液体的体积减小（$\Delta V<0$），因此式（1-19）的右边须加一负号，以使 *k* 为正值。

液体压缩系数 *k* 的倒数 *K*，称为液体的体积模量，可表示为：

$$K = \frac{1}{k} = \Delta p\frac{\Delta V}{V} \tag{1-20}$$

*K* 表示产生单位体积相对变化量所需要的压力增量。在实际应用中，常用 K 值说明液体抵抗压缩能力的大小。在常温下，纯净油液的体积模量 $K=(1.4\sim2)\times10^3$MPa，数值很大，故一般认为油液是不可压缩的。值得注意的是，当液压油中混有空气时，其抗压缩能力将显著降低。会严重影响液压系统的工作性能。因此，应力求减少油液中混入的气体及其他易挥发物质（如汽油、煤油、乙醇和苯等）的含量。由于油液中的气体难以完全排除，实际计算中常取液压油的体积模量 $K=0.7\times10^3$MPa。

5．液压油的选用

为了正确选用液压油，需要了解对液压油的使用要求，熟悉液压油的品种及其性能，掌握液压油的选择方法。

（1）液压系统对液压油的使用要求

➢ 粘度适当，粘温特性好。

➢ 润滑性能好，防锈能力强。

➢ 质地纯净，杂质少。

- 对金属和密封件有良好的相容性。
- 氧化稳定性好，长期工作不易变质。
- 抗泡沫性和抗乳化性好。
- 体积膨胀系数小，比热容大。
- 闪点和燃点高，凝点低。
- 对人体无害，成本低。

对于具体的液压传动系统，则需根据情况突出某些方面的使用性能要求。

（2）液压油的品种。液压油的品种主要分为矿油型、乳化型和合成型三大类。主要品种及其特性和用途见表1-5。

表1-5　液压油的主要品种及其特性和用途

| 类型 | 名称 | ISO代号 | 特性和用途 |
|---|---|---|---|
| 矿物油型 | 普通液压油 | L-HL | 精制矿物油添加剂，提高抗氧化和防锈性能，适用于室内一般设备的中低压系统。 |
| | 抗磨液压油 | L-HM | 普通液压油添加剂，改善抗磨性能，适用于工程机械、车辆液压系统。 |
| | 低温液压油 | L-HV | 抗磨液压油加添加剂，改善黏温特性，可用于环境温度在-40~-20℃的高压系统。 |
| | 高黏度指数液压油 | L-HR | 普通液压油添加剂，改善黏温特性，VI值达175以上，适用于对黏温特性有特殊要求的低温系统，如数控机床液压系统以及青铜或银部件的液压系统。 |
| | 液压导轨油 | L-HG | 抗磨液压油加添加剂，改善粘-滑特性，适用于机床中液压和导轨润滑合用的系统。 |
| | 全损耗系统用油 | L-HH | 浅度精制矿物质，抗氧化、抗泡沫性能较差，主要用于机械润滑，可以作为液压代用油，一般用于要求不高的低压系统。 |
| | 汽轮机油 | L-TSA | 深度精制矿物油加添加剂，改善抗氧化、抗泡沫等性能，为汽轮机专用油，可以作为液压代用油，适用于一般的液压系统。 |
| 乳化型 | 水包油乳化液 | L-HFA | 高水基液，特点是难燃、黏温特性好，有一定的防锈能力，润滑性能差，易泄露。适用于对抗燃有要求，油液用量大且泄露严重的系统。 |
| | 油包水乳化液 | L-HFB | 既具有矿物型液压油的抗磨、防锈性能，又具有抗燃性，适用于有抗燃要求的中压系统。 |
| 合成型 | 水-乙二醇液 | L-HFC | 难燃、黏温特性和抗蚀性能好，能在-20~50℃下使用，适用于有抗燃要求的中低系统。 |
| | 磷酸酯液 | L-HFDR | 难燃、润滑、抗磨性能和抗氧化性能良好，能在-20~100℃下使用，缺点是有毒。适用于有抗燃要求的高压精密液压系统。 |

（3）液压油的选择。液压油的选择，首先是油液品种的选择。选择油液品种时，可

根据是否液压专用、工作压力及工作温度范围等因素进行考虑。液压油的品种确定之后，接着就是选择油的粘度等级。粘度等级的选择是十分重要的，因为粘度对液压系统工作的稳定性、可靠性、效率、温升以及磨损都有显著的影响。在选择粘度时应注意液压系统在以下几方面的情况：

- 工作压力：工作压力较高的系统宜选用黏度较大的液压油，以减少泄漏。
- 运动速度：当液压系统的工作部件运动速度较高时，宜选用粘度较小的液压油，以减轻液流的摩擦损失。
- 环境温度：环境温度较高时宜选用粘度较大的液压油。
- 液压泵的类型：在液压系统中，不同的液压泵对液压油的要求不同。因此，常根据液压泵的类型及其要求来选择液压油的粘度及牌号。各类液压泵适用的液压油及其粘度范围如表 1-6 所示。

表 1-6　各类液压泵适用的液压油及其粘度范围

| 液压泵的类型 | | 油液的运动黏度v/（$mm^2/s$, 40℃） | | 适用液压油品种及黏度等级 |
|---|---|---|---|---|
| | | 液压系统温度 5~40℃ | 液压系统温度 40~80℃ | |
| 叶片泵 | <7MPa | 30~49 | 43~77 | HM 油，32、46、68 |
| | >7MPa | 54~70 | 65~95 | HM 油，46、68、100 |
| 齿轮泵 | | 30~70 | 110~154 | HL 油（高、中压时用 HM）油 32、46、68、100、150 |
| 径向柱塞泵 | | 30~50 | 110~200 | HL 油（高压时用 HM）油 32、46、68、100、150 |
| 轴向柱塞泵 | | 30~70 | 110~220 | |
| 螺杆泵 | | 30~50 | 40~80 | HL 油，32、46、68 |

## 【任务实施】

控制由教师在实验台上连接好的，如图 1-2 所示的液压传动系统，改变液压缸的负载，观察压力表的变化；调节节流阀的开度，观察速度和流量表的变化。

（1）给液压缸从零开始逐步加载，可以看到，当 $F=0$ 时，即没有负载时压力不存在；负载增大，泵的输出压力，即工作压力也随之增大，说明泵的工作压力取决于工作负载。

（2）从零开始逐步打开节流阀，可以看到，当流量 $q=0$ 时，液压缸的速度 $v=0$，即没有流量就没有速度；$q$ 增大时，$v$ 也随之增大，这就是说，速度取决于流进液压缸工作腔内的液体流量.

## 【知识拓展】

### 一、管路压力损失计算

液体流动时为了克服阻力而消耗的能量，就是实际液体伯努利方程中的$\Delta P_{\omega}$项，通常称为压力损失。压力损失分为两类：沿程压力损失和局部压力损失。

1．沿程压力损失

液体在等径直管中流动时因粘性摩擦而产生的压力损失，称为沿程压力损失。液体的流动状态不同，所产生的沿程压力损失也有所不同。

（1）层流时的沿程压力损失。层流时液体质点作有规则的流动，因此可以用数学工具全面探讨其流动状况，并最后导出沿程压力损失的计算公式。

$$\Delta p_{\lambda}=\lambda\frac{l}{d}\frac{\rho v^{2}}{2} \tag{1-21}$$

式中　$\lambda$—沿程阻力系数；$L$—管道长度（m）；

$d$—管道直径（mm）；$v$—液体流速（m/s）。

对于圆管层流，理论值 $\lambda$=64/Re，考虑到实际圆管截面可能有变形，以及靠近管壁处的液层可能冷却，因而在实际计算时，对金属管取 $\lambda$=75/Re，橡胶管 $\lambda$=80/Re。此公式也适用于非水平管。

（2）紊流时的沿程压力损失。液体紊流时计算沿程压力损失的公式在形式上与层流相同，但式中的阻力系数 $\lambda$ 除与雷诺数 $Re$ 有关外，还与管壁的表面粗糙度有关，即 $\lambda=f$（Re·Δ/d），Δ为管壁的绝对表面粗糙度，它与管径 $d$ 的比值$\Delta/d$称为相对表面粗糙度。沿程阻力系数λ可由液压手册查出。管壁的绝对表面粗糙度Δ和管道的材料有关，一般计算可参考下列数值：钢管 0.04mm，铜管 0.0015~0.01mm，铝管 0.0015~0.06mm，橡胶软管 0.03mm。

2．局部压力损失

液体流经管道的弯头、接头、突变截面以及阀口、滤网等局部装置时，由于液流流线和流速的变化，液流会产生旋涡，并发生强烈的紊动现象，由此而造成的压力损失称为局部压力损失。

当液体流过上述各种局部装置时，流动状况极为复杂，影响因素较多，局部压力损失值难以根据理论进行分析计算。因此，局部压力损失的经验计算公式如下：

$$\Delta p_{\xi}=\xi\frac{\rho v^{2}}{2} \tag{1-22}$$

式中　$\xi$—局部阻力系数。各种局部装置结构的 $\xi$ 值可查有关手册；

$v$—平均流速，一般指局部阻力后部的速度。

液体流经各种阀类的局部压力损失也可由公式（1-23）计算，在实际流量与额定流量不一致时，根据下式计算：

$$\Delta p_{v}=\left(\frac{q_{v}}{q_{n}}\right)^{2}\Delta p_{n} \tag{1-23}$$

式中　$q_n$—阀的额定流量（L/min）；

$q_v$—通过阀的实际流量（L/min）；

$\Delta p_n$—阀在额定压力下的压力损失（Pa）。

## 二、液压冲击和气穴现象

在液压传动中，液压冲击和气穴现象会给系统的正常工作带来不利影响，因此需要了解这些现象产生的原因，并采取措施加以防治。

1．液压冲击

在液压系统中，常常由于某些原因而使液体压力突然急剧上升，形成很高的压力峰值，这种现象称液压冲击。

（1）液压冲击产生的原因和危害性。在阀门突然关闭或液压缸快速制动等情况下，液体在系统中的流动会突然受阻。此时由于惯性作用，液体就从受阻端开始，迅速将动能逐层转换为压力能，因而产生了压力冲击波；此后，又从另一端开始，将压力能逐层转化为动能，液体又反向流动，然后又再次将动能转换为压力能，如此反复地进行能量转换。由于这种压力波的迅速往复传播，便在系统内形成压力振荡。实际上，由于液体受到摩擦力以及液体和管壁的弹性作用，不断消耗能量，才使振荡过程逐渐衰减而趋向稳定。

系统中出现液压冲击时，液体瞬时压力峰值比正常工作压力大好几倍。液压冲击会损坏密封装置、管道或液压元件，还会引起设备振动，产生很大噪声。有时，液压冲击使某些液压元件如压力继电器、顺序阀等产生误动作，影响系统正常工作。

（2）减少液压冲击的措施。为减少液压冲击带来的危害，通常采取下列措施：

- 延长阀门关闭和运动部件制动换向的时间。实践证明，运动部件制动换向时间若能大于 0.2s，冲击就大为减轻。在液压系统中采用换向时间可调的换向阀即可。
- 限制管道流速及运动部件速度。如在机床液压系统中，通常将管道流速限制在 4.5m/s 以下，液压缸所驱动的运动部件速度一般不宜超过 10m/min 等。
- 适当加大管道直径，尽量缩短管路长度。
- 采用软管，以增加系统的弹性。
- 在液压系统中设置蓄能器和安全阀。

2．气穴现象

（1）气穴现象及其产生的原因。在液压系统中，如果某处的压力低于空气分离压时，原先溶解在液体中的空气就会分离出来，导致液体中出现大量气泡的现象，称为气穴。

如果液体中的压力进一步降低到饱和蒸气压时，液体将迅速气化，产生大量蒸气泡，此时气穴现象将会愈加严重。当液压系统中出现气穴现象时，大量的气泡破坏了液流的连续性，造成流量和压力脉动，气泡随液流进入高压区时又急剧破灭，以致引起局部液压冲击，发出噪声并引起振动，当附着在金属表面上的气泡破灭时，它所产生的局部高温和高压会使金属剥蚀，表面粗糙，或出现海绵状小洞穴，这种由气穴造成的腐蚀作用称为气蚀。气蚀会使液压元件的工作性能变坏，并使其寿命大大缩短。气穴多发生在阀口和液压泵的进口处。由于阀口的通道狭窄，液流的速度增大，压力则大幅度下降，以致产生气穴。当泵的安装高度过大，吸油管直径太小，吸油阻力太大，或泵的转速过高，造成进口处真空度过大，也会产生气穴。

（2）减少气穴现象的措施。为减少气穴和气蚀的危害，通常采取下列措施：

- 减小小孔或间隙前后的压力降。一般希望小孔或间隙前后的压力比值$P_1/P_2 < 3.5$。
- 降低泵的吸油高度，适当加大吸油管内径，限制吸油管的流速，尽量减少吸油管

路中的压力损失（如及时清洗过滤器或更换滤芯等）。对于自吸能力差的泵需用辅助泵供油。

【课后总结】

本任务主要介绍液压传动的基础知识。通过本任务的学习，读者应该重点掌握压力与流量这两个重要参数，以及如何选用液压油；掌握管路压力损失计算，了解液压冲击和气穴现象。

【考核评价】

1．何谓理想液体和稳定流动?

2．何谓平均流速、层流和紊流?

3．写出液体静力学基本方程。

4．写出液体连续性方程。

5．如图 1-16 所示，液压千斤顶中，小活塞直径 $d=10$ mm ，大活塞直径 $D=40$ mm，重物 $G$=5000kg，小活塞行程 20 mm，杠杆 $L=500$ mm，$l=25$mm，问：

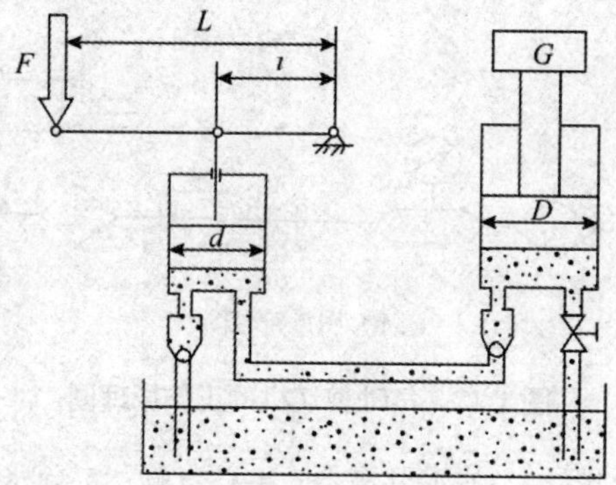


图 1-16　液压千斤顶

（1）杠杆端需加多大的力才能顶起重物 G?

（2）此时液体内所产生的压力为多少？

（3）杠杆上下一次，重物升高多少？

6．写出理想液体的伯努利方程及其物理意义。

7．液压系统的压力取决于什么？最高压力由谁调定？

8．液压执行元件的速度取决于什么？

# 任务 3　剪板机气压传动系统的认知

【任务说明】

观察气动剪板机的工作过程。操作气动剪板机气压传动系统，控制其往复运动，调节其速度，了解系统的组成。把组成元件归为以下 4 类：（1）能源装置；（2）执行元件；（3）控制调节元件；（4）辅助元件。

## 【理论指导】

### 一、气压传动的工作原理

液压传动与气压传动的工作原理是基本相似的，现以图 1-17 所示的气动剪板机为例来简要说明气压传动的工作原理。

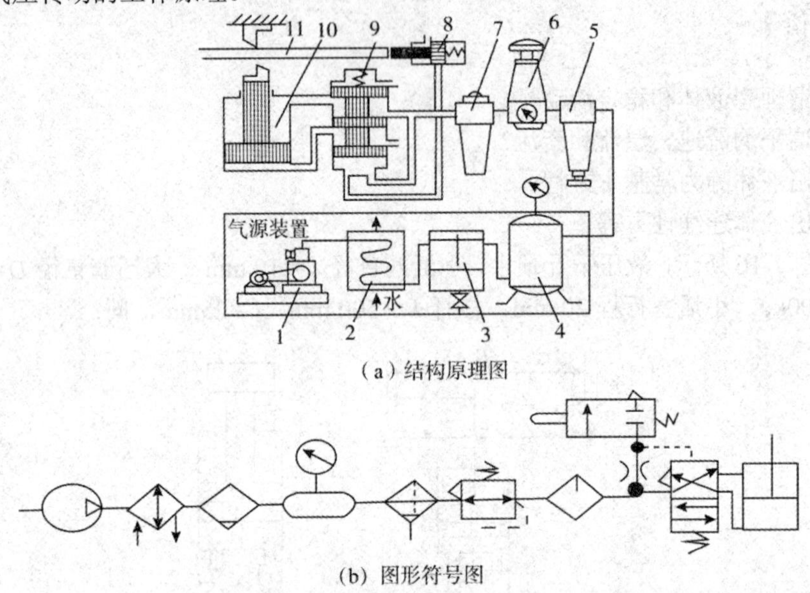


（a）结构原理图

（b）图形符号图

图 1-17　气动剪切机的工作原理图

1-空气压缩机；2-冷却器；3-油水分离器；4-贮气罐；5-分水滤气器；6-减压阀；7-油雾器；8-行程阀；9-气控换向阀；10-气缸；11-工料

当工料送入剪板机并到达预定位置时，工料将料切断，并随之松开行程阀 8 的阀芯使之复位，将排气口封死，换向阀的 A 腔压力上升，阀芯上移，使气路换向。气缸上腔进压缩空气，下腔排气，活塞带动剪刀向下运动，剪板机再次处于预备工作状态。

### 二、气压传动的组成及图形符号

从气动剪板机实例可以看出，气压传动系统主要是由以下几部分组成：

- 能源装置：气源装置，其功用是将原动机输出的机械能转换成气体的压力能，为系统提供动力。
- 执行机构：将气体的压力能转化为机械能。实现这种转化的装置是气缸（气动马达），它们的功用是将气体的压力能转换成机械能，输出力和速度（转矩和转速），驱动工作机构做功，实现直线运动或旋转运动。
- 控制元件：包括各种阀类元件，其功用是控制和调节系统中气体的压力、流量、流动方向及系统执行机构的动作程序，以保证执行机构按要求工作。

- 辅助元件：保证系统正常工作所需的各种辅助装置，如管路、管接头、贮气罐、过滤器、冷却器、消声器、压力表等。
- 工作介质：传递能量的气体，即压缩空气。

液压与气压传动系统在工作中的能量转换和传递过程是：机械能（电动机）→流体压力能（空气压缩机）→机械能（气缸、气压马达）。图 1-17（b）所示为该气压系统的图形符号图。

## 三、气压传动的优缺点

1．气压传动的主要优点

气压传动的主要优点有以下几个：

（1）空气可以从大气中直接取得，同时用过的空气也可直接排放到大气中去，处理方便，不需要专门的回气装置，也没有污染。

（2）空气的粘度很小，在管路中的压力损失也小，因此便于集中供气和远距离输送。

（3）气动动作迅速，反应快，维护简单，调节方便，适合一般设备的控制。

（4）压缩空气的工作压力较低，因此对气动元件的材质要求较低。

（5）工作环境适应性好，能够在恶劣的环境下进行正常的工作。

（6）使用安全，没有防爆的问题，并且便于实现过载保护。

2．气压传动的主要缺点

气压传动的主要缺点有以下几个：

（1）空气具有很大的可压缩性，不易实现准确的速度控制和很高的定位精度，负载变化时对系统的稳定性影响较大。

（2）气动装置中的信号传递速度较慢，仅限于声速的范围内。所以气动技术不宜用于信号传递速度要求较高的复杂线路中。

（3）气动系统工作压力较低，只适用于压力较小的场合。

（4）排气噪声大，高速排气时要用消声器。

## 【任务实施】

观察气动剪板机的工作过程后，操作实验台上由教师构建好的气动剪板机模拟气动控制系统，指出剪板机气动系统中各组成部分的名称及作用。

- **能源装置**：气源装置它的功能是将电机输入的机械能转换为气体的压力能，为整个系统提供动力。
- **执行元件**：气缸在高压空气的推动下移动，可以对外输出推力，通过它把压力能释放出来，转换成机械能，以驱动工作部件。
- **控制元件**：换向阀可以控制气压系统中压缩空气的流动方向，从而控制气缸的运动方向。
- **辅助元件**：贮气罐用来储存压缩空气，是气压系统中不可缺少的元件。
- **传动介质**：即压缩空气，其作用是实现运动和动力的传送。

## 【知识拓展】

### 一、气压技术的应用

工业生产中各个部门应用液压与气压传动技术的出发点是不尽相同的。有的是利用它们在传递动力上的长处，如工程机械和航空工业中采用液压传动主要是取其结构简单、体积小、重量轻、输出的功率大；有的是利用它们在操纵控制方面的优势，如机床上采用液压传动是取其在工作过程中能实现无级调速、易于实现频繁的换向、易于实现自动化；在采矿、冶炼、化工等行业，采用气压传动是取其空气工作介质对环境适应性好，能防爆、防燃等特点；在印染、印刷等轻工业和医药、食品行业，是利用了气压传动操作方便且无污染的特点。

### 二、气压技术的历史发展

气动技术历史悠久，19 世纪中叶空气压缩机在英国问世，19 世纪 70 年代开始在采矿业使用风镐，19 世纪 80 年代美国研制了火车的气动刹车。第二次世界大战以后，各国生产的迅速发展和经济繁荣，气动技术应运而生，20 世纪 60 年代以来，气动元件的发展速度已超过了液压元件。

气压传动技术在技术飞速进步、能源紧张的当今世界发展将更加迅速。随着工业的发展，它的应用也将日益扩大，同时它的性能也就必须满足气动机械多样化以及与机械电子工业快速发展相适应的要求。处在这样的变革时期，就要求按不同于以前的观点去开发气动技术、气动机械和气动系统，即不单纯强调进行气动元件本身的研究而使之满足多样化的要求，而是为了达到提高系统的可靠性、降低成本，要进行无油化、节能化、小型化和轻量化、位置控制的高精度化，以及与电子学相结合的综合控制技术的研究。

气动技术已发展成包括传动、检测与控制在内的自动化技术。气动技术作为柔性制造系统（FMS）在自动生产线、机器人、自动包装流水线、半导体电子行业等方面成为不可缺少的重要手段。气动技术的微型化、节能化、无油化、位置控制的高精度化及与电子技术、PLC 技术与气动技术的结合，是当前气动技术的发展特点和方向。

## 【课后总结】

本任务主要讲述了剪板机气压传动系统，气压传动是利用密闭系统中的受压气体（空气）来传递运动和动力的传动方式。通过本任务的学习，读者应了解气动技术的应用和气动技术的发展概况；掌握气压传动的工作原理、气压传动的组成及其图形符号；了解气压传动的优缺点。

## 【考核评价】

1. 什么是气压传动?气压传动的基本工作原理是什么？
2. 气压传动系统有哪些组成部分？各部分的作用是什么？
3. 和其他传动方式比较，气压传动有哪些优、缺点？

# 项目二　液压泵和液压缸的选用

## 【项目重点】

- 液压泵与液压缸的选用
- 液压缸的拆装与检修

## 【项目目标】

- 了解液压泵的工作压力、排量和流量的概念
- 理解液压泵与液压缸的结构、工作原理种类、结构和特点
- 掌握液压泵的选用原则及常见故障排除方法
- 掌握如何正确拆装与维护液压泵和液压缸

# 任务 1　液压泵的选用

## 【任务说明】

液压泵是液压系统的核心元件，它的合理选用，对提高系统的效率、保证系统可靠工作、降低能耗、减少噪声都十分重要。如图 2-1 所示液压压力机，它是利用液压系统进行工作的，液压压力机的工作压力为 10MPa，进入液压缸的流量为 6L/min，该液压系统的动力元件是液压泵，请为设备选择合适的液压泵。

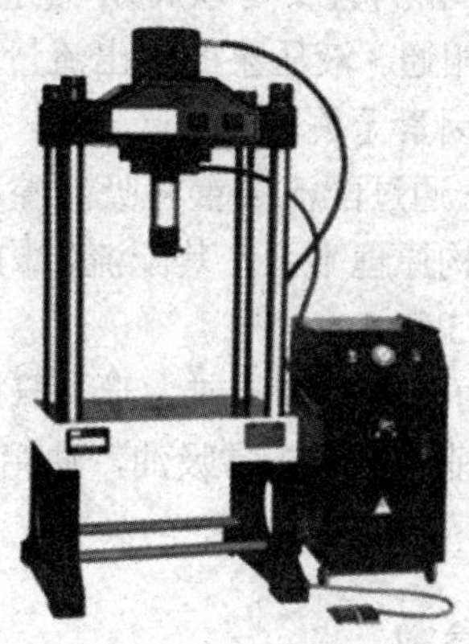

图 2-1　液压压力机

## 【理论指导】

液压传动系统中使用的液压泵都是容积式液压泵，它是借助配流装置，依靠密闭容积的周期性变化来工作的。

### 一、容积式液压泵的工作原理

以图 2-2 所示的单柱塞泵为例来介绍容积式液压泵的工作原理。图中柱塞 2 装在缸体 3 中形成一个密封容积，柱塞在弹簧 4 的作用下始终压紧在偏心轮 1 上。原动机驱动偏心轮 1 旋转，柱塞 2 就在缸孔中作往复运动，从而使密封容积 a 的大小发生周期性的交替变化。当 a 由小变大时就形成部分真空，使油箱中油液在大气压作用下，经吸油管顶开单向阀 6 进入油腔而实现吸油；反之，当 a 由大变小时，a 腔中吸满的油液将顶开单向阀 5 流入系统而实现压油。这样液压泵就将原动机输入的机械能转换成液体的压力能，原动机驱动偏心轮不断旋转，液压泵就不断地吸油和压油。

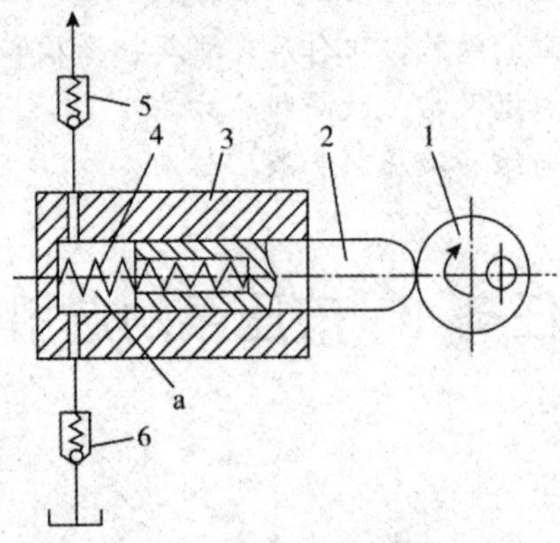


**图 2-2　液压泵工作原理图**

1-偏心轮；2-柱塞；3-位体；　4-弹簧；5、6-单向阀

由以上所述可看出容积式液压泵工作必须具备如下基本条件：

（1）结构上具有一个或多个密封且又可以周期性变化的工作空间。密封容积增大时与吸液口相通，减小时与排液口相通。液压泵的输出流量与此空间的容积变化量和单位时间内的变化次数成正比，与其他因素无关。

（2）具有相应的配流装置。通过配流装置将吸液腔和排液腔隔开，保证液压泵有规律地连续吸排液体。液压泵的结构原理不同，其配流机构也不相同。如图 2-2 所示的单柱塞泵的配流装置采用的是单向阀 5 和 6。

（3）油箱内液体的绝对压力必须恒等于或大于大气压力。这是容积式液压泵能够吸入油液的外部条件。因此，为保证液压泵正常吸油，油箱必须与大气相通，或采用密闭的充压油箱。

### 二、液压泵的主要性能参数

液压泵的主要性能参数有压力、排量、流量、功率和效率等。

1．压力

（1）工作压力$P_p$：液压泵工作时输出油液的实际压力称为工作压力。工作压力取决于外负载的大小和排油管路上的压力损失，而与液压泵的流量无关。

（2）泵的额定压力$\boldsymbol{P}_n$：液压泵在正常工作条件下，按试验标准规定连续运转的最高压力称为液压泵的额定压力。额定压力的大小由液压泵零部件的结构强度和密封性来决定。

（3）泵的最高允许压力$\boldsymbol{P}_m$：在超过额定压力的条件下,根据试验标准规定，允许液压泵短时运行的最高压力值，称为液压泵的最高允许压力。

2．排量和流量

（1）排量$V_p$：液压泵每转工作容积的变化量称作液压泵的排量，单位为 mL/r。排量可调节的液压泵称为变量泵，排量不可调节的液压泵则称为定量泵。

（2）理论流量$q_t$：是指在不考虑液压泵泄漏的条件下，在单位时间内所排出的液体的体积。如果液压泵的排量为$V_p$，其主轴转速为 $n$，则该液压泵的理论流量为：

$$q_t = V_p \times 10^{-3} \qquad (2\text{-}1)$$

式中　$q_t$—理论流量（L/min）；

$V_p$—液压泵的排量（mL/r）；

$n$—主轴转速（r/min）。

（3）实际流量$q_p$：液压泵在某一具体工况下，单位时间内所排出液体的体积称为实际流量，它等于理论流量$q_t$减去泄漏和压缩损失后的流量$\Delta q$，即：

$$q_p = q_t - \Delta q = V_p n \eta_v \qquad (2\text{-}2)$$

式中　$\eta_v$—液压泵的容积效率

（4）额定流量$q_n$：液压泵在正常工作条件下，按试验标准规定（如在额定压力和额定转速下）必须保证的流量。

3．功率

（1）输入功率$P_i$：是指作用在液压泵主轴上的机械功率，其一般表达式为：

$$P_i = T_i \omega = 2\pi T_i n \qquad (2\text{-}3)$$

式中　$P_i$—输入功率（kw）；

$T_i$—泵主轴上的输入转矩(kN · m)；

$\omega$—泵主轴的角速度（rad/s）；

$n$—主轴转速（r/s）。

（2）理论输出功率$P_t$：当不考虑液压泵的容积损失时,其输出液体所具有的液压功率，称为液压泵的理论输出功率，其表达式为：

$$P_t = \frac{pqt10^{-3}}{60} \qquad (2\text{-}4)$$

式中　$P_t$—理论输出功率（kw）；$p$—泵排油口的压力（Mpa）；

$q_t$—理论流量（mL/min）。

（3）实际输出功率 $P_0$：液压泵的实际输出功率是指当考虑液压泵的容积损失时，液压泵实际输出的液压功率，即液压泵在工作过程中吸、排油口间的压差$\triangle P$和实际输出流量$q_p$的乘积，表示为：

$$P_o = \frac{Pq_t \times 10^{-3}}{60} \tag{2-5}$$

式中　$P_0$—实际输出功率（kw）；

$\Delta P$—泵排油口的压力（MPa）；

$q_p$—泵输出的实际流量（mL/min）。

在实际的计算中，若油箱通大气，液压泵吸、排油口的压力差$\triangle P$往往用液压泵的出口压力差$q_p$代入。

4．效率

液压泵存在三种能量损失，即容积损失、摩擦损失和压力损失，分别用容积效率、机械效率和液压效率表示。其中压力损失很小，通常忽略不计，液压效率一般都在0.99以上，可取为1。

（1）容积效率$\eta_v$；是表征液压泵容积损失的性能参数，它等于泵的实际输出功率与理论输出功率之比，也等于泵的实际流量与理论流量之比。

$$\eta_v = \frac{p_o}{p_t} = \frac{p_p q_p}{p_p q_t} = \frac{q_p}{q_t} = 1 - \frac{\Delta q}{q_t} \tag{2-6}$$

式中　$\Delta q$—液压泵的泄漏量，其值为：

$$\Delta q = q_t - q_p \tag{2-7}$$

液压泵的容积损失是由于液压泵内部高压腔的泄漏、油液的压缩以及在吸油过程中因吸油阻力太大、油液粘度大以及液压泵转速高等原因而造成油液不能全部充满密封工作腔而产生的。由于液压泵的泄漏量$\Delta q$随压力$p$的增大而增大，造成泵的实际流量$q_p$随$p$的增大而减小。因此，液压泵的容积效率随$p$的增大而减小，且随泵的结构类型不同而异。

（2）机械效率$\eta_m$：是表征泵的摩擦损失的性能参数，它等于泵的理论输出功率与输入功率之比，也等于液压泵的理论转矩与实际输入转矩之比，即：

$$\eta_m = \frac{P_t}{P_i} = \frac{T_t\omega}{T_i\omega} = \frac{T_t}{T_i} \tag{2-8}$$

摩擦损失主要是由于泵体内相对运动部件之间的机械摩擦以及液体的粘度而引起的。

（3）总效率$\eta$：是指液压泵的实际输出功率与其输入功率的比值，即：

$$\eta = \frac{P_o}{P_i} = \frac{p_t\eta_v}{\frac{p_t}{\eta_v}} = \eta_m\eta_v \tag{2-9}$$

由式（2-9）可知，液压泵的总效率等于其容积效率与机械效率的乘积，所以液压泵的

输入功率也可以写成：

$$P_i = \frac{P_o}{\eta} = \frac{p_p q_p}{\eta} \tag{2-10}$$

## 三、齿轮泵

齿轮泵是一种应用比较广泛的液压泵。它的主要优点是：结构简单、工作可靠、自吸能力强、对油液的污染不敏感。其缺点是：流量和压力的脉动大、噪声大和排量不可变。

因为齿轮是对称的旋转体，所以齿轮泵的允许转速较高，最高转速可达3000r/min右。根据工作压力，齿轮泵分为三大类：额定压力为 2.5MPa 称为低压齿轮泵；额定压力为16~20MPa，称为中高压齿轮泵；额定压力达 32MPa 为高压齿轮泵。按照齿轮啮合形式，齿轮泵分为两大类：外啮合齿轮泵和内啮合齿轮泵。

1．外啮合齿轮泵的结构和工作原理

外啮合齿轮泵由两个参数相同的渐开线齿轮、泵体、端盖、传动轴等零件组成。如图 2-3 所示为外啮合齿轮泵的工作原理图。

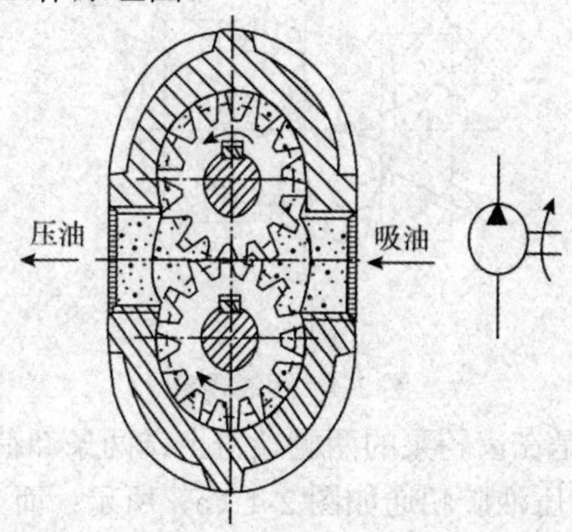


图 2-3　外啮合齿轮泵的工作原理图

泵体和前后端盖以及齿轮之间形成了密封工作客腔，并由两个齿轮的齿面接触线将左右两腔隔开，形成了吸排油腔。当齿轮按照图示方向旋转时，右侧的轮齿逐渐退出啮合，即主、从动齿轮的轮齿从各自对方的齿谷中退出，密封工作容积增大，形成局部真空，因此油箱里的液体在大气压力的推动下进入吸油腔；同时排油腔轮齿依次进入啮合，密封工作容积减小，于是左侧油液被挤出，输送到压力管路中去。当齿轮连续旋转时，连续不断地有轮齿在右侧退出啮合和在左侧进入啮合，因此齿轮泵也就能连续地吸油和排油。

2．外啮合齿轮泵存在的主要问题

外啮合齿轮泵的泄漏、困油和径向液压力不平衡是影响齿轮泵性能指标和寿命的三大问题。各种不同齿轮泵的结构特点之所以不同，都因采用了不同结构措施来解决这三大问题所致。

（1）泄漏。外啮合齿轮泵存在着三个可能产生泄漏的部位：齿轮端面和端盖间；齿轮齿顶和壳体内孔间以及两个齿轮的齿面啮合处。

其中，对泄漏影响最大的是齿轮端面和端盖间的轴向间隙，通过轴向间隙的泄漏量可占总泄漏量的 75%~80%，因为这里泄漏途径短，泄漏面积大。轴向间隙过大，泄漏量多，会使容积效率降低；但间隙过小，齿轮端面和端盖之间的机械摩擦损失增加，会使泵的机械效率降低。因此设计和制造时必须严格控制泵的轴向间隙。

（2）困油现象。齿轮泵要平稳工作，齿轮啮合的重叠系数必须大于 1，也就是说要求在一对轮齿即将脱开啮合前，后面的一对轮齿就要开始啮合。

就在两对轮齿同时啮合的这一小段的时间内，留在齿间的油液困在两对轮齿和前后泵盖所形成的一个密闭空间中，如图 2-4（a）所示，当齿轮继续旋转时，这个空间的容积逐渐减小，直到两个啮合点 A、B 处于节点两侧的对称位置时，如图 2-4（b）所示，其封闭容积减至最小。由于油液的可压缩性很小，当封闭空间的容积减小时，被困的油液受挤压，压力急剧上升，油液从零件接合面的缝隙中强行挤出．使齿轮和轴承受到很大的径向力；当齿轮继续旋转．这个封闭容积又逐渐增大到如图 2-4（c）所示的最大位置，容积增大时又会造成局部真空，使油液中溶解的气体分离，产生气穴现象，这些都将使齿轮泵产生强烈的噪声，这就是齿轮泵的困油现象。

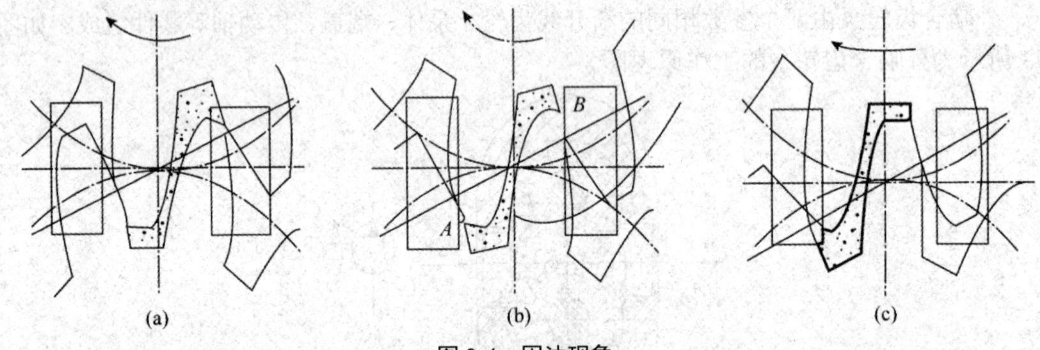


图 2-4　困油现象

消除困油的方法，通常是在齿轮泵的两侧端盖上铣两条卸荷槽（如图 2-4 中虚线所示），当封闭容积减小时，使其与压油腔相通如图 2-4（a）所示；而当封闭容积增大时，使其与吸油腔相通如图 2-4（c）所示。一般的齿轮泵两卸荷槽是非对称开设的。往往向吸油腔偏移，两槽间的距离必须保证在任何时候都不能使吸油腔和压泊腔相互串通。如对于分度圆压力角为$\alpha=20^{\circ}$，模数为 m 的标准渐开线齿轮 $a=2.78$mm，当卸荷槽为非对称时，在压油腔一侧必须保证卸荷槽与两齿轮中心连线间的距离 $b=0.8$mm，另一方面为保证卸荷槽畅通，须保证槽宽 $c>2.5$mm，槽深 $h\geqslant0.8$mm，如图 2-5 所示。

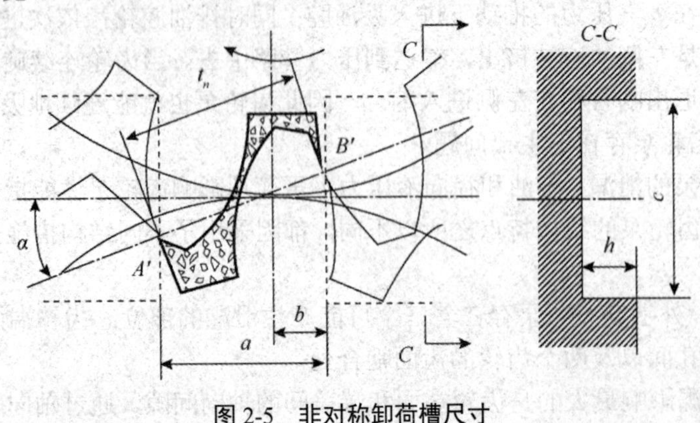


图 2-5　非对称卸荷槽尺寸

（3）径向力不平衡问题。齿轮泵运转经验表明，轴承承受不平衡的径向力是造成轴承磨损，影响齿轮泵寿命的主要原因。齿轮径向液压力分布及齿轮受力分析如图 2-6 所示。

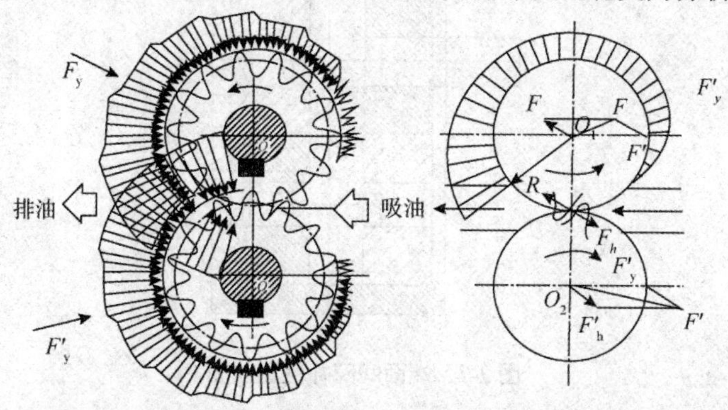


**图 2-6　齿轮径向液压力分布及齿轮受力分析**

齿轮泵工作时，因排液腔的压力大于吸液腔的压力，从排液腔到吸液腔，齿轮顶圆圆周径向液压力是线性阶梯式变化的，径向液压力分布如图 2-6 所示。从图中可看出，由于从动齿轮所受啮合力与主动齿轮的啮合力相反，且与径向液压力方向大体一致，所以从动齿轮轴承所受径向力的合力要比主动齿轮所受合力 $F$ 大得多，这就是在使用中从动齿轮较主动齿轮轴承磨损快的原因。对于中、高压齿轮泵，其轴承负载是非常大的。因而，齿轮泵的使用期限几乎取决于轴承的使用期限，要延长齿轮泵的寿命、减少机械磨损，必须减小径向不平衡力的影响，为此，在结构上可采取如下措施：

- **缩小排液口尺寸**：使高压油液作用在齿轮上的面积缩小，从而减小齿轮上的径向液压力。
- **适当增大径向间隙，增大齿顶圆与泵体内孔的间隙（0.13-0.16mm）**：即使齿轮在压力作用下，只有靠近吸液腔的 1-2 个齿范围内的泵壳与齿顶保持较小的间隙，而其余大部分区间齿顶与泵壳保持较大间隙，使该区间内的液压力基本上等于液压泵出口压力值，从而使大部分径向液压力得到平衡。

理论研究表明，外啮合齿轮泵齿数愈少，脉动率就愈大，其值最高可达 20%以上，内啮合齿轮泵的流量脉动率要小得多。

3．高压齿轮泵的特点

高压齿轮泵与低压齿轮泵的工作原理是相同的，但为了使其具有较高的工作压力，高压齿轮泵一般在结构上都采用端面间隙自动补偿装置减小端面泄漏，从而保证泵在较大范围内有较高的效率。其补偿原理如图 2-7 所示，泵内压油腔的压力油经专门的通道引到浮动轴套的外侧，产生液压作用力，这个力须稍大于齿轮端面作用在轴套内侧的力，使轴套始终自动贴紧齿轮端面，从而减小了泵内通过端面的泄漏，提高了压力。并在结构上采取一定措施使轴承有较高的寿命。

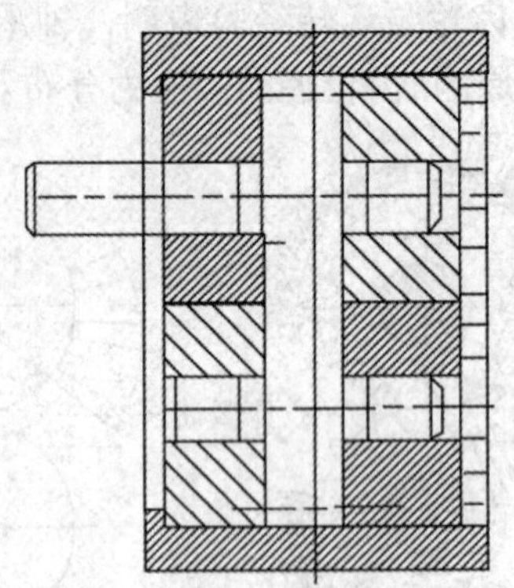

图 2-7 端面间隙补偿原理图

4．内啮合齿轮泵简介

内啮合齿轮泵有渐开线齿轮泵和摆线齿轮泵（又名转子泵）两种，如图 2-8 所示，其工作原理和主要特点与外啮合齿轮泵基本相同。在渐开线齿形的内啮合齿轮泵中，小齿轮和内齿轮之间要装一块月牙形的隔板，以便把吸油腔和压油腔隔开，如图 2-8（a）所示。在接线齿形的内啮合齿轮泵中，小齿轮和内齿轮只相差一个齿，因而不须设置隔板，如图 2-8（b）所示。

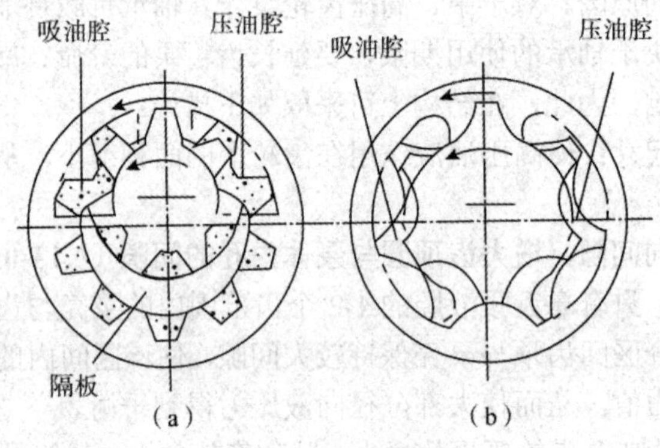


图 2-8 内啮合齿轮泵

内啮合齿轮泵中的小齿轮为主动轮。内啮合齿轮泵结构紧凑，尺寸小，质量轻，由于齿轮转向相同，相对滑动速度小，磨损小，使用寿命长，流量脉动远小于外啮合齿轮泵，因而压力脉动和噪声都较小；内啮合齿轮泵允许使用高转速，因为高转速下的离心力能使油液更好地充入密封工作腔，可获得较高的容积效率。摆线内啮合齿轮泵排量大，结构更简单，而且由于啮合的重叠系数大，传动平稳，吸油条件更好。内啮合齿轮泵的缺点是齿形复杂，加工精度要求高，需要专门的制造设备，造价较贵，随着工业技术的发展，它的应用将会越来越广泛。

## 四、叶片泵

叶片泵的结构较齿轮泵复杂，其工作压力较大、流量脉动小、工作平稳、噪声较小、寿命较长，所以被广泛应用于机械制造中的专用机床、自动线等中低压液压系统中。但其

结构复杂，吸油特性不太好，对油液的污染也比较敏感。根据各密封工作容积在转子旋转一周吸、排液次数的不同，叶片泵分为两类，即完成一次吸、排油液的单作用叶片泵和完成两次吸、排油液的双作用叶片泵，单作用叶片泵多用于变量泵，工作压力最大为 7.0MPa，双作用叶片泵均为定量泵，一般最大工作压力亦为 7.0MPa，结构经改进的高压叶片泵最大工作压力可达 16.0~21.0MPa。

（一）单作用叶片泵

1．单作用叶片泵的工作原理

如图 2-9 所示，它由转子 1、定子 2、叶片 3 和端盖等组成。定子具有圆柱形内表面，定子和转子间有偏心距 e，叶片装在转子槽中，并可在槽内滑动，当转子回转时，由于离心力的作用，使叶片紧靠在定子内壁，这样在定子、转子、叶片和两侧配油盘间形成若干个密封的工作空间。当转子按图示的方向回转时，在图的右部，叶片逐渐伸出，叶片间的工作空间逐渐增大，从吸油口吸油，这是吸油腔。在图的左部，叶片被定子内壁逐渐压进叶片槽内，工作空间逐渐缩小，将油液从压油口压出就是压油腔。在吸油腔和压油腔之间，有一段封油区，把吸油腔和压油腔隔开。这种叶片泵转子每转一周，每个工作空间完成一次吸油和压油，因此称为单作用叶片泵。转子不停地旋转，泵就不断地吸液和排液。

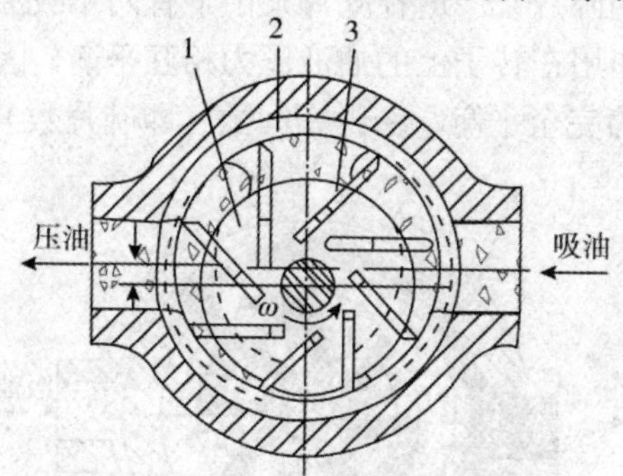


**图 2-9　单作用叶片泵的工作原理图**

l-转子；2-定子；3-叶片

2．单作用叶片泵的结构特点

- 转子中心与定子中心存在偏心距 e，改变定子和转子之间的偏心便可改变流量。偏心反向时，吸油压油方向也相反。
- 存在困油现象，为了防止吸、排油腔的沟通，配流盘的吸、排油窗口间密封角略大于两相邻叶片间的夹角。当上述被封闭的容积发生变化时，会产生困油现象。单作用叶片泵的困油现象不十分严重，通过在配流盘排油窗口边缘开三角槽的方法可以消除困油现象。
- 处在压油腔的叶片顶部受有压力油的作用，要把叶片推入转子槽内。为了使叶片顶部可靠地和定子内表面相接触，压油腔一侧的叶片底部要通过特殊的沟槽和压油腔相通。吸油腔一侧的叶片底部要和吸油腔相通，叶片仅靠离心力的作用顶在定子内表面上。
- 叶片沿着旋转方向后倾安装，由上述 c 可知叶片仅靠离心力即可紧贴定子表面。考虑到叶片上所受的哥氏惯性力、叶片与定子间的摩擦力及叶片的离心力的合力尽量与槽的倾斜方向一致，以免侧向分力影响叶片的伸出，所以转子槽是后倾的，通常后倾角 24°。

➢ 转子承受径向力，单作用叶片泵转子上的径向液压力不平衡，轴承负荷较大，泵的工作压力的提高受到限制。

（二）双作用叶片泵

1．双作用叶片泵的工作原理

如图 2-10 所示。它是由转子 1、定子 2、叶片 3 和配油盘（图中末画出）等组成。转子和定子中心重合，定子内表面近似为椭圆柱形．该椭圆形由两段六圆弧、两段小圆弧和四段过渡曲线所组成。当转子转动时，叶片在离心力和根部压力油（建压后）的作用下，在转子槽内向外移动而压向定子内表面，由叶片、定子的内表面、转子的外表面和两侧配油盘间就形成若干个密封空间，当转子按图示方向逆时针旋转时，处在小圆弧上的密封空间经过渡曲线而运动到大圆弧的过程中，叶片外伸，密封空间的容积增大，吸入油液；在从大圆弧经过渡曲线运动到小圆弧的过程中，叶片被定子内壁逐渐压进叶片槽内，密封空间容积变小，将油液从压油口压出。因而，转子每转一周，每个工作空间要完成两次吸油和压油，所以称之为双作用叶片泵。这种叶片泵由于有两个吸油腔和两个压油腔，并且各自的中心夹角是对称的，作用在转子上的油液压力相互平衡，因此双作用叶片泵又称为卸荷式叶片泵。为了使径向力完全平衡，密封空间数（即叶片数）应当是偶数。

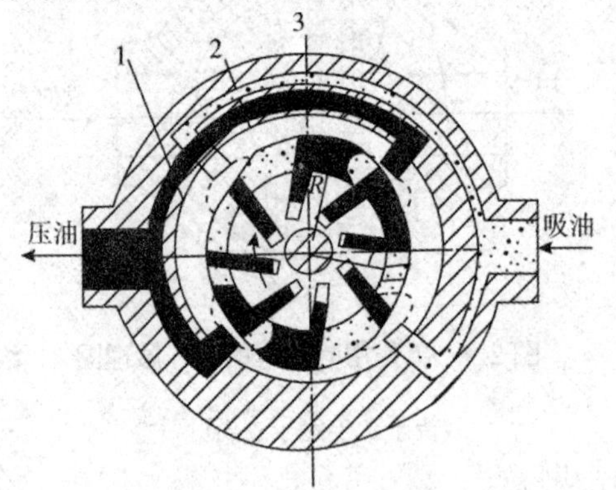


**图 2-10　双作用时片泵的工作原理图**

1-转子；2-定子；3-叶片

2．双作用叶片泵的结构特点

➢ **配油盘：**双作用叶片泵的配油盘，如图 2-11 所示。

在盘上有两个吸油窗口 2、4 和两个压油窗口 1、3，窗口之间为封油区，通常应使封油区对应的中心角 $\alpha$ 稍大于或等于两个叶片之间的夹角 $\beta$，否则会使吸油腔和压油腔连通，造成泄漏。当两个叶片间的密封油液从吸油区过渡到封油区（大圆弧处）时，其压力基本上与吸油压力相同，但当转子再继续旋转一个微小角度时，该密封腔突然与压油腔相通，使其中油液压力突然升高，油液的体积突然收缩，压油腔中的油液倒流进该腔，使液压泵的瞬时流量突然减小，引起液压泵的流量脉动、压力脉动和噪声。因此在配油盘的压油窗口靠叶片从封油区进入压油区的一边开有一个截面形状为三角形的三角槽（又称眉毛槽），

使两叶片之间的封闭油液在未进入压油区之前就通过该三角槽与压力油相通，使其压力逐渐上升，因而缓解了流量和压力脉动并降低了噪音。槽 c 与压油腔相通并转子叶片槽底部相通，使叶片的底部作用有压力油。

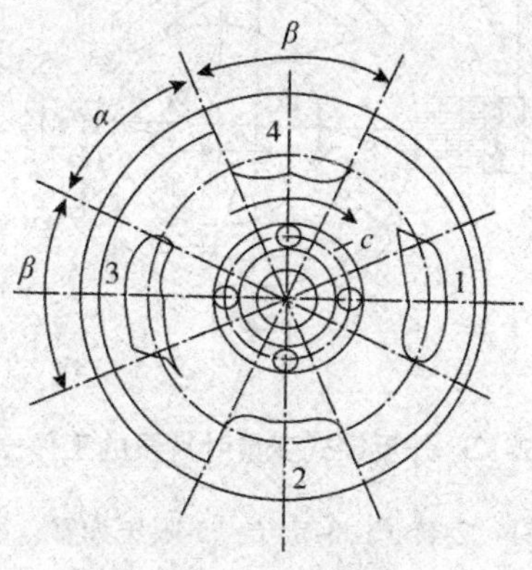


**图 2-11　配油盘**

1、3-压油窗口；2、4-吸油窗口

➢ **定子曲线：**由四段圆弧和四段过渡曲线组成。

过渡曲线应保证叶片贴紧在定子内表面上，保证叶片在转子槽中径向运动时速度和加速度变化均匀，使叶片对定子的内表面的冲击尽可能小。定子过渡曲线主要有以下几种：修正的阿基米德螺线；正弦加速曲线；等加速—等减速曲线；高次曲线。在较为新型的泵中多采用等加速—等减速曲线。

➢ **叶片的倾角：**叶片在工作过程中，受离心力和叶片根部压力油的作用，使叶片和定子紧密接触。当叶片转至压油区时，定子内壁迫使叶片缩向转子中心。

研究表明，在双作用叶片泵中，将叶片顺着转子回转方向前倾一个角度（向前倾斜 13°），可减小定子内壁对叶片作用的侧向力，使叶片在槽中移动灵活，并可减少磨损。但近年的研究表明，某些高压双作用叶片泵的转子槽是径向的，且使用情况良好。

（三）限压式变量叶片泵

单作用叶片泵的变量方法有手调和自动调节两种。自调变量泵又根据其工作特性的不同分为限压式、恒压式和恒流量式三类，其中以限压式应用较多。

限压式变量叶片泵是利用泵排油压力的反馈作用实现变量的，它有外反馈和内反馈两种形式，下面主要介绍外反馈的工作原理和特性。

1．外反馈式变量叶片泵的工作原理

外反馈式变量叶片泵的工作原理如图 2-12 所示。转子 2 的中心 $O_1$ 是固定的，定子 3 可以左右移动，其中心为 $O_2$。在限压弹簧 5 的作用下，定子被推向左端，使定子中心 $O_2$ 和转子中心 $O_1$ 之间有一初始偏心量$e_0$。它决定了泵的最大流量$q_{\max}$。定子左侧装有反馈液压缸 6，其左腔与泵出口相通。在泵工作过程中，液压缸活塞对定子施加向右的反馈力$P_{\mathrm{A}}$（A 为活塞有效作用面积）。设泵的工作压力达到$P_B$值时，定子所受的液压力与弹簧力相平衡，有$P_{\mathrm{B}}A = kx_0$（$k$ 为弹簧刚度，$x_0$调压弹簧的预压缩量）。

内反馈式变量叶片泵的工作原理与外反馈式相似，但泵的偏心距 e 的改变不是依靠外反馈活塞腔，而是依靠内部液压力对定子的直接作用。

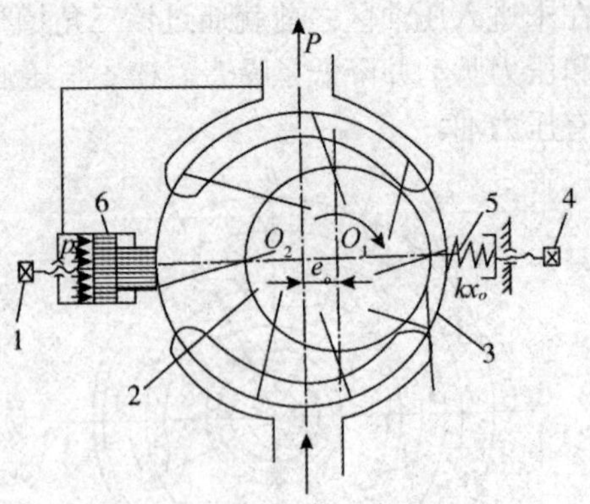


图 2-12　外反馈式变量叶片泵的工作原理

1、4-调节螺钉；2-转子；3-定子；5-限压弹簧；6-反馈液压缸

2．限压式变量叶片泵的特性曲线

限压式变量叶片泵在工作过程中，当工作压力$P_{\mathrm{P}}$小于预先调定的压力$P_{\mathrm{B}}$时，液压作用力不能克服弹簧的预紧力，这时定子的偏心距保持最大偏心量不变，因此泵的输出流量$q_{\mathrm{A}}$不变，但由于供油压力增大时，泵的泄漏流量也增加，所以泵的实际输出流量$q_{\mathrm{P}}$也略有减少，如图 2-13 所示的限压式变量叶片泵的特性曲线中的 AB 段上下平移。

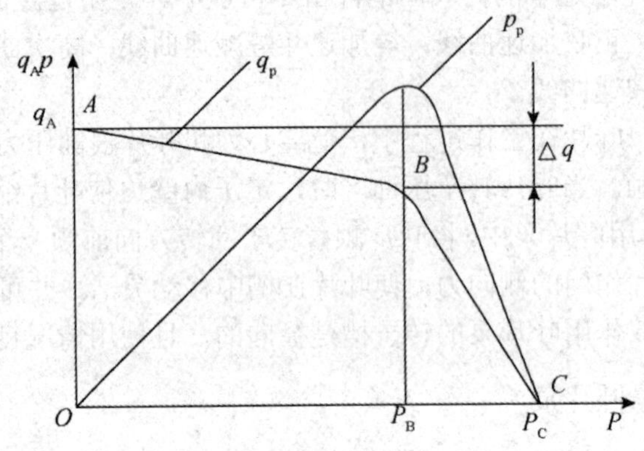


图 2-13　限压式变量叶片泵的特性曲线

通过调节螺钉 5（见图 2-12），可调节最大偏心量（初始偏心量）的大小，从而改变泵的最大输出流量$q_{\mathrm{A}}$，特性曲线 *AB* 段上下平移。当泵的供油压力$p_{\mathrm{P}}$超过预先调整的压力$P_{\mathrm{B}}$时，液压作用力大于弹簧的预紧力，此时弹簧受压缩，定子向偏心量减小的方向移动，使泵的输出流量减小。压力越高，弹簧压缩量就越大，偏心量越小，输出流量也越小，其变化规律如图 2-13 所示的 *BC* 段。调节调压螺钉 10 可改变限定压力$P_{\mathrm{B}}$的大小，这时特性曲线 *BC* 段左右平移。

而改变调压弹簧的刚度 K 时，可以改变 *BC* 段的斜率，弹簧越“软”（K 值越小），*BC* 段越陡，$P_{\max}$值越小；反之，弹簧越“硬”（*KS* 值越大），*BC* 段越平坦，$P_{\max}$值越大。当定子和转子之间的偏心量为零时，系统压力达到最大值$P_{\mathrm{C}}=P_{\max}$。该压力称为截止压力。实际上由于泵的泄漏存在，当偏心量尚未达到$T_0$时，泵实际向系统输出的流量已为零。

限压式变量叶片泵结构复杂，轮廓尺寸大；相对运动的机件多、泄漏较大，轴受不平衡的径向液压力，噪声较大；容积效率和机械效率都没有双作用叶片泵高。但是，它能按负载压力的变化自动调节流量，在功率使用上较为合理，使油液发热量较小。

限压式变量叶片泵对既要实现快速行程，又要实现工作进给（慢速移动）的执行元件来说是一种合适的油源。快速行程需要大的流量，负载压力较低，正好使用特性曲线的 *AB* 段；工作进给时负载压力升高，需要流量减少，正好使用其特性曲线的 *BC* 段，因而合理调整拐点压力$P_B$是使用该泵的关键。目前这种泵被广泛用于要求执行元件有快、慢速和保压阶段的中低压系统中，有利于节能和简化回路。

单作用叶片泵的流量是有脉动的，理论分析表明，泵内叶片数越多，流量脉动率越小。此外，叶片数为奇数的泵的脉动率比叶片数为偶数的脉动率小，所以单作用叶片泵的叶片数均为奇数，一般为 13 或 15 片。

双作用叶片泵的脉动率较其他形式的泵（螺杆泵除外）小得多，且在叶片数为 4 的整数倍时最小，因此双作用叶片泵的叶片数一般为 12 或 16 片。

## 五、柱塞泵

柱塞泵是靠柱塞在缸体中作往复运动造成密封容积的变化来实现吸油与压油的液压泵。与齿轮泵和叶片泵相比，这种泵有许多优点：

（1）构成密封容积的零件为圆柱形的柱塞和缸孔，加工方便，可得到较高的配合精度，密封性能好，在高压下工作仍有较高的容积效率。

（2）只须改变柱塞的工作行程就能改变流量，易于实现变量。

（3）柱塞泵主要零件均受压应力，材料强度性能可得以充分利用。

由于柱塞泵压力高、结构紧凑、效率高、流量调节方便，故在需要高压、大流量、大功率的系统中和流量需要调节的场合，如龙门刨床、拉床、液压机、工程机械、矿山冶金机械、船舶上得到广泛的应用。

柱塞泵按柱塞的排列和运动方向不同，可分为径向柱塞泵和轴向柱塞泵两大类。

（一）径向柱塞泵

径向柱塞泵的工作原理如图 2-14 所示。

柱塞 1 径向排列安装在缸体 2 中，缸体由原动机带动，连同柱塞 1 一起旋转，所以缸体 2 一般称为转子。柱塞 1 靠离心力（或在低压油）作用抵紧定子 4 内壁，当转子按图示方向回转时，由于定子和转子之间有偏心距 $e$，柱塞绕经上半周时向外伸出，柱塞底部的容积逐渐增大，形成部分真空，油液经衬套 3（衬套 3 是压紧在转子内，并和转子一起回转）上的油孔从配油轴 5 的吸油口吸油；当柱塞转到下半周时，定子内壁将柱塞向里推，柱塞底部的容积逐渐减小，向配油轴的压油口压油。当转子回转一周时，每个柱塞底部的密封容积完成一次吸压油，转子连续运转，即不断完成吸压油工作。

配油轴与泵壳连接在一起，固定不动，在配油轴中钻有四个轴向孔，如图 2-14 所示。上半部两孔$a_1$、$a_2$是吸油孔，与吸油管相连；下半部两孔$b_1$、$b_2$是排油孔，与排油管相连。为了达到配油的目的，配油轴相接触的一段上加工出上下两个槽口，上半部是吸油槽，与吸油孔$a_1$、$a_2$相通，下半部是排油槽，与排油孔$b_1$、$b_2$相通，留下的部分形成封油区。封油区的宽度应能封住衬套上的吸压油孔，以防吸油口和压油口相连通，但尺寸也不能大得太多，以免产生困油现象。

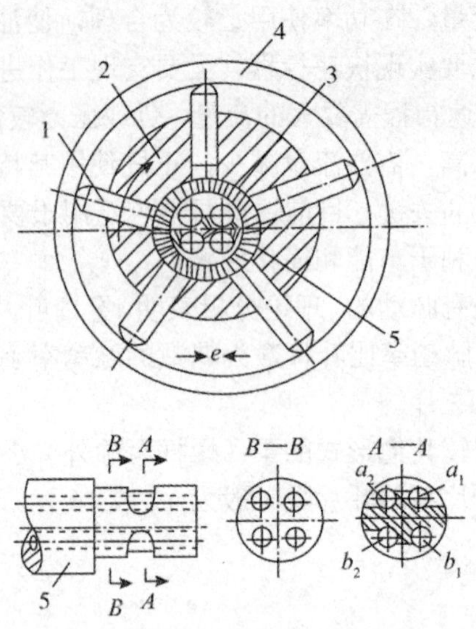


图 2-14　径向柱塞泵的工作原理图

1-柱塞；2-缸体；3-衬套；4-定子；5-配油轴

径向往塞泵的流量因偏心距 $e$ 的大小不同而不同。若偏心距做成可调的（一般是使定子作水平移动以调节偏心量），就成为变量泵，如偏心距的方向改变后，进油口和压油口也随之互相交换，这就是双向变量泵。

由于径向柱塞泵径向尺寸大，结构较复杂，自吸能力差，且配油轴受到径向不平衡液压力的作用，易于磨损，从而限制了转速和压力的提高；由于径向柱塞泵中柱塞在缸体中移动速度是变化的，因此泵的输出流量有脉动，当柱塞较多且为奇数时，流量脉动也较小。

（二）轴向柱塞泵

1．轴向柱塞泵的工作原理

轴向柱塞泵是将多个柱塞轴向配置在一个共同缸体的圆周上，并使柱塞中心线和缸体中心线平行的一种泵。轴向柱塞泵有直轴式（斜盘式）和斜轴式（摆缸式）两种形式。

图 2-15（a）所示为直轴式轴向柱塞泵的工作原理图。这种泵主要由缸体 1、配油盘 2、柱塞 3 和斜盘 4 组成。柱塞沿圆周均匀分布在缸体内。斜盘与缸体轴线倾斜一角度 $r$，柱塞靠机械装置（图中为弹簧）或低压油的作用压紧在斜盘上，配油盘 2 和斜盘 4 固定不转，当原动机通过传动轴使缸体转动时，由于斜盘的作用，迫使柱塞在缸体内作往复运动，并通过配油盘的配油窗口进行吸油和压油。如图 2-15（a）所示回转方向，当缸体转角在 $\pi \sim 2\pi$ 内时，柱塞向外伸出，柱塞底部的密封工作容积增大，通过配油盘的吸油窗口吸油；在 $0 \sim \pi$ 内时，柱塞被斜盘推入缸体，使密封容积减小，通过配油盘的压油窗口压油。缸体每转一周，每个柱塞各完成吸压油一次，如改变斜盘倾角 $r$，就能改变柱塞行程的长度，即改变液压泵的排量。改变斜盘倾角方向，就能改变吸油和压油的方向，即成为双向变量泵。

配油盘上吸油窗口和压油窗口之间的封油区宽度 L 应稍大于柱塞缸体底部通油孔宽度

$L_1$，但不能相差太大，否则会发生困油现象。一般在两配油窗口的两端部开有三角形卸荷槽，以减少冲击和噪声。

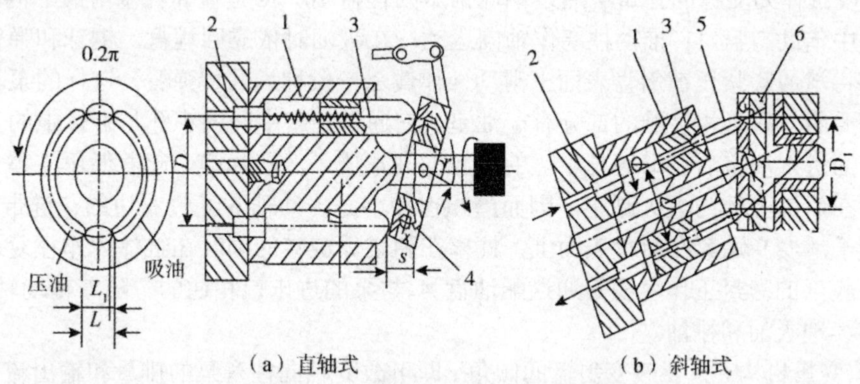


（a）直轴式 （b）斜轴式

图 2-15 轴向柱塞泵的工作原理图

1-缸体；2-配油盘；3-柱塞；4-斜盘；5-连杆：6-后铰链

2．斜轴式轴向柱塞泵工作原理

图 2-15（b）所示为斜轴式轴向柱塞泵工作原理图。缸体轴线相对传动轴轴线成一倾斜角 r，传动轴端部用后向铰链 6、连杆 5 与缸体中的每个柱塞相联结。当传动轴转动时，通过后向铰链、连杆使柱塞和缸体一起转动，并迫使柱塞在缸体中作往复运动，借助配油盘进行吸油和压油。这类泵的优点是变量范围大，泵的强度较高，但和直轴式轴向柱塞泵相比，其结构较复杂，外形尺寸和质量均较大。

轴向柱塞泵的优点是结构紧凑、径向尺寸小、惯性小、容积效率高，目前最高压力可达 40.0MPa，甚至更高，一般用于工程机械、压力机等高压系统中，但其轴向尺寸较大，轴向作用力也较大，结构比较复杂。

实际上，由于柱塞在缸体孔中的运动不是恒速的，因而输出流量有脉动。当柱塞数为奇数时，脉动较小，且柱塞数越多脉动也越小，因而一般常用的柱塞泵的柱塞个数为 7、9 或 11。

3．轴向柱塞泵的结构特点

（1）典型结构。图 2-16 为一直轴式轴向柱塞泵的结构图。

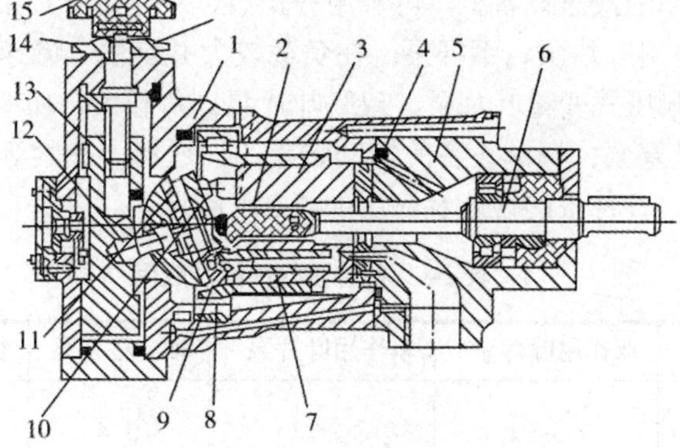


图 2-16 直轴式轴向往塞泵结构图

1-泵体；2-弹簧；3-缸体；4-配油盘；5-前泵体；6-传动轴；7-往塞；8-轴承；9-滑履；10-回程盘；11-斜盘；12-销轴；13-变量活塞；14-丝杠；15-手轮；16-螺母

它由斜盘 11、柱塞 7、缸体 3、配油盘 4、传动轴 6 等组成。柱塞的球状头部装在滑履 9 内，以缸体为支撑的弹簧 2 通过钢球推压回程盘 10，回程盘和柱塞滑履一同转动。在排液过程中借助斜盘 11 推动柱塞作轴向运动；在吸油时依靠回程盘、钢球和弹簧组成的回程装置将滑履紧紧压在斜盘表面上滑动，弹簧 2 一般称为回程弹簧，这样的泵具有自吸能力。在滑履与斜盘相接触的部分有一油室，它通过柱塞中间的小孔与缸体中的工作腔相连，压力油进入油室后在滑履与斜盘的接触面间形成了一层油膜，起着低压支撑作用，使滑履作用在斜盘上的力大大减小，因而磨损也较小。传动轴 6 通过左边的花键带动缸体 3 旋转，由于滑履 9 贴紧在斜盘表面上，柱塞在随缸体旋转的同时在缸体内作往复运动。缸体中柱塞底部的密封工作容积是通过配油盘 4 与泵的进出口相通的。随着传动轴的转动，液压泵连续地吸油和排油。

（2）变量机构。只要改变斜盘的倾角 r 即可改变轴向柱塞泵的排量和输出流量，下面介绍常用的轴向柱塞泵变量机构的工作原理。

- 手动变量机构。如图 2-16 所示，转动手轮 15，使丝杠 14 转动，带动变量活塞 U 作辕向移动（因导向键的作用，变量活塞只能作轴向移动，不能转动）。通过销轴 12 使斜盘 11 绕变量机构壳体上的圆弧导轨面的中心（即为钢球中心）旋转，从而使外盘倾角改变，达到变量的目的。当流量达到要求时，可用锁紧螺母 16 锁紧，这种变量机构结构简单，但操纵较复杂，且不能在工作过程中变量。
- 伺服变量机构。轴向柱塞泵还可配备伺服变量机构代替，如图 2-16 所示的手动变量机构。

除此之外，轴向往塞泵还有很多种变量机构，如恒功率变量机构、恒压变量机构、恒流量变量机构等，这些变量机构与轴向柱塞泵的泵体部分组合构成了各种不同变量方式的轴向柱塞泵。

## 六、液压泵的选用与安装

1．液压泵的选用原则

选择液压泵的原则是：根据主机工况、功率大小和系统对工作性能的要求，首先确定液压泵的类型，然后按系统所要求的压力、流量大小确定其规格型号。

一般在轻载小功率的液压设备上，可选用齿轮泵、双作用叶片泵；精度较高的机械设备（磨床），可用双作用叶片泵、螺杆泵；在负载较大并有快、慢速进给的机械设备（组合机床）上，可选用限压式变量叶片泵、双联叶片泵；负载大、功率大的设备（刨床、拉床、压力机），可用柱塞泵；机械设备的辅助装置，如送料、夹紧等不重要的场合，可选用价格低廉的齿轮泵。各种泵的性能及应用如表 2-1 所示。

**表 2-1　各种泵的性能及应用**

| 项目 | 齿轮泵 | 双作用叶片泵 | 单作用叶片泵 | 轴向柱塞泵 | 径向柱塞泵 | 螺杆泵 |
|---|---|---|---|---|---|---|
| 工作压力/MPa | ≤17.5 | 6.3~21 | ≤6.3 | 10~40 | 10~20 | 2.5~10 |
| 流量调节 | 不能 | 不能 | 能 | 能 | 能 | 不能 |

（续表）

| | | | | | | |
|---|---|---|---|---|---|---|
| 容积效率 | 0.70~0.95 | 0.80~0.95 | 0.80~0.90 | 0.90~0.98 | 0.85~0.95 | 0.75~0.95 |
| 总效率 | 0.60~0.85 | 0.75~0.85 | 0.70~0.85 | 0.85~0.95 | 0.75~0.92 | 0.70~0.90 |
| 流量脉动率 | 大 | 小 | 中等 | 中等 | 中等 | 小 |
| 对油液污染敏感性 | 不敏感 | 敏感 | 敏感 | 敏感 | 敏感 | 不敏感 |
| 自吸特性 | 好 | 较差 | 较差 | 较差 | 差 | 好 |
| 噪声 | 大 | 小 | 较大 | 大 | 较大 | 小 |
| 应用范围 | 机床、工程机械、农机、航空、船舶、一般机械 | 机床、注塑机、起重运输机械、工程机械、飞机 | 机床、注塑机 | 工程机械、锻压机械、起重机械、矿山机械、冶金机船舶、航空 | 机床、液压机、船舶机械 | 精密机床、精密机械、食品、化工、石油、纺织等机械 |

2．液压泵的安装

液压泵安装不当会引起噪声、振动，影响工作性能和降低寿命，应按照以下要求来进行安装。

（1）泵的支座或法兰和电动机应有共同的安装基础。法兰或支座都必须有足够的刚度。在底座下面及法兰和支架之间装上橡胶隔振垫，以降低噪声。

（2）液压泵一般不允许承受径向负载，因此常用电动机直接通过弹性联轴器来传动。安装时要求电动机与液压泵的轴应有效高的同轴度，其偏差应在 0.1mm 以下，倾斜角不得大于1度，以避免增加泵轴的额外负载并引起噪声。

（3）对于安装在油箱上的自吸泵，通常泵中心至油箱液面的距离应小于 500mm；在油箱下面或旁边的泵，为了便于检修，吸入管道上应安装截止阀。

（4）液压泵的进口、出口位置和旋转方向应符合泵上标明的要求，不得接反。

（5）要拧紧进出油口管接头连接螺钉，密封装置要可靠，以免引起吸空、漏油，影响泵的工作性能。

（6）在齿轮泵和叶片泵的吸入管道上可装粗过滤器，但在柱塞泵的吸入口一般不装滤油器。

（7）安装联轴器时，不要用力敲打泵轴，以免损伤泵的转子。

3．使用液压泵的注意事项

（1）泵的启动。在泵启动前要根据油位指示计检查油箱的油量，避免出现吸空而产生气穴现象；用油温计检查油温，避免泵在 0℃以下启动。当油温在 10℃以下时，要注意液压泵要空载运转 20min 以上；泵的启动应进行点动。在点动中从泵的声音变化和压力表压力的变化来判断泵的流量，泵在无流量状态下运转 1min 以上就有咬死的危险。

（2）运行中和停车时。检查了解泵的运行情况。若噪声大，针摆大，油温又过高，则泵可能磨损严重；检查了解泵的运行效率。对比泵壳和油箱温度，如二者温差高于 5℃，则可认为泵的效率非常低；检查转轴和连接处的漏油情况，高温、高压时要特别注意发生泄漏。

(3)观察装在泵吸入管处的真空表的指示值,正常运转时,其值应在127mmHg以下;否则,要检查滤油器和工作油。

## 七、液压泵拆装及故障排除实训（以双作用叶片泵为例）

1．双作用叶片泵拆卸与装配

（1）双作用叶片泵的拆装顺序。先拆掉前端盖上的螺钉，取下端盖；卸下前泵体；卸下两个配油盘、定子、转子、叶片和传动轴，使它们与后泵体脱离。在拆卸过程中应注意：由于两个配油盘、定子、转子、叶片之间及轴与轴承之间是预先组合成一体的，不能分离的部分不要强拆。

（2）双作用叶片泵的装配要领。装配前清洗各零件，注意不要把叶片的底部和顶部装反了，按拆卸时的反向顺序装配。

2．泵拆装注意事项

（1）实行“谁拆卸，谁装配”的制度，一人负责一个元件的拆卸。

（2）拆卸时要做好拆卸记录，必要时要画出装配示意图。

（3）对于容易丢失的小零件，要放人专用的小方盒内。

（4）各级之间相互交流时不要随便拿走其他组的零件。

（5）装配之前要分析清楚各泵的密封容积和配油装置。

（6）装配之前要列出各元件的装配顺序。

（7）严禁野蛮拆卸和野蛮装配。

（8）装配之后要进行试运转。

在教师的指导下，同学们分组进行双作用叶片泵的拆卸，装配训练，并进行试运转。

3．液压泵常见故障的分析和排除方法

液压泵的故障现象多种多样,表2-2至表2-4中分别列出了一些较常见的故障供参考。

**表2-2　外啮台齿轮泵常见故障与排除方法**

| 故障现象 | 产生原因 | 排除方法 |
|---|---|---|
| 泵不排油或排量与压力不足 | 1．电动机转向接反 | 1．调换接头，改变电机转向 |
| | 2．滤油器或吸油管道堵塞 | 2．拆洗滤油及管道或更换油液 |
| | 3．液压泵吸油侧及吸油管段处密封不良有空气吸入，其表现为压力显示很低，液压缸无力，油箱气泡等 | 3．检查，并紧固有关螺纹连接件或 密封件 |
| | 4．油液黏度太大造成吸油困难，或温升过高导致油液黏度降低造成内泄漏过大 | 4．选择合适黏度的油液，检查诊断温升过高故障，防止油液油黏度有过大变化 |
| | 5．零件磨损，间隙增大，泄露较大 | 5．检查有关磨损零件，进行修磨达到规定间隙 |
| | 6．泵的转速太低 | 6．检查电机功率及有无打滑现象 |
| | 7．油箱中油面太低 | 7. 检查油面高度，并使吸油管插入液面以下。 |

（续表）

| | | |
|---|---|---|
| 噪声及压力脉动较大 | 1．液压泵吸油侧及轴油封和吸油管段密封不良，有空气吸入 | 1．拧紧接头或更换密封 |
| | 2．吸油管及滤油器堵塞或阻力太大造成液压泵吸油不足 | 2．检查滤油器的容量及堵塞情况，及时处理 |
| | 3．吸油管外露或伸入油箱较浅或吸油高度过大（>500mm） | 3．吸油管应伸入油面以下的 2/3，防止吸油管口漏出液面，吸油高度应不大于 500mm |
| | 4．泵与电动机轴不同心或松动 | 4．按技术要求进行调整，检查直线性，保持同轴度在 0.1mm 内 |
| 温升过高 | 1．液压泵磨损严重，间隙过大泄露增加 | 1．修磨磨损件，使其达到合适的间隙 |
| | 2．油液黏度不当（过高或过低） | 2．改用黏度合适的油液 |
| | 3．油液污染变质，吸油阻力过大 | 3．更换新油 |
| | 4．液压泵连续吸气，特别是高压泵，由于气体在泵内受绝热压缩，产生高温，表现为液压泵温度瞬间骤升高 | 4．停车检查液压泵进气部位，及时处理 |
| 液压泵旋转不灵活或咬死 | 1．轴向间隙或径向间隙小 | 1．修复或更换泵的机件 |
| | 2．油液中杂质吸入泵内卡死运动 | 2．加强滤油或更换新油 |

**表 2-3　叶片泵常见故障与排除方法**

| 故障现象 | 产生原因 | 排除方法 |
|---|---|---|
| 噪声严重伴有振动 | 1．液压泵吸油困难 | 1．检查清洗滤油器并检查油液黏度，及时换油 |
| | 2．泵盖螺钉松动或轴承损坏 | 2．检查紧固更滑已损零件 |
| | 3．定子曲面有伤痕，叶片与之接触时，发生跳动撞击噪声 | 3．休整抛光定子曲面 |
| | 4．油箱油面过低，液压泵吸油侧和吸油管段及液压泵主轴油封的不良，有空气进入 | 4．检查有关密封部位是否有泄露，并加以严封，保证有足够油液和吸油通畅 |
| | 5．电动机转速过高 | 5．更换电机，降低转速 |
| | 6．联轴器的同心度较差或安装不牢固，导致机械噪声 | 6．检查调整同心度，并加强紧固 |
| 泵不吸油或者无压力（执行机构不动） | 1．电机转向有错 | 1．重新接线头，改变旋转方向 |
| | 2．油箱液面较低，吸油有困难 | 2．检查油箱中油面的高度（观察油标指标） |
| | 3．油液黏性过大，叶片滑动阻力较大，移动不灵活 | 3．更换黏度较低的液体 |
| | 4．泵体内部有砂眼，高低压串通 | 4．更换泵体（出厂前未暴露） |

（续表）

| | | |
|---|---|---|
| | 5．液压泵严重进气，根本吸不上来油 | 5．检查液压泵吸油区段的有个密封部位，并严加密封 |
| | 6．组装泵盖螺钉松动，致使高低压腔互通 | 6．紧固 |
| | 7．叶片与槽的配合过紧 | 7．修磨叶片或槽，保证叶片移动灵活 |
| | 8．配油盘刚度不够或盘与泵体接触不良 | 8．更滑或修整其接触面 |
| 排油量及压力不足表现为液压缸的动作迟缓 | 1．有关连接部位密封不严，空气进入泵内 | 1．检查各连接处及吸油口是否有泄露，紧固或更换密封 |
| | 2．定子内曲面与叶片接触不良 | 2．进行修磨 |
| | 3．配油盘磨损较大 | 3．修复或更换 |
| | 4．叶片与槽配合间隙过大 | 4．单片进行选配，保证达到设计要求 |
| | 5．吸油有阻力 | 5．拆洗滤油器，清除杂物使吸油通畅 |
| | 6．叶片移动不灵活 | 6．不灵活的叶片，应单槽配研 |
| | 7．系统泄露大 | 7．对系统进行顺序检查 |
| | 8．泵盖螺钉松动，液压泵轴向间隙增大而内泄 | 8．适当拧紧 |

**表 2-4　柱塞泵常见故障与排除方法**

| 故障现象 | 产生原因 | 排除方法 |
|---|---|---|
| 排油量不足，执行机构动作迟缓 | 1．吸油管及滤油器阻塞或阻力太大 | 1．排除油泵阻塞，清洗滤油器 |
| | 2．油箱油面过低 | 2．检查油量，适当加油 |
| | 3．柱塞与缸孔或配油盘与缸体间隙吗磨损 | 3．更换柱塞修磨配油盘与缸体的接触面，保证接触良好 |
| | 4．柱塞回程不够或不能回程，引起缸体与配油盘间失去密封，系中心弹簧断裂所致 | 4．检查中心弹簧加以更换 |
| | 5．变量机构失灵，达不到工作要求 | 5．检查变量结构，看变量活塞及变量头是否灵活，并纠正其调整误差 |
| 压力不足或压力脉动较大 | 1．吸油口阻塞或通道较小 | 1．清楚活塞现象，加大通油截面 |
| | 2．油温较高，油液黏度下降，泄露增加 | 2．控制油温，更换黏度较大的油液 |
| | 3. 缸体配油盘之间磨损，柱塞与缸体之间磨损，内泄过大 | 3. 修整缸体与配油盘接触面，更换柱塞，严重的送厂返修 |
| | 4．中心弹簧疲劳，内泄增加 | 4．更换中心弹簧 |
| 噪声过大 | 1．泵内有空气 | 1．不排除空气，检查困难进入空气的部位 |
| | 2．轴承装配不当，或单边磨损或损伤 | 2．检查轴承损坏情况，及时更换 |
| | 3．滤油器被阻塞，吸油困难 | 3．清除滤油器 |
| | 4．油液不干净 | 4．抽样检查，更换干净的油液 |
| | 5．油液黏度过大，吸油阻力大 | 5．更换黏度较小的油液 |
| | 6．油液的油面过低或液压泵吸气导致噪声 | 6．按油标高度注油，并检查密封 |

（续表）

| | | |
|---|---|---|
| | 7．泵与电机安配不同心使泵增加了径向载荷 | 7．重新调整，使之在允许范围内 |
| | 8．管路振动 | 8．采取隔离销振措施 |
| | 9．柱塞与靴球头连接严重松动或脱落 | 9．检查修理或更换组建 |
| 外部泄露 | 1．传动轴上的密封损坏 | 1．更换密封圈 |
| | 2．各结合面及管头的螺栓及螺母未拧紧，密封损坏 | 2．紧固并检查密封性，以便更换密封 |
| 液压泵发热 | 1．内部漏损较大 | 1．检查和研修有关密封配合面 |
| | 2．营业部吸气严重 | 2．检查有关密封部位，严加密封 |
| | 3．有关相对运动的配合接触面有磨损 | 3．修整或更换磨损件 |
| | 4．油液黏度过高油箱容量过小或转速过高 | 4．更换油液，增大油箱或增设冷却装置，或降低转速 |
| 泵不能转动（卡死） | 1．柱塞与缸孔卡死，系油脏或油温变化或高温黏连所致 | 1．油脏换油；油温太低时更换黏度小的油，或用刮油刀刮去黏连金属，配研 |
| | 2．滑靴脱落，系柱塞卡死或有负载启动拉脱 | 2．更换或重新装配滑靴 |
| | 3．柱塞球头折断，系柱塞卡死或有负载启动扭断 | 3．更换 |
| 流量不足 | 1．油箱液面过低，吸油管及滤油器堵塞或阻力太大 | 1．检查油量，适当加油，排除油管堵塞，清洗滤油器 |
| | 2．泵体内预先未充好油，有残留空气 | 2．排除泵内空气 |
| | 3．变量机构失灵，达不到工作要求 | 3．检查变量机构中变量活塞及变量头是否灵活，纠正调整误差 |
| | 4．油量太高或太低 | 4．根据温升选用合适的油液 |
| 噪声过大 | 1．油箱液面过低、油液粘度过大，滤油器堵塞，造成吸油阻力大 | 1．按规定加足油量，更换粘度小的油液，清洗滤油器 |
| | 2．泵与电机轴安装不同心使泵内内径向力增加 | 2．重新调整到允许范围内 |
| | 3．泵内有空气 | 3．排除空气，检查可能进入空气的部位 |
| 变量机构失灵 | 1．控制油道上的单向阀弹簧折断 | 1．更换弹簧 |
| | 2．变量头与变量泵壳体磨损 | 2．配研两者圆弧配合面 |
| | 3．个别通油通道堵死 | 3．净化油，必要时冲洗 |
| | 4．伺服活塞，变量活塞以及弹簧芯轴卡死 | 4．机械卡死时，研磨各运动件，油脏则更换 |
| 泄露 | 1．变量活塞或伺服活塞磨损 | 1．严重时更换 |
| | 2．轴承回转密封圈损坏 | 2．检查密封圈及各密封环节排除内漏 |
| | 3．各结合处O形密封圈损坏 | 3．更换O形密封圈 |
| | 4．配油盘和缸体或柱塞与缸体之间磨损 | 4．磨平接触面，配研缸体，单配柱塞 |

## 【任务实施】

已知液压压力机的工作压力为 10MPa，进入液压缸的流量为 6L/min。下面我们为其选择合适的液压泵。

### 一、确定额定流量

液压泵的额定流量应满足系统中各执行装置所需的最大流量之和（$\sum q_{max}$），即：

$$q_s \geqslant k_q \sum q_{max}$$

式中 $q_s$—额定流量；

$k_q$—系数的泄漏系数，一般取值为 1.1~1.3（管路长取大值，管路短取小值）；

$q_{max}$—每个执行装置实际需要的最大流量。

取$k_q$=1.2，所以$q_s$=7.2L/min。

### 二、确定额定压力

液压泵的额定压力应满足系统中执行装置所需最大压力即：

$$p_s \geqslant k_p \sum p_{max}$$

式中 $P_s$—额定压力；

$k_p$—系统的压力损失系数，一般取值为 1.3~1.5（管路较短且不复杂，取小值，反之，取大值）；

$P_{max}$—执行装置的最高工作压力。

取$k_p$=1.4，所以 $P_s$=14MPa。

### 三、选择液压泵的类型

选择液压泵的原则是：根据主机工况、功率大小和系统对工作性能的要求，首先确定液压泵的类型，然后按系统所要求的压力、流量大小确定其规格型号。

一般在轻载小功率的液压设备上，可选用齿轮泵、双作用叶片泵；精度较高的机械设备（磨床），可用双作用叶片泵、螺杆泵；在负载较大并有快、慢速进给的机械设备（组合机床）上，可选用限压式变量叶片泵、双联叶片泵；负载大、功率大的设备（刨床、拉床、压力机），可用柱塞泵；机械设备的辅助装置，如送料、夹紧等不重要的场合，可选用价格低廉的齿轮泵。

在确定额定流量和额定压力的取值后就可以选择液压泵的类型了。在具体选择泵时，可参考有关手册，查出各类液压泵的技术性能，特点和应用范围并考虑使用环境、温度、清洁状况、安置位置、维护保养、使用寿命和经济性等方面，进行分析比较，最后确定合适的结构形式。通过查手册，选择柱塞泵的型号为 10YCY14-1B，泵的转速 1450r/min，稳定压力为 31.5MPa，额定流量为 10L/min。

## 【课后总结】

本任务主要讲述了液压泵的工作原理、主要性能参数、类型与各自结构特点、安装与使用等内容。通过本任务的学习，读者要深刻理解容积式液压泵的工作原理和正常工作必须具备的条件掌握液压泵的压力、流量、功率、效率等主要性能参数的意义和相互间的关系并掌握其计算方法；掌握齿轮泵、叶片泵、柱塞泵等各类型液压泵的结构原理和性能特点；要学会根据各类液压泵的性能和使用范围，合理选择液压泵，掌握如何正确安装与使用液压泵。

## 【考核评价】

1. 解释液压泵的排量、流量、额定压力、容积效率和总效率。
2. 简述外啮合式齿轮泵的作用、结构和工作原理。
3. 简述双作用叶片泵的作用、结构和工作原理。
4. 简述单作用叶片泵的工作原理。
5. 简述外反馈限压式变量叶片泵的工作原理。
6. 简述径向柱塞泵和斜盘式轴向柱塞泵的工作原理。
7. 选用液压泵应遵循什么原则?

# 任务 2　液压缸的拆装与检修

## 【任务说明】

如图 2-17 所示为专用钻床的液压缸。在实际使用过程中会出现爬行和局部速度不均匀、液压冲击、工作速度逐渐下降甚至停止等故障。分析这些故障是由哪些因素引起的，并予以解除。

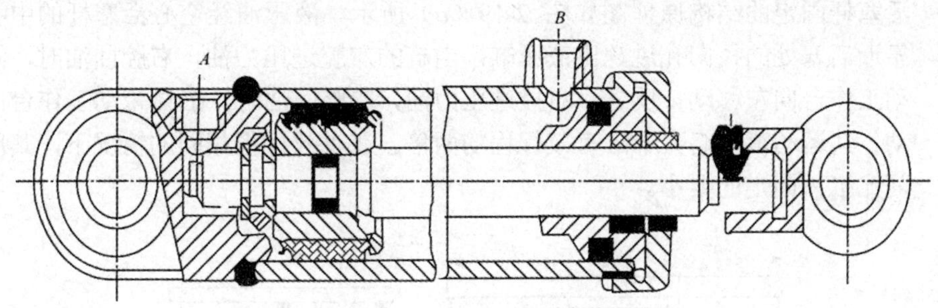


图 2-17　专用钻床液压缸

## 【理论指导】

液压缸又称油缸，是液压系统中的一种常用执行元件，其作用是将液体的压力能转换成机械能，使运动件实现直线往复运动或摆动。液压缸结构简单、工作可靠、制造容易，做直线往复运动时，省去减速机构，且没有传动间隙，传动平稳、反应快，因此在液压系统中被广泛应用。

## 一、液压缸的类型及特点

液压缸按其作用方式可分为单作用液压缸和双作用液压缸两大类。单作用液压缸利用液压力推动活塞向一个方向运动，而反向运动则靠外力实现。双作用液压缸则是利用液压力推动活塞作正反两方向的运动，这种形式的液压缸应用最广泛。液压缸按其结构特点可分为活塞式液压缸、柱塞式液压缸、摆动式液压缸三大类。液压缸除单个使用外，还可以几个组合起来或和其他机构组合起来共同使用，以完成特殊的功用。

1．活塞式液压缸

活塞式液压缸可分为双杆式和单杆式两种结构，固定方式分为缸体固定和活塞杆固定。

（1）双杆活塞式液压缸。其结构原理如图 2-18 所示，其活塞的两侧都有伸出杆，当两活塞杆直径相同，缸两腔的供油压力和流量都相等时，活塞（或缸体）两个方向的运动速度和推力也都相等。因此，这种液压缸常用于要求往复运动速度和负载都相同的场合。

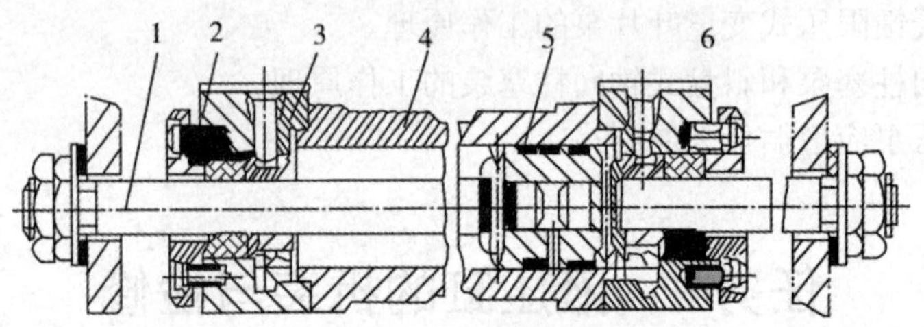


图 2-18　双杆活塞式液压缸结构原理

1-活塞杆；2-压盖；3-缸盖；4-缸体；5-活塞；6-密封圈。

- 缸体固定的结构原理图如图 2-19（a）所示。当缸的左腔进压力油，右腔回油时，活塞自动工作台向右移动；反之，右腔进压力油．左腔回油时，活塞带动工作台向左移动。工作台的运动范围略大于缸有效行程的 3 倍。
- 活塞杆固定的结构原理图如图 2-19（b）所示。液压油经空心活塞杆的中心孔及靠近活塞处的径向孔进、出液压缸。当缸的左腔进压力油，右腔回油时，缸体带动工作台向左移动；反之，右控进压力油，左腔回油时，缸体带动工作台向右移动。其运动范围略大于缸有效行程的两倍。在有效行程相同的情况下，其所占空间比缸体固定的要小。

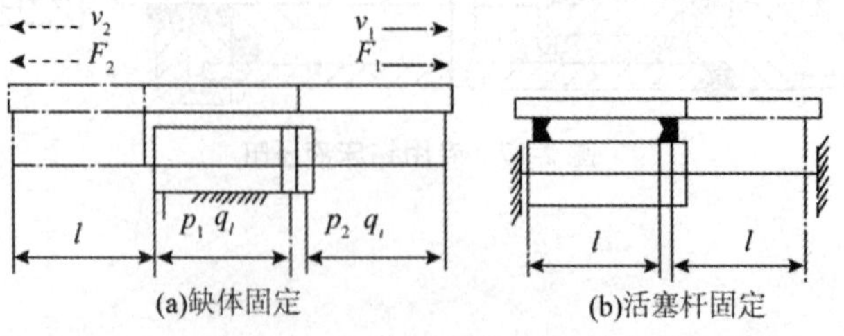


图 2-19　双活塞杆液压缸运动范围

双杆活塞液压缸的推动力和速度按下式计算（设回油压力为零），即：

$$F = AP = \frac{\pi}{4}\left(D^2 - d^2\right)P \tag{2-11}$$

$$v = \frac{q}{A} = \frac{4q}{\pi\left(D^2 - d^2\right)} \tag{2-12}$$

式中　$A$—液压缸有效工作面积；$F$—液压缸的推力；

$u$—活塞或缸体的运动速度；$P$—进油压力；

$q$—进入液压缸的流量；$D$—液压缸内径；$d$—活塞杆直径。

（2）单杆活塞式液压缸。其结构原理如图 2-20 所示。其活塞的一侧有伸出杆，两腔的有效工作面积不相等。当向缸两腔分别供油，且供油压力和流量相同时，活塞（或缸体）在两个方向的推力和运动速度不相等。

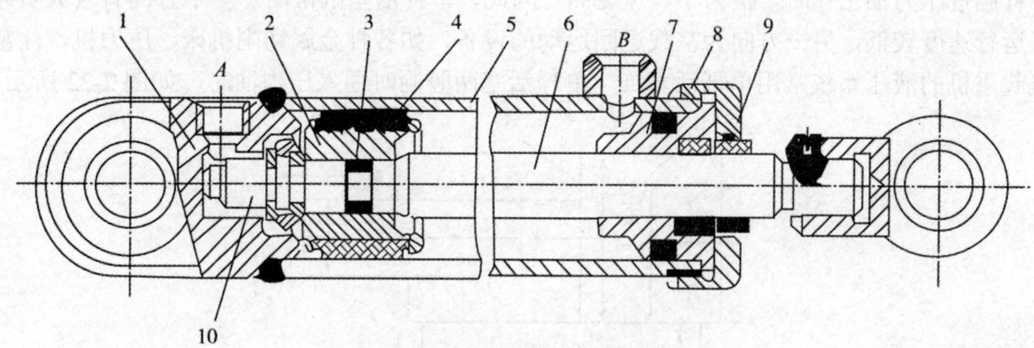


**图 2-20　单杆活塞式液压缸**

1-缸底；2-活塞；3-O 型密封圈；4-Y 型密封圈；5-缸筒；6-活塞杆；
7-导向套；8-缸盖；9-防尘圈；10-缓冲柱塞

- 当无杆腔进压力油，有杆腔回油时，如图 2-21（a）所示，不计回油压力，活塞椎力$F_1$和运动速度$v_1$分别为：

$$F_1 = A_1P = \frac{\pi}{4}4D^2P \tag{2-13}$$

$$v_1 = \frac{q}{A_1} = \frac{4q}{\pi D^2} \tag{2-14}$$

- 当有杆腔进压力油，无杆腔回油时如图 2-21（b）所示，不计回油压力，活塞椎力$F_2$和运动速度$v_2$分别为：

$$F_2 = A_2P = \frac{\pi}{4}\left(D^2 - d^2\right)P \tag{2-15}$$

$$v_2 = \frac{q}{A_2} = \frac{4q}{\pi\left(D^2 - d^2\right)} \tag{2-16}$$

式中　$A_1$—无杆腔有效工作面积；　$A_2$—有杆腔有效工作面积。

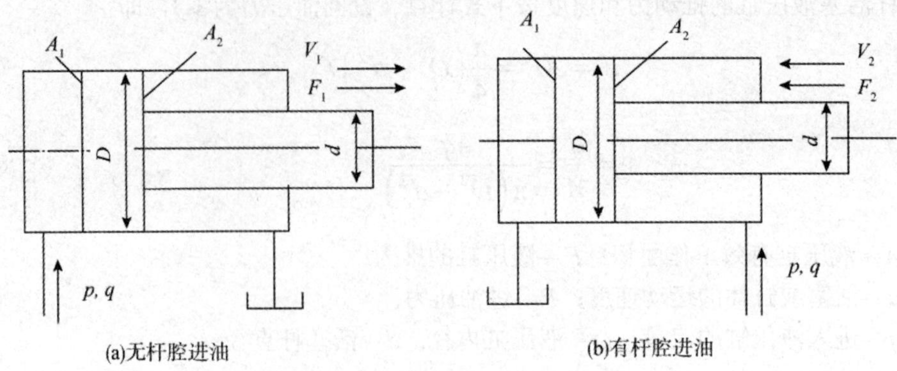


图 2-21 单杆活塞缸运动范围

比较上面公式可知，$v_1 < v_2$，$F_1 > F_2$。即无杆腔进压力油工作时，推力大，速度低；有杆腔进压力油工作时，推力小，速度高。因此，单杆活塞缸常用于一个方向有较大负载且运行速度较低，另一方向为空载退回运动的设备，如各种金属切削机床、压力机、注塑机起重机的液压系统常用单杆活塞缸。单杆活塞两腔同时通入压力油时，如图 2-22 所示。

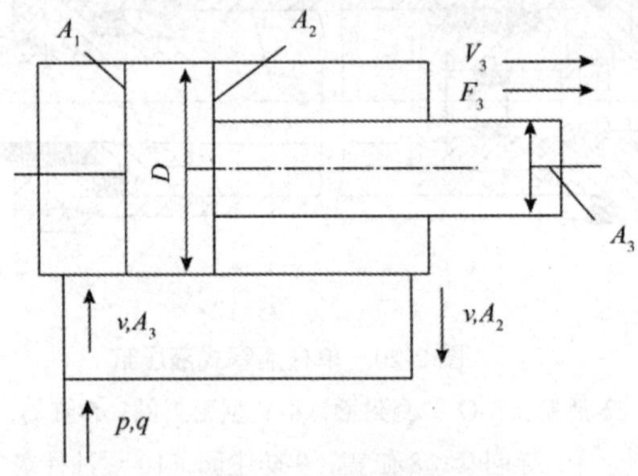


图 2-22 单杆活塞缸的差动连接

由于无杆腔工作面积比有杆腔工作面积大，活塞向右的推力大于向左的推力，故其向右推出。液压缸的这种连接方式称为差动连接，差动连接时，活塞的推力$F_3$为：

$$F_3 = A_1P - A_2P = A_3P = \frac{1}{4}d^2P \tag{2-17}$$

设活塞的速度为$v_3$，则无杆腔进油量$v_3A_1$，有杆腔的出油量为$v_3A_2$，因而有$v_3A_1 = q + v_3A_2$，故：

$$v_3 = \frac{q}{(A_1 - A_2)} = \frac{q}{A_3} = \frac{4q}{\pi d^2} \tag{2-18}$$

式中 $A_3$—活塞杆的截面积。

比较式(2-14)和式(2-18)可知，$v_3 > v_1$；比较式(2-13)和式(2-17)可知，$F_3 < F_1$。这说明在输入流量和工作压力相同的情况下，单杆活塞差动连接时能使其速度提高、推力下降。如果要求往复运动速度相等，即$v_3 = v_2$，由式（2-18）、式（2-16）知，$A_3 = A_2$，即：

$$D=\sqrt{2}d \tag{2-19}$$

单杆活塞缸不论是缸体固定，还是活塞杆固定，它所驱动的工作台的运动范围都略大于缸有效行程的 2 倍。

2．柱塞式液压缸

由于活塞式液压缸内壁精确度要求很高，当缸体较长时，孔的精加工较困难，故改用柱塞缸。因柱塞缸内壁不与柱塞接触，缸体内壁可以粗加工或不加工，只要求柱塞精加工即可。柱塞式液压缸如图 2-23 所示，柱塞缸由缸体 1、柱塞 2、导向套 3、弹簧卡圈 4 等组成。其特点如下：

（1）柱塞和缸体内壁不接触，具有加工工艺性好、成本低的优点，适用于行程较长的场合。

（2）柱塞缸是单作用缸，即只能实现一个方向的运动，回程要靠外力（如弹簧力、重力）或成对使用。

（3）柱塞工作时总是受压，因而要有足够的刚度。

（4）柱塞质量较大（有时作成中空结构），水平安置时会因自重下垂，引起密封件导向套单边磨损，故多垂直使用。

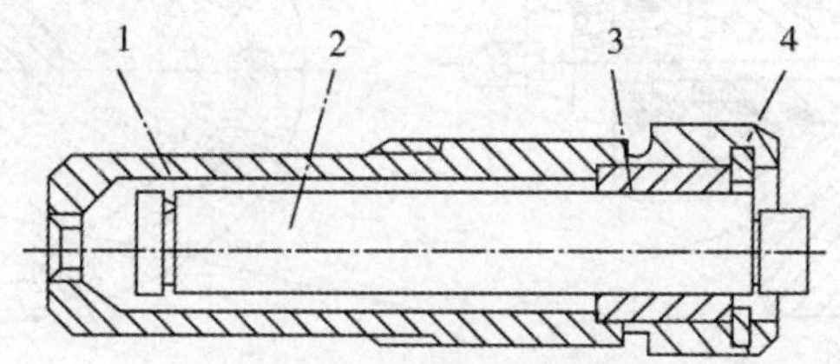


**图 2-23　柱塞式液压缸**

1-缸体；2-柱塞；3-导向套；4-弹簧卡圈

柱塞输出的力和速度分别为：

$$F_1=PA_1=P\frac{\pi}{4}d^2 \tag{2-20}$$

$$v_1=\frac{q}{A_1}=\frac{4q}{\pi d^2} \tag{2-21}$$

式中　$d$—柱塞直径，其他符号意义同前。

3．摆动式液压缸

摆动式液压缸是输出转矩并实现往复摆动的执行元件，也称为摆动液压马达，分为单叶片和双叶片两种。单叶片式摆动缸如图 2-24 所示。

单叶片式摆动缸主要由定子块、缸体、转子、叶片、左右支承盘等组成。定子块 1 固定在缸体 2 上，叶片 6 和转子 5 连接在一起，当油口 a、b 相继通压力油时，叶片便带转子作往复摆动。图 2-25 为双叶片摆动液压缸结构图。

单叶片缸的摆动角度一般不超过 280º；而双叶片缸的摆动角度不超过 150º，其输出转矩是单叶片缸的 2 倍，角速度是单叶片缸的一半。摆动缸具有结构紧凑、输出转矩大的特点，但密封困难。

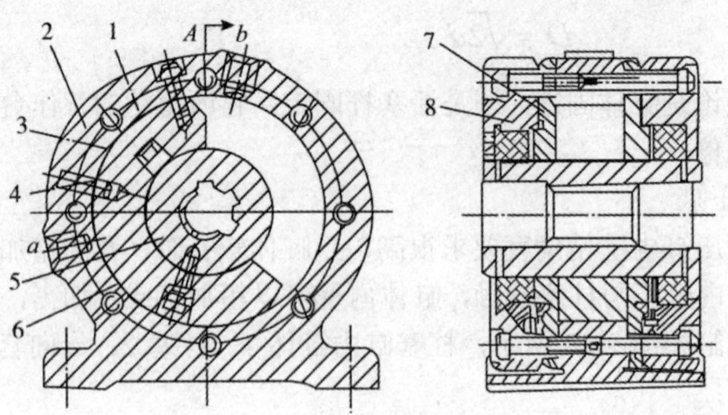


图 2-24　单叶片式摆动缸

1-定子块；2-缸体；3-弹簧片；4-密封条；5-转子；6-叶片；7-支承盘；8-盖板

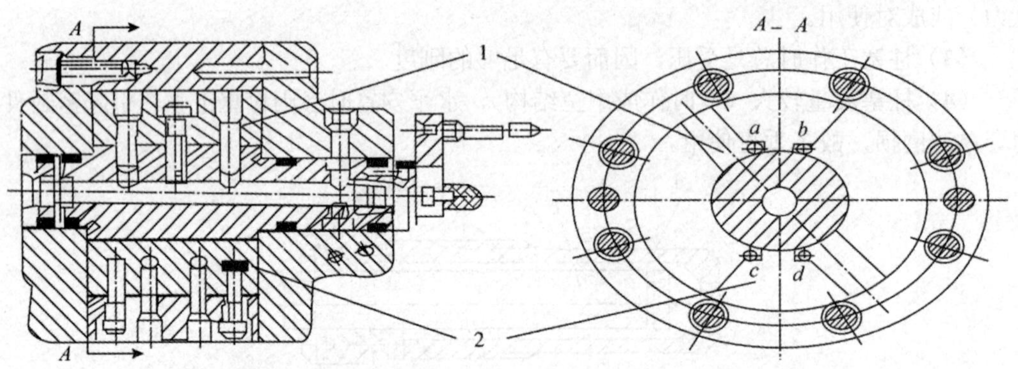


图 2-25　双叶片摆动液压缸结构图

1-叶片；2-定子块

4．其他液压缸

（1）增压缸。增压缸又称增压器，如图 2-26 所示，是由活塞和柱塞组合而成。

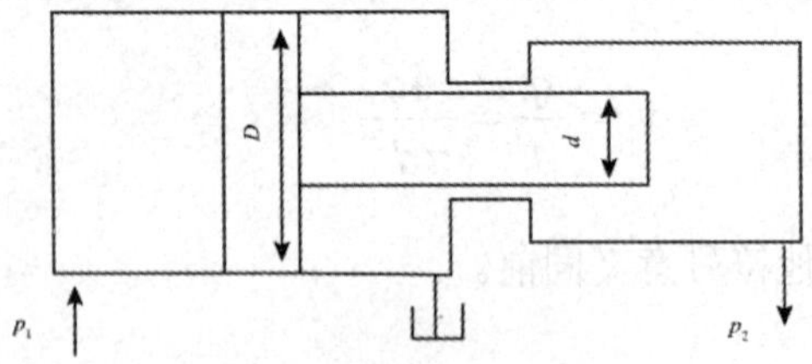


图 2-26　增压器原理图

由于活塞的有效面积大于柱塞面积，所以向活塞缸无杆腔输入低压油时，可以在柱塞缸得到高压油，其关系为：

$$\frac{\pi}{4}D^1P_1=\frac{\pi}{4}d^2P_2$$

$$P_2=\left(\frac{D}{d}\right)^2P_1 \tag{2-22}$$

（2）伸缩缸。伸缩缸又称多级缸，由两级或多级活塞缸套装而成，如图 2-27 所示。它的前一级活塞缸的活塞就是后一级的缸体，这种伸缩缸的各级活塞依次伸出，可获得很长的行程。活塞伸出的顺序从大到小，相应的推力也是由大变小，而伸出速度则由快变慢。空载缩回的顺序一般从小到大，缩回后缸的总长较短、结构紧凑，常用在工程机械上。

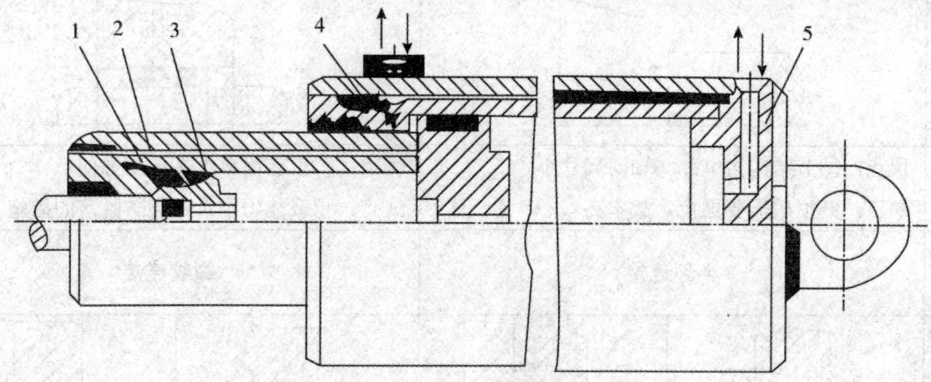


图 2-27 伸缩式液压缸结构示意图

1-活塞；2-套筒；3-O 型密封圈；4-缸体；5-缸盖

（3）齿条活塞缸。齿条活塞缸是由带有齿条杆的双活塞缸和齿轮、齿条机构所组成。如图 2-28 所示，活塞的往复运动经齿条带动齿轮变成齿轮轴的往复转动。这种活塞缸常用在组合机床上的回转工作台或分度机构上。

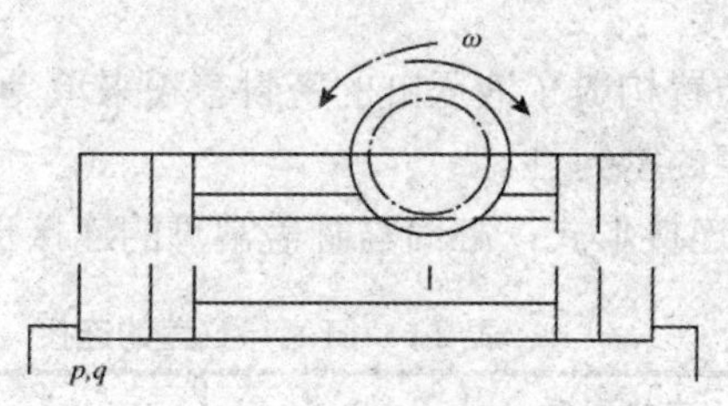


图 2-28 齿条活塞缸

## 二、液压缸的结构

液压缸的典型结构如图 2-18 和图 2-20 所示，图 2-18 是双杆活塞式液压缸的结构，图 2-20 是单杆活塞式液压缸的结构。液压缸的结构可分为活塞与活塞杆的连接、缸筒与缸盖的连接、密封装置、缓冲装置和排气装置等 5 个基本部分。

1．活塞与活塞杆的连接

活塞受液压力的作用，在缸体内作往复运动，因此必须有一定的强度和耐磨性，它常用而磨铸铁制造。活塞结构分整体式和组合式，它与活塞杆的连接形式和优、缺点如表 2-5 所示。活塞杆是连接活塞和工作部件的传力零件，要有足够的强度，刚度。活塞杆要在导向套声作往复运动，其外圆柱表面要耐磨和防锈，故其表面有时采用镀铬工艺。

表 2-5 活塞与活塞杆的连接

| 连接形式 | 整体式 | | 销连接 | |
|---|---|---|---|---|
| 图例 | 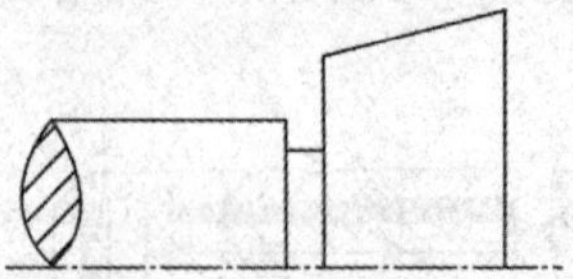 | | 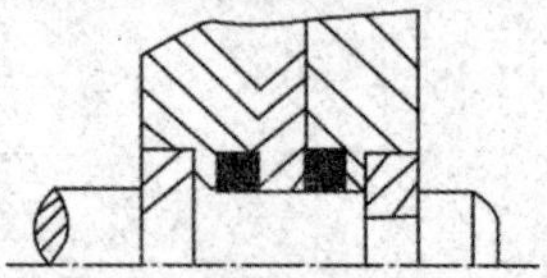 | |
| 特性 | 优点：①节结构简单；②轴向尺寸小<br>缺点：磨损后需要更换，故本高 | | 优点：①工艺简单；②装配方便<br>缺点：承载能力小，需有防脱落的措施 | |
| 连接形式 | 半环连接 | | 螺纹连接 | |
| 图例 | 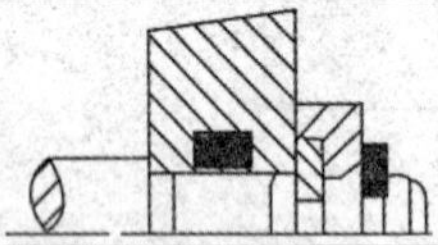 | 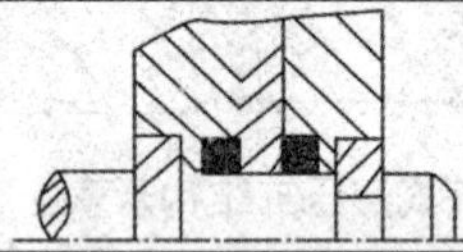 | 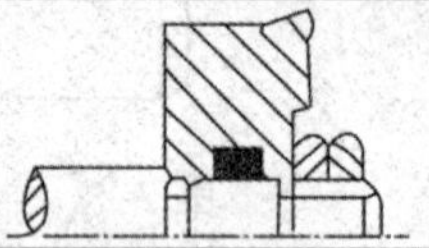 | 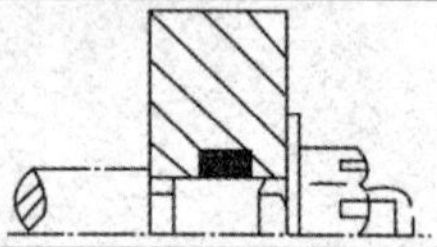 |
| 特性 | 优点：①拆卸方便<br>②连接可靠<br>③承载能力大，耐冲击<br>缺点：结构复杂 | 优点：①结构简单<br>②连接稳固<br>缺点：须有放松措施 | | |

2．缸筒与缸盖的连接

缸筒与缸盖和密封装置构成了液压缸的密封容积来承受液压力，所以缸筒与缸盖要有足够的强度，刚度和可靠的密封性。

（1）缸筒与缸盖的连接形式：缸筒与缸盖常见的连接形式及优、缺点如表 2-6 所示。

表 2-6 缸底与缸盖的连接

| 连接形式 | 法兰连接 | | 螺纹连接 | |
|---|---|---|---|---|
| 图例 | 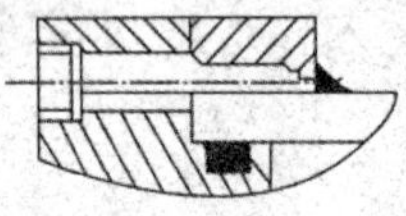 | 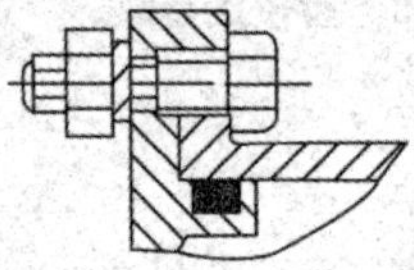 | 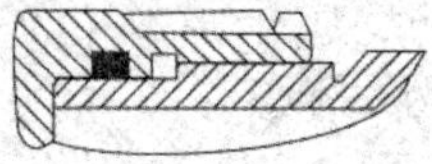 | 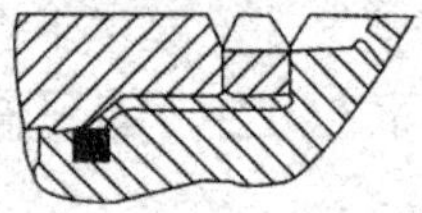 |
| 特性 | 优点：①结构简单；②加工方便<br>③便于拆装<br>缺点：①连接段部较大；②外部尺寸大 | | 优点：①质量较轻；②外部尺寸小；<br>③结构紧凑<br>缺点：①端部结构复杂；②削弱了缸体强度 | |
| 连接形式 | 半环连接 | | 拉杆连接 | |
| 图例 | 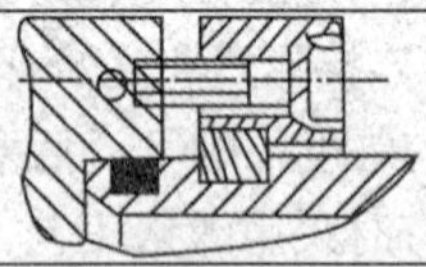 | 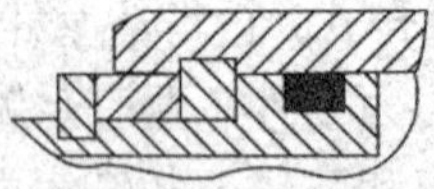 | 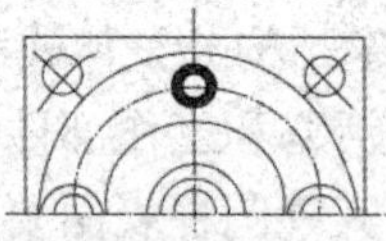 | 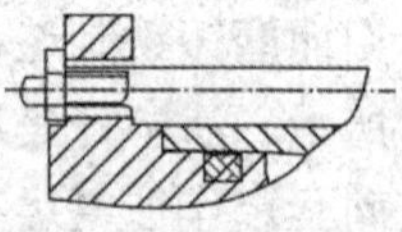 |
| 特性 | 优点：①结构简单；②工艺性好；<br>③便于拆装<br>缺点：键槽削弱了缸体强度 | | 优点：①结构简单；②工艺性好；③通用性大<br>缺点：①质量轻，体积大<br>②拉杆受力，影响密封 | |

| 连接形式 | 钢丝连接 | 焊接 |
|---|---|---|
| 图例 | | |
| 特性 | 优点：①结构简单；②尺寸小，质量轻<br>缺点：①拆装不方便；②承载能力小 | 优点：①结构简单；②尺寸小<br>缺点：①焊后又变形；②局部有硬化<br>③内径不易加工 |

（2）缸筒、端盖和导向套：缸筒是液压缸的主体，其内孔一般采用镗削、磨削、研磨或滚压等精密加工方法，表面粗糙度 Ra 值为 0.1～0.4um，以保证活塞及密封件、支承件顺利滑动，减少磨损。缸筒要承受很大的液压力，既要保证密封可靠，又要使连接有足够的强度，因此设计时要选择工艺性好的连接结构。

导向套对活塞和柱塞起支承和导向作用，要求其所用材料耐磨、有足够的强度。有些缸不设导向套，宜接用端盖孔导向，这种结构简单，但磨损后要更换端盖。缸筒、端盖和导向套的材料及技术要求参考有关手册。

3．密封装置

液压缸的密封主要用来防止液压油的泄漏，泄漏分为内泄和外泄,泄露会使容积效率降低，外泄还会污染工作环境。密封效果直接影响液压缸的工作性能和效率，因此对液压缸的密封装置有以下几点要求：

（1）良好的密封性，且能随压力升高而自动提高密封性能。

（2）运动密封处摩擦阻力要小。

（3）结构简单，工艺性要好。

（4）密封件应有良好的耐磨性和足够的寿命。

液压缸的密封主要指活塞、活塞杆处的动密封和缸盖处的静密封。

4．缓冲装置

为了避免活塞在行程两端撞击缸盖，一般液压缸设有缓冲装置。缓冲的原理是使活塞在与缸盖接近时增大回油阻力，从而降低活塞运动速度。常用的缓冲装置如图 2-29 所示。

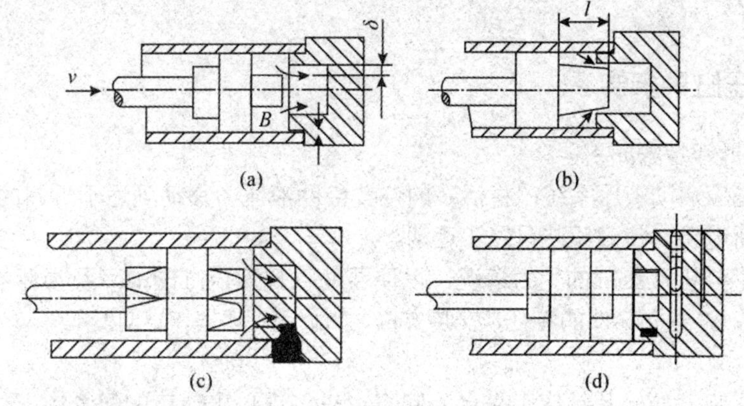


图 2-29　液压缸的缓冲装置

- **圆柱形环隙式缓冲装置：**如图 2-29（a）所示。当缓冲柱塞进入缸盖内孔时，被封闭的油必须通过间隙才能排出，从而增大了回油阻力，使活塞速度降低。这种结构因节流面积不变，所以随活塞速度的降低，其缓冲作用也逐渐减弱。
- **圆锥形环隙式缓冲装置：**如图 2-29（b）所示。缓冲柱塞改为圆锥式，其节流面积随缓冲行程的增加而减小，缓冲效果较好。
- **可变节流格式缓冲装置：**如图 2-29（c）所示。在缓冲柱塞上开有轴向三角沟槽，节流面积随缓冲行程的增大而逐渐减小，缓冲压力变化较平稳。
- **可调节流孔式缓冲装置：**如图 2-29（d)所示。通过调节节流口的大小来控制缓冲压力，以适应不同负载对缓冲的要求。当将节流螺钉调整好以后可像环状间隙式那样工作，并有类似特性。当活塞反向运动时，高压油从单向阀进入液压缸，会产生启动缓慢的现象。

5．排气装置

液压缸往往会有空气渗入，以致影响运动的平稳性，严重时，系统不能正常工作。因此设计液压缸时，必须考虑空气的排出。

对于要求不高的液压缸，往往不设专门的排气装置，而是将油口置于缸体端面的最高处，这样也能利用液流将空气带到油箱而排出。但对于稳定性要求较高的液压缸，常常在液压缸的最高处设专门的排气装置，如排气阀、排气塞等。如图 2-30 所示为排气塞。松开螺钉即可排气，将气排完拧紧螺钉，液压缸便可正常工作。

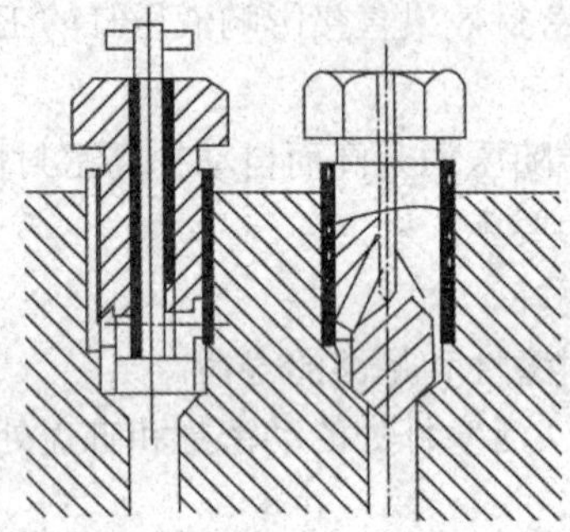

图 2-30　液压缸的排气装置

## 【任务实施】

### 一、液压缸的拆卸

液压缸的拆卸步骤如下：

（1）首先应启动液压系统，将活塞的位置借助液压力移动到适于拆卸的顶端位置。

（2）切断电源，使液压装置停止运动。

（3）为了分析液压缸的受力情况，以便帮助查找液压缸的故障及损坏的原因，在拆卸液压缸以前，对主要零件的特征，安装方位，如缸筒，活塞，导向套等，应当做上标记，并记录。

（4）为了将液压缸从钻床工作台上卸下，先将进、出油口的配管卸下，活塞杆端的连接头和安装螺栓等需要全部松开。拆卸时，应严防损伤活塞杆顶端的螺纹，油口螺纹和

活塞杆表面。

（5）由于液压缸的结构和大小不同，拆卸顺序也稍有不同。一般应先松开端盖的紧固螺栓或连接杆，然后按端盖、活塞杆、活塞和缸的顺序拆卸。注意在拆除活塞与活塞杆时，不要硬将他们从缸筒中打出，以免损伤缸筒表面。

## 二、检查

液压缸拆卸以后，首先应对液压缸各零件进行外观检查，根据经验即可判断哪些零件可以继续使用，哪些零件必须更换和修理。

（1）缸筒内表面。缸筒内表面有很浅的线状摩擦或点状伤痕，是允许的，但如果有纵状拉伤深痕时，即使更换新的活塞封圈，也不可能防止漏油。此时，必须对内孔进行研磨，也可用极细的砂纸或油石修正。当纵状拉伤为深痕而无法修正时，就必须更换新缸筒。

（2）活塞杆的滑动面。在与活塞杆密封圈做相对滑动的活塞杆滑动面上，产生纵状拉伤时，其判断与处理方法与缸筒内表面相同。但是，活塞杆的滑动杆的滑动面一般是镀硬铬的，如果部分镀层因磨损产生剥离，形成纵状伤痕时，活塞杆密封处的漏油对运动的影响很大。必须除去原有的镀层，重新镀铬、抛光，镀铬厚度为 0.005mm 左右。

（3）密封。活塞密封件是防止液压缸内部漏油的关键零件。检查密封件应当首先观察密封件的唇边有无损伤，以及密封摩擦面的磨损情况。当发现密封件唇口有轻微的伤痕，摩擦面略有磨损时，最好能更换新的密封件。对使用已久、材质产生硬化变脆的密封件，必须更换。

（4）活塞杆导向套的内表面。导向套内表面若有伤痕，对使用没有妨碍。但是，如果不均匀磨损的深度在 0.2～0.3mm 时，就应该更换新的导向套。

（5）活塞表面。如活塞表面有轻微的伤痕时，不影响使用。但若伤痕深度达 0.2～0.3mm 时，就应该更换新的活塞。另外，还要检查是否有端面碰撞、内压引起活塞的裂缝，如有，则必须更换活塞，因为裂缝可能会引起内部漏油。另外还需要检查密封槽是否受损伤。

（6）其它。检查时应留意端面、耳环、绞轴是否有裂纹，活塞杆顶端螺纹，油口螺纹有无异常，焊接部分是否有裂纹现象。

## 【知识拓展】

## 一、液压马达

液压马达是液压系统的执行元件，它将液体的压力能转换为机械能，用来驱动工作机构工作。与液压泵的结构基本相同，液压马达也可分为齿轮式、叶片式和柱塞式三种。

1．齿轮式液压马达

如图 2-31 所示为齿轮式液压马达的工作原理。齿轮式液压马达与齿轮式液压泵的结构基本相同，最大的不同是齿轮式液压马达的两个油口一样大，且内泄单独引出油箱。当高压油进入右腔时，由于两个齿轮的受压面积存在差异，因而产生转矩，推动齿轮转动。这种马达适用于高转速、低扭矩的场合。

2．叶片式液压马达

叶片式液压马达的工作原理图如图 2-32 所示。这种马达由转子、定子、叶片、配油盘转子轴和泵体等组成，在结构上与叶片泵有一些重要的区别。叶片式液压马达的叶片径向放置，以马达可以正反向旋转；在吸、压油腔通入叶片根部的通路上设有单向阀，使叶片底部能与压力油相通，以便保证马达的正常启动；在每个柱塞根部均设有弹簧，使叶片始终处于伸出状态，以保证密封。当压力油进入压油腔后，在叶片 3，7 和叶片 l，5 上，一面作用有压力油、另一面无压力油。由于叶片 3，7 的受压面积大于叶片 1，5，从而由叶片受力差构成的力矩推动转子和叶片顺时针旋转。当改变输油方向时，液压马达就会反转。

叶片式液压马达的转子惯性小，动作灵敏，可以频繁换向，但泄漏量较大不宜用于低速场合。因此叶片液压马达多用于转速高、转矩小、动作要求灵敏的场合。

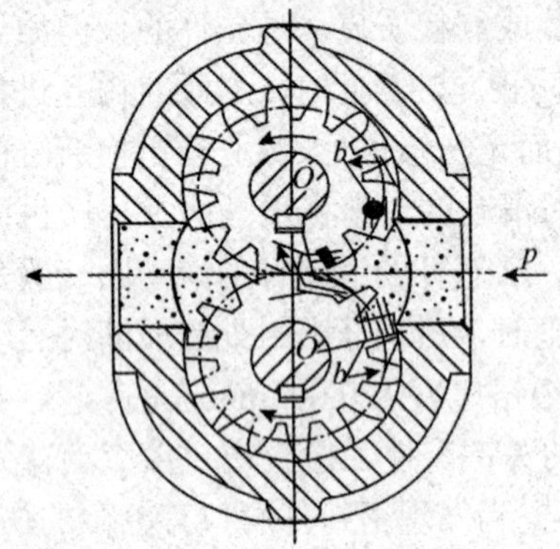

图 2-31 齿轮式液压马达的工作原理图

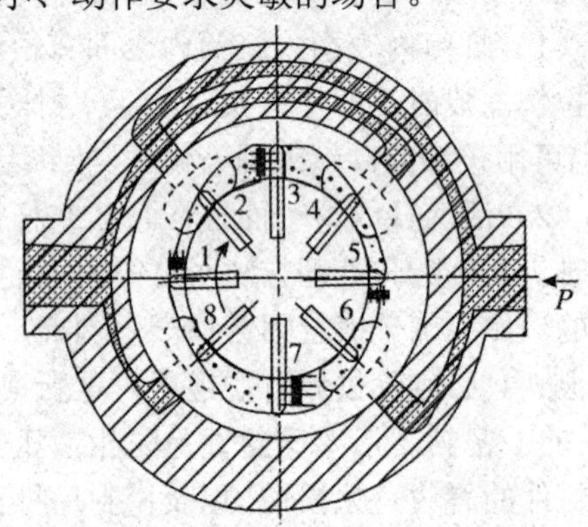

图 2-32 叶片式液压马达的工作原理图

3．轴向柱塞式液压马达

如图 2-33 所示为斜盘式轴向柱塞马达的工作原理图.这种马达由转子、校塞、倾斜盘、配油盘、定子等组成。

当工作时，压力油经配油盘进入柱塞底部，柱塞受压力油作用外伸，并紧压在斜盘上，这时在斜盘上产生一反作用力 $F$，$F$ 可分成轴向分力 $F_x$ 和径向分力 $F_y$；轴向分力 $F_{x'}$，与作用在柱塞上的液压力相平衡，而径向分力 $F_y$ 使转子产生转矩，使缸体旋转，从而带动液压马达的传动轴转动。

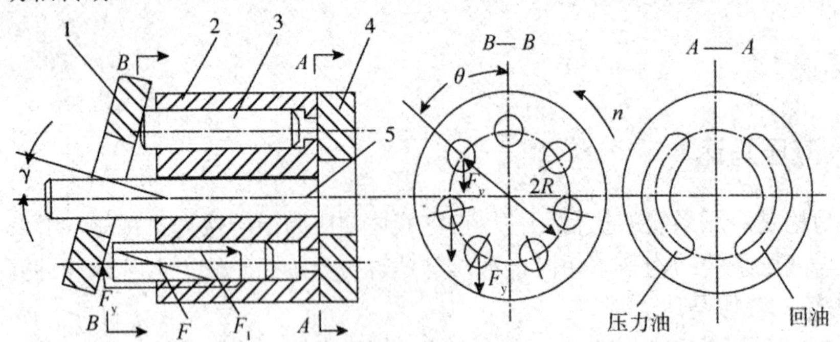

图 2-33 斜盘式轴向柱塞马达的工作原理图

l-斜盘；2-缸体；3-柱塞；4-配油盘；5-传动轴

4．液压马达的主要性能参数

（1）容积效率和转速。液压马达的容积效率是理论流量和实际流量之比：

$$\eta_{\rm v}=\frac{V_{\rm n}}{q_{\rm v}} \tag{2-23}$$

液压马达的转速公式：

$$n=\frac{q_0}{V}\eta_{\rm v} \tag{2-24}$$

（2）转矩和机械效率。若不考虑马达的摩擦损失，液压马达的理论输出转矩 $T$ 的公式与泵相同，即：

$$T_{\rm t}=\frac{PV}{2\pi} \tag{2-25}$$

实际上液压马达存在着机械损失现象，设摩擦损失造成的转矩为$\Delta T$，则液压马达实际输出转矩$T=T_{\rm t}-\Delta T$，设机械效率为$\eta_m$，则：

$$\eta_{\rm m}=\frac{T}{T_{\rm t}} \tag{2-26}$$

（3）液压马达的总效率。马达输出的机械功率与输入的液压功率之比。

$$\eta=\eta_{\rm v}\eta_{\rm m} \tag{2-27}$$

## 二、液压马达的选用与拆装

1．液压马达的选用

如表 2-7 所示为常用液压马达性能参数比较表，供选用液压马达时参考。

表 2-7　常用液压马达的技术性能

| 类型<br>性能 | 齿轮式液压马达 | 叶片式液压马达 | 轴向柱塞液压马达 | 曲轴连杆式液压马达 | 静力平衡式液压马达 | 内曲线多作用液压马达 |
|---|---|---|---|---|---|---|
| 压力范围/MPa | 100-140 | 60 | 100-320 | 160 | 140-250 | 70-320 |
| 转矩 N/M/ | 17-330 | 10-70 | 17-5655 | 44-23304 | 470-16800 | 167-120814 |
| 转速范围/r/min | 150-3000 | 120-3000 | 30-3000 | 5-1500 | 2-1500 | 0.2-180 |
| 机械效率 | 0.80-0.85 | 0.85-0.95 | 0.90-0.95 | 0.92-0.95 | 0.92-0.95 | 0.95-0.98 |
| 制动性能 | 差 | 较差 | 好 | 尚好 | 尚好 | 尚好 |
| 噪声 | 大 | 小 | 较小 | 大 | 大 | 大 |
| 流动脉动/% | 11-27 | 1-3 | 2-14 | 1-14 | 2-14 | <1 |
| 最高自吸能力/kPa | 50 | 33.5 | 33.5 | 16.5 | 16.5 | 63.5 |
| 功率质量比 | 中 | 中 | 小 | 大 | 小 | 小 |
| 连续运转允许油温/1℃ | 60 | 60 | 60 | 60 | 60 | 60 |
| 对油中杂质的敏感性 | 不敏感 | 较敏感 | 较敏感 | 很敏感 | 很敏感 | 不敏感 |

选择液压马达时，首先应根据液压系统的工作特点选择类型，然后再根据要求输出的扭矩和转速选择合适的型号和规格，一般来讲，齿轮马达结构简单，价格便宜，常用于高转速，低扭矩和运动平稳性要求不高的场合。例如，驱动研磨机、风扇等。叶片马达转动惯量小，动作灵敏，但容积效率不高，机械特性软，适用于中速以上，扭矩不大，要求启动、换向频繁的场合。例如，磨床工作台的驱动、机床操纵系统等。轴向柱塞马达容积效率高，调速范围大，且低速稳定性好，但耐冲击性能稍差，常用于要求较高的高压系统，如内燃机车主传动，起重机械、工程机械、采掘机械和船舶等的起重、回转等液压系统中。采用低速大扭矩径向柱塞马达时，则不再需要减速箱，可直接驱动起重机绞盘、行走机械车轮等。

2．液压马达的拆装实训

（1）以内曲线液压马达为例，搞清楚下列问题：

- 内曲线液压马达各部分的典型结构。
- 内曲线马达各组成部分的功用。
- 采用的配流装置及进出油路线。
- 切向力的传力机构。
- 定子曲面数、柱塞孔数及配流窗孔数以及它们的对应关系。

（2）拆装时应注意的事项

- 记录元件及解体零件的拆卸顺序和方向。
- 拆卸下来的零件，要做到不落地、不划伤、不锈蚀。
- 拆装个别零件需要专用工具，如拆轴承需要用轴承起子，拆卡环需要用内卡钳等。
- 在需要敲打某一零件时，请用铜棒，切忌用铁棒或钢棒。
- 安装前要给元件去毛刺，用煤油清理后晾干，切忌用棉纱擦干。
- 检查密封有无老化现象，如果有，请更换新的。
- 安装时不要将零件装反，注意零件的安装位置，有些零件有定位槽孔。
- 安装完毕检查现场有无漏装元件。

## 三、任务表（学生用）

任务表（学生用）

<table>
<tr><td colspan="2">液压缸的拆装训练</td><td colspan="2">地点：</td></tr>
<tr><td colspan="2">专业</td><td colspan="2">班级</td></tr>
<tr><td>学期：</td><td>日期：</td><td>学时：</td><td>姓名：</td></tr>
<tr><td colspan="4">一、本项目知识点与能力点</td></tr>
<tr><td colspan="2">能力点</td><td colspan="2">知识点</td></tr>
<tr><td colspan="2">1．掌握液压缸拆装方法<br>2．会根据注意事项进行无图拆装</td><td colspan="2">1．能联系工作原理辨认零件名称<br>2．能联系工作原理分析零件结构特点</td></tr>
<tr><td colspan="4">二、实训要求</td></tr>
<tr><td colspan="4">1．纪律要求：学生应按时到达实训车间（或实验室），完整听取实训要求。学生应按时离开实训车间（实验室），完成所有实训内容。</td></tr>
</table>

2．安全：操作期间不要开玩笑，注意自身及他人的安全；天车应由专人开动。

3．操作要求：注意学习、李姐操作要求及拆装顺序。各组学生应有分工协作。

4．工作态度：学生应主动参与，并大胆的操作。

5．实训报告：在实训期间，各个环节都应有专人随时记录拆卸顺序、零件数量和装配顺序等原始记录，以备编写实训报告所用。

实训结束后，应按个项目要求编写实训报告。报告字迹应工整，内容须齐全。

三、液压缸结构原理图

带机械加长杆的单伸缩立柱如图 2-34 所示。

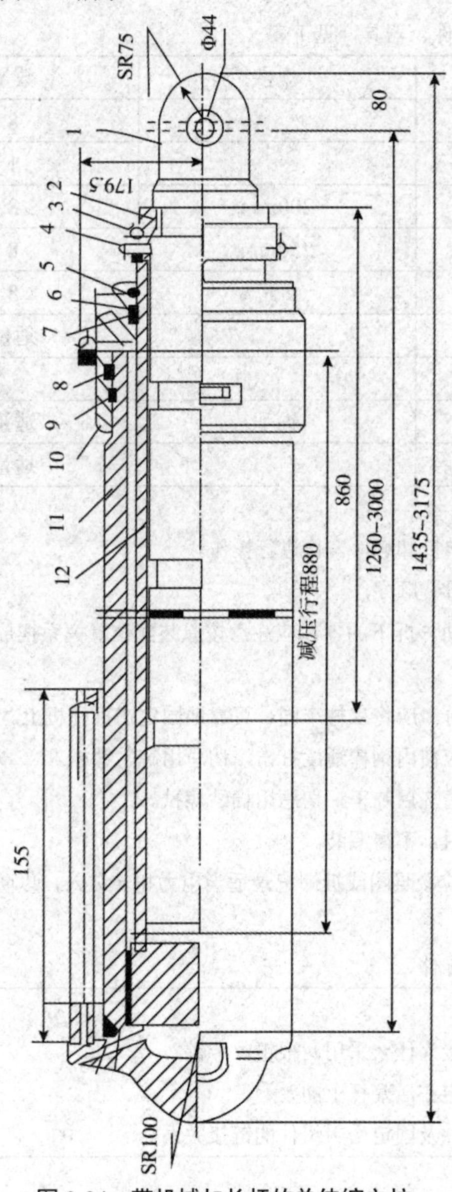


**图 2-34　带机械加长杆的单伸缩立柱**

1-加长杆；2，17-半环；3-挡套；4-销轴；5-防尘圈；6-挡圈；

7-鼓形圈；8-o 形圈和挡圈；9-放钢丝；10-缸盖；11-缸体

## 四、工作计划表（学生用）

工作计划表（学生用）

| 任务名称：液压缸的拆装训练 | 实训室： |
|---|---|
| 专业： | 班级： |
| 第　　班组，成员： | 日期： |

一、准备工作

实训所需要的液压元件、器具，见下表。

| 序号 | 元件、器具名称 | 规格 | 数量 | 备注 |
|---|---|---|---|---|
| 1 | 液压支架立柱 | | 8 | |
| 2 | 拆柱机 | | 1 | |
| 3 | 手虎钳 | 200mm | 8 | |
| 4 | 螺丝刀 | 250mm | 8 | |
| 5 | 手锤 | 2 磅 | 8 | |
| 6 | 开口销 | | 适量 | |
| 7 | 天车 | | | |
| 8 | 润滑脂 | 钙基 | 适量 | |
| 9 | 化纤布料 | | 适量 | |

二、拆装注意事项

1．根据结构图，制定拆卸顺序，再进行操作。

2．记录解体零件的拆装顺序

3．天车应有专人开动。拆下的零件应注意按原装配位置关系摆放；活塞杆不应落地、划伤、锈蚀等。

4．拆、装钢丝卡键时，应将立柱牢固、可靠地固定在拆柱机上。

5．须顶出零件时，应使用钢棒适度打击，切忌用缸、铁棒。

6．安装前的零件应清洗后晾干，切忌用棉纱擦拭。

7．应更换老化的密封，不得漏装。

8．装配缸盖、活塞时，应参照图或拆卸记录适当用力扭转装入，以防损坏缸盖密封及活塞密封。切忌硬打。

9．请检查现场有无漏装零件。

三、思考题

1．缸盖与缸体的连接为什么采用两根钢丝卡键？

2．加长杆是怎样固定在活塞杆上的？

3．叙述活塞密封组件及固定密封组件的链接关系。

教师评价：

指导老师：

## 五、实训报告要求（学生用）

**实训报告要求（学生用）**

一、实训报告内容如下：

1．拆装顺序

（1）拆卸顺序：零件（名称）1，零件（名称）2，零件（名称）3……

（2）装配顺序：零件（名称）1……

2．零件拆装方法及零件完后情况

填写下表。

**零件拆装方法及零件完好情况表**

| 序号 | 零件名称 | 所用拆卸工具及检测方法 | | | 零件数量 | 零件完好情况 | | |
|---|---|---|---|---|---|---|---|---|
| | | 工具 | 目视 | 仪器 | | 可用 | 尚可用 | 不可用 |
| 1 | | | | | | | | |
| 2 | | | | | | | | |
| …… | …… | …… | …… | …… | …… | …… | …… | …… |
| n | | | | | | | | |

3．回答思考题

4．主要零部件分析

（1）加长杆高度急剧变化（出现小断层）时调节支架的支撑高度。加长杆上有若干周向槽，由半环、套环 3、长销 4 及开口销固定在活塞上。

（2）方钢条（钢丝卡键）作用是连接缸盖与缸体。为方便打入和拔出，采用了较短的两根方钢条。

（3）活塞组件鼓型密封 14 为双向密封，由两导向环 13 及支撑环 15 挤紧；半环 17 卡阻支撑环；卡箍为开口结构，卡在半环上的圆周浅槽内，受缸体约束而不会脱槽。

二、实训评价（见下表）

实训评价内容表

| 液压缸拆装训练 | | 学生姓名： | | 学号： | |
|---|---|---|---|---|---|
| 评价项目 | 评价内容 | | | 分值 | 完成成绩 |
| 工具使用 | 工具选取 | | 使用方法 | 25 | |
| 拆装质量 | 拆装顺序 | | 零件摆放 | 25 | |
| 易损件检测 | 检测数量 | | 正确数量 | 25 | |
| 思考题 | 正确数量 | | 错误数量 | 25 | |
| 总评 | | | 合计 | 100 | |

## 【课后总结】

通过本任务的学习应掌握液压缸功用是将液体的压力能转换成直线运动或摆动的机械能的装置；了解并掌握液压缸的种类、性能特点及应用；掌握液压缸的拆装。

## 【考核评价】

1．常用液压缸有哪些类型？结构上各有何特点？
2．简述液压缸内径和活塞杆直径 d 的选用原则。
3．缸筒与端盖的连接方式有哪几种？各有何特点？
4．活塞与活塞杆的连接方式有哪几种？各有何特点？
5．液压缸缓冲装置有哪几种?各有什么特点？

# 项目三 液压阀及液压控制回路的构建

【项目重点】

- 工件推出装置控制回路、汽车起重机支腿锁紧回路的构建
- 粘压机液压控制回路、钻床液压控制回路/夹紧装置液压回路的构建
- 喷漆室传动带装置液压控制回路/专用刨削设备液压回路的构建

【项目目标】

- 理解各种液压阀的结构、工作原理及应用
- 能辨别各种液压阀及其图形符号的绘制
- 掌握液压基本回路的组成、工作原理、性能特点及应用

## 任务 1 工件推出装置控制回路的构建

【任务说明】

### 一、任务引入

如图 3-1 所示为工件推出装置示意图。通过按下一个按钮控制一个双作用液压缸活塞杆伸出，将一传送装置送来的中型金属工件推到另一个与其垂直的传送装置进行进一步加工；按钮松开后，液压缸活塞退回。请设计出此装置的液压控制回路。

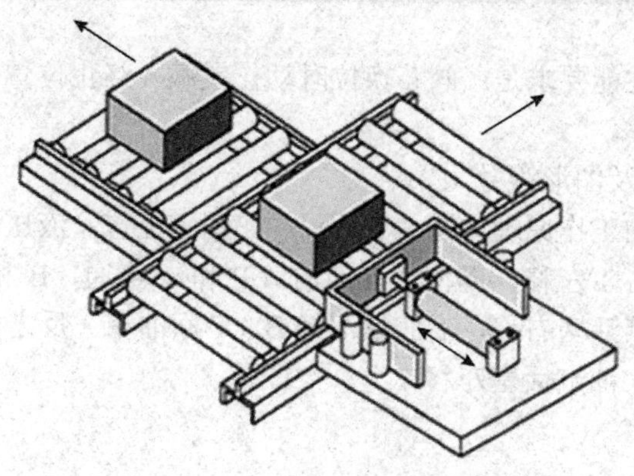

图 3-1 工件推出装置示意图

## 二、任务分析

采用液压缸来直接推动工件，只要使液压油进入推动元件运动的液压缸不同工作腔，就能使液压缸往返运动，实现循环推出工件的目的。这需要采用换向阀和换向回路来实现。

## 【理论指导】

在液压系统中用来控制液流方向或油路的通、断，从而控制执行元件的启动、停止或改变运动方向的阀类称为方向控制阀。它分为单向阀和换向阀两大类。方向控制回路是用来控制进入执行元件液流的接通、关断及改变流动方向，实现工作机构的启动、停止或变换运动方向的液压基本回路。

## 一、换向阀

换向阀的作用是利用阀芯相对于阀体的运动(位置的改变)来控制液流方向，接通或断开油路，从而改变执行机构的运动方向、启动或停止。

1．换向阀种类

换向阀种类很多。一般按换向阀阀芯的运动方式、控制方式、工作位置数和通路数等特征进行分类，如表 3-1 所示。由于滑阀式换向阀在液压系统中应用广泛，因此本节主要介绍滑阀式换向阀。

表 3-1　换向阀的类型

| 分类方式 | 名称 |
|---|---|
| 按阀芯运动方式 | 滑阀、转阀 |
| 按操纵阀芯的方式 | 手动、机动、电动、液动、电液动 |
| 按阀的工作位置数 | 二位、三位、四位 |
| 按阀的通路数 | 二通、三通、四通、五通 |
| 按阀的安装方式 | 管式、板式、法兰式 |

对换向阀的主要性能要求是：阀芯换位时动作灵敏、终止位置准确、平稳无撞击；内部泄漏和压力损失要小。

2．滑阀工作原理及图形符号

（1）原理 滑阀的工作原理如图 3-2 所示。在图示位置，液压缸两腔不通压力油，液压缸停止运动。当阀芯 1 左移，阀体 2 上的油口 P 和 A 连通，B 和 T 连通。压力油经 P、A 进入液压缸左腔，其活塞右移，右腔油液经 B，T 回油箱。反之，若阀芯右移，则 P 和 B 连通，A 和 T 连通，油缸活塞左移。

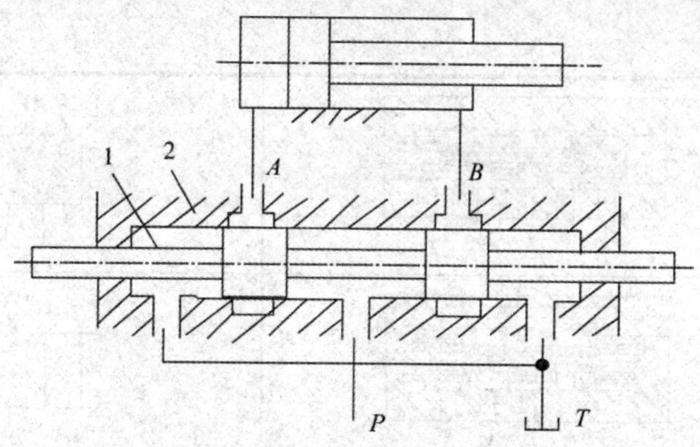


图 3-2 滑阀式换向阀的工作原理

1-阀芯；2-阀体

（2）图形符号。一个换向阀完整的图形符号包括工作位置数、通路数、在各个位置上油口连通关系、操纵方式、复位方式和定位方式等。换向阀图形符号的含义如下：

➢ 用方框表示阀的工作位置，有几个方框就表示有几“位”。
➢ 方框内的箭头表示在这一位置上油路处于接通状态，但箭头方向并不一定表示油流的实际流向。
➢ 方框内符号“T”或“⊥”表示此通路被阀芯封闭，即该油路不通。
➢ 一个方框的上边和下边与外部连接的接口（油口）数是几个，就表示几“通”。
➢ 阀与系统供油路连接的进油口一般用字母 P 表示；阀与系统回油路连接的回油口用字母 T 表示（有时用字母 O）；而阀与执行元件连接的工作油口则用字母 A、B 等表示。有时在图形符号上还表示出泄油口，用字母 L 表示。如表 3-2 列出了几种常用的滑阀式换向阀结构原理和图形特号。

表 3-2 滑阀式换向阀结构原理和图形特号

| 名称 | 结构原理图 | 符号 |
| --- | --- | --- |
| 二位二通 | A P | A P |
| 二位三通 | A P B | A B P |
| 二位四通 | A P B T | A B P T |

（续表）

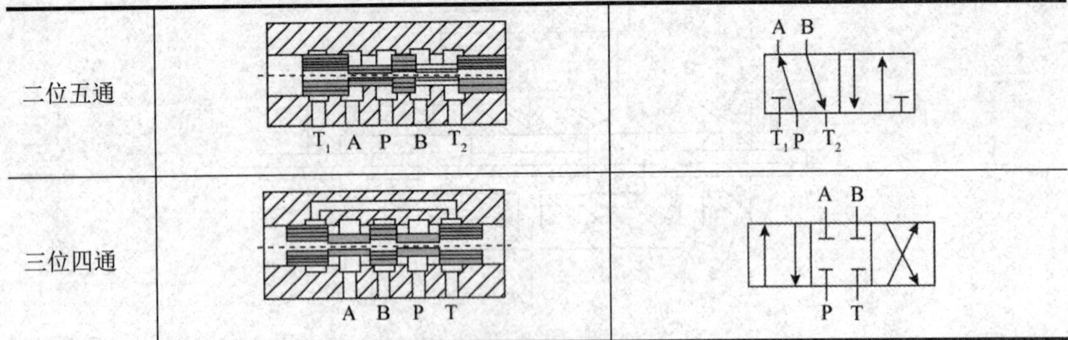

| | | |
|---|---|---|
| 二位五通 | | |
| 三位四通 | | |



由表 3-2 可知，二位二通阀是一个开关，用于控制油路 A，B 的通与断。二位四通或三位四通阀及二位五通或三位五通阀用于使执行元件换向。其中二位阀和三位阀的区别在于：三位阀具有中间位置，中间位置可使执行元件停止运动或实现其他功能；而二位阀无中间位置。四通阀和五通阀的区别在于：五通阀具有 P，A，B，$T_1$和$T_2$五个油口，而四通阀的$T_1$和$T_2$油口在阀体内连通，故外部只有 P，A，B 和 T 四个油口。

换向阀都有两个或两个以上的工作位置，其中有一个是常态位，即阀芯未受到外部作用时所处的位置。图形符号中的中位是三位阀的常态位。利用弹簧复位的二位阀则以靠近弹簧符号的一个方框内的退路状态为其常态位。在绘制液压系统图时，油路一般应连接在换向阀的常态位上。换向阀的操纵方式用图形符号表示。

3．滑阀的中位机能

三位换向阀的阀芯在中间位置时，各通口间有不同的连通方式，可满足不同的使用要求。这种典型的连通方式称为中位机能。换向阀的阀体一般设计成通用件，对同规格的阀体配以台肩结构、轴向尺寸及内部通孔等不同的阀芯可实现常态位各油口的不同中位机能。三位四通阀和三位五通阀才有中位机能，如表 3-3 所示为三位四通换向阀常见的五种中位机能的名称、结构原理、图形符号和中位特点。

从表中可以看出，不同的中位机能具有各自特点。因为液压阀是连接动力元件和执行元件的，就是说一般情况下，换向阀的入口接液压泵，出口接液压马达或液压缸。分析中位机能的特点，就是要分析液压阀在中位时或在液压阀中位与其他工作位置转换时对液压泵和液压执行元件工作性能的影响。通常考虑以下几个因素：

（1）系统保压与卸荷。当液压阀的 P 口被堵塞时，系统保压，这时的液压泵可以用于多缸系统。如果液压阀的 P 口与 T 口相通，这时液压泵输出的油液直接流回油箱，没有压力，称为系统卸荷。

（2）换向精度与平稳性。若 A、B 油口封闭，液压阀从其他位置转换到中位时，执行元件立即停止，换向位置精度高，但液压冲击大，换向不平稳；若 A、B 油口与 T 相通，液压阀从其他位置转换到中位时，执行元件不易制动，换向位置精度低，但液压冲击小。

（3）启动平稳性。若 A、B 油口封闭，液压执行元件停止工作后，阀后的元件及管路充满油液，重新启动时较平稳；若 A、B 油口与 T 相通，液压执行元件停止工作后，元件及管路中油液泄漏回油箱，执行元件重新启动时不平稳。

（4）液压执行元件“浮动”液压阀在中位时，靠外力可以使执行元件运动来调节其位置，称为“浮动”。如 A、B 油口互通时的双出杆液压缸，或 A、B、T 口连通时情况等。

**表 3-3　三位换向阀的滑阀中位机能**

| 中位型式 | 结构原理图 | 符号 | 中位特点 |
|---|---|---|---|
| O | A P B T | A B<br>P T | 液压阀从其他位置转换到中位时，执行元件立即停止，换向位置精度高，但也有冲击大；液压执行元件停止工作后，油液被封闭在阀后的管路及元件中，重新启动时较平稳；在中位时液压泵不能卸荷 |
| H | A P B T | A B<br>P T | 换向平稳，液压缸冲击量大，换向位置精度低；执行元件浮动；重新启动时有冲击；营液压泵在中位卸荷 |
| Y | A P B T | A B<br>P T | P 口封闭，A、B、T 导通。换向平稳，液压缸冲击量大，换向位置精度低；执行元件浮动；重新启动时有冲击；液压泵在中位时不卸荷 |
| P | A P B T | A B<br>P T | T 口封闭，P、A、B 导通。换向平稳，液压缸冲击量大，换向位置精度低；执行元件浮动（差动液压缸不能浮动）；重新启动时有冲击；液压泵在中位不卸荷 |
| M | A P B T | A B<br>P T | 液压阀从其他位置转换到中位时，执行元件立即停止，换向位置精度高，单液压冲击大；液压执行元件停止工作后，执行元件及管路充满油液，重新启动时较平稳；在中位时液压泵卸荷 |

4．几种常见的换向阀

（1）手动换向阀。手动换向阀是用手动杠杆操纵阀芯换位的换向阀。按换向定位方式不同，分为弹簧复位式 3-3（a）和钢球定位式 3-3（b）。前者在手动操纵结束后，弹簧力的作用使阀芯能够自动回复到中间位置；后者由于定位弹簧的作用使钢球卡在定位槽中，换向后可以实现位置的保持。

手动换向阀结构简单，动作可靠。一般情况下还可以人为地控制阀开口的大小，从而控制执行元件的速度，在工程机械中得到广泛应用。

（2）机动换向阀。机动换向阀又称行程阀。这种阀需安装在液压缸的附近，在液压缸驱动工作部件的行程中，靠安装在预定位置的挡块或凸轮压下滚轮通过推杆使阀芯移位，换向阀换向。图 3-4（b）为其图形符号。

机动换向阀结构简单，动作可靠，换向位置精度高。但由于必须安装在液压执行元件附近，所以连接管路较长，使液压装置不紧凑。

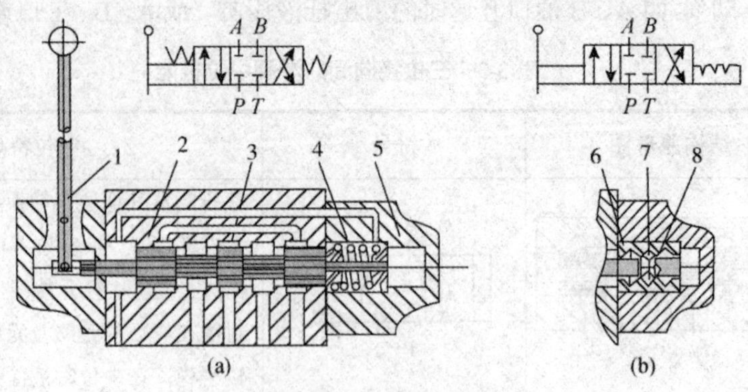


图 3-3　手动换向阀

1-手动杠杆；2-阀体；3-阀芯；4-弹簧；5-阀盖；6-定位槽；7-定位钢球；8-定位弹簧

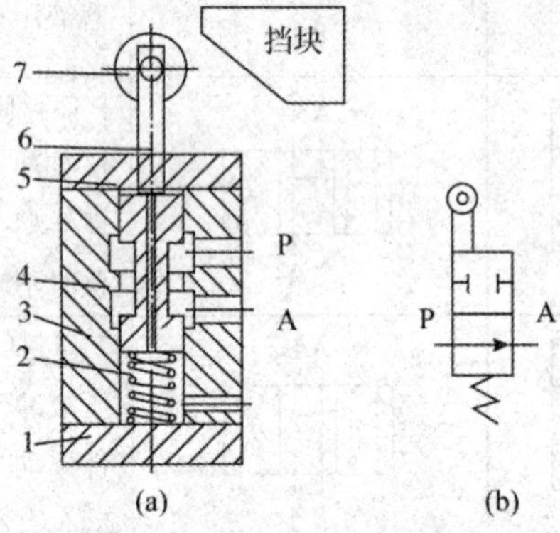


图 3-4　二位二通机动换向阀

1、5-阀盖；2-弹簧；3-阀体；4-阀芯；6-推杆；7-滚轮

（3）电磁动换向阀。电磁动换向阀简称电磁换向阀。是靠通电线圈对衔铁的吸引转化而来的推力操纵阀芯换位的换向阀。如图 3-5 为阀芯为二台肩结构的三位四通 Y 型中位机能的电磁换向阀。

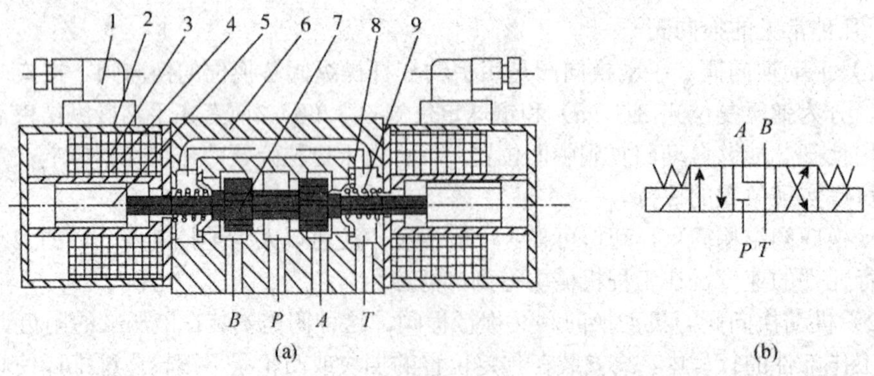


图 3-5　三位四通 Y 型电型电磁换向阀

1-电插头；2-壳体；3-电磁铁；4-隔磁套；5-衔铁；6-阀体；7-阀芯；8-弹簧座；9-弹簧

阀体的两侧各有一个电磁铁和一个对中弹簧。图示为电磁铁断电状态，在弹簧力的作

用下，阀芯处在常态位（中位）。当左侧的电磁铁通电吸合时，衔铁通过推杆将阀芯推至右端，则 P、A 和 B、T 分别导通，换向阀在图形符号的左位工作；反之，右端电磁铁通电时，换向阀就在右位工作。

电磁铁不仅有交流和直流之分，而且有干式和湿式之别。交流电磁铁结构简单、使用方便，启动力大，动作快，但换向冲击大，噪声大，换向频率不能太高（约 30 次/min），当阀芯被卡住或由于电压低等原因吸合不上时，线圈易烧坏。直流电磁铁需直流电源或整流装置，但换向冲击小，换向频率允许较高（最高可达 240 次/min），而且有恒电流特性，电磁铁吸合不上时线圈也不会烧坏，故工作可靠性高。

还有一种本整型（本机整流型）电磁铁，其上附有二极管整流线路和冲击电压吸收装置，能把接入的交流电整流后自用。干式电磁铁不允许油液进入电磁铁内部，推动阀芯的推杆处要有可靠的密封，摩擦阻力大，运动有冲击，噪声大，使用寿命较短（一般只能工作 50～60 万次）；湿式电磁铁如图 3-5，其中装有隔磁套 4，回油可以进入隔磁套内，衔铁在隔磁套内运动，阀体内没有运动密封，阀芯运动阻力小，油液对衔铁的润滑和阻尼作用，使阀芯的运动平稳，噪声小，使用寿命长（可以工作 1000 万次以上）。但其价格较贵。

（4）液动换向阀。电磁换向阀动作灵敏，易于实现自动控制，但电磁铁吸力有限。当液压阀规格较大，通过的流量大时，产生的液动力就很大，这时电磁力很难满足换向要求。实际上，当换向阀的通径大于 10mm 时，常采用液压力来操纵阀芯换位。采用液压力操纵阀芯换位的液压阀称为液动阀，如图 3-6 为三位四通液动换向阀的结构原理图和图形符号，$K_1$、$K_2$为液控口。

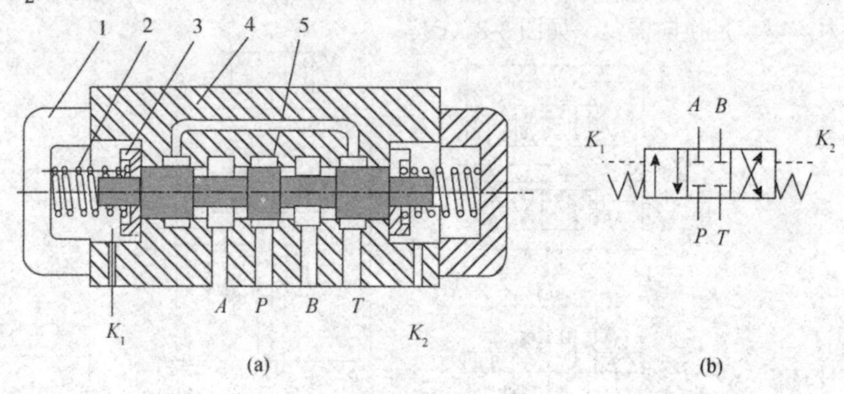


图 3-6　三位四通液动换向阀

1-阀盖；2-弹簧；3-弹簧座；4-阀体；5-阀芯

（5）电液动换向阀。驱动液动换向阀的液压油可以采用机动阀、手动阀或电磁换向阀来进行控制。采用电磁换向阀控制液动换向阀的组合称为电液动换向阀，简称电液换向阀，它集中了电磁换向阀和液动换向阀的优点。这里，电磁换向阀起先导控制作用，称为先导阀，其通径可以很小；液动换向阀为主阀，控制主油路换向。

液动换向主阀主要采用弹簧对中方式（也有采用液压对中方式的，应用较少，这里不介绍），如图 3-7，作为先导阀的电磁换向阀的中位需采用 Y 型机能，保证在电磁铁不通电时，液动换向阀的左、右控制腔连通油箱，消除液压力影响，保证弹簧力可靠对中。在电液换向阀的先导阀和主阀之间，常设一对阻尼调节器，它们可以是叠加式单向节流阀，如

图 3-7。当控制油进入主阀芯的控制腔时经过单向阀，控制油流出时经过节流阀（出油节流调速），通过调节节流阀的开口，控制阀芯的换位速度。图 3-8（a）是详细符号，3-8（b）是简化符号。

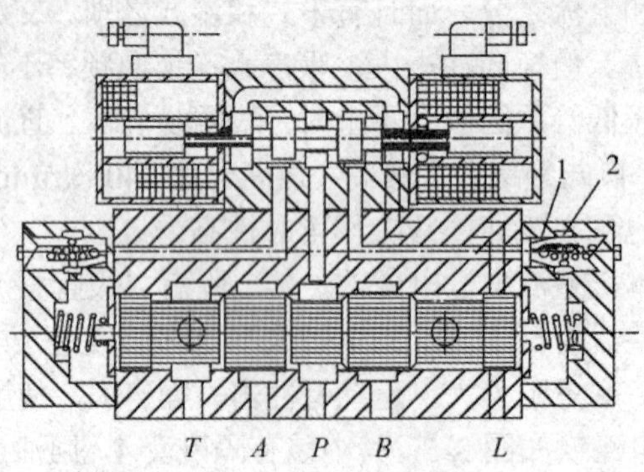


图 3-7　三位四通电液换向阀

1-节流阀；2-单向阀

对于以内控方式工作的电液换向阀（先导阀的控制油取自主阀的 P 口），如果主阀的中位机能是使泵卸荷的状态（M、H、K 等机能），即使先导阀动作，主阀的控制油由于没有油压而无法推动阀芯换位，电液换向阀也就不能工作。这时就需要在主阀的进油口处增设一个预压阀（如具有较硬弹簧的单向阀），使换向阀在中间位置（卸荷）时，P 口保持一定的压力，以满足换向需要，如图 3-8（c）。

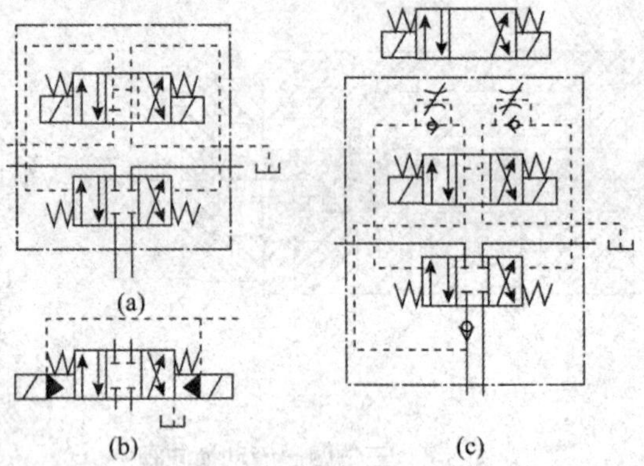


图 3-8　电液换向阀的符号

## 二、方向控制回路

常用的方向控制回路有：执行元件的启动、停止（包括锁紧）和换向回路。

1．启、停回路

在执行元件需要频繁地启动或停止的液压系统中，一般不采用启动或停止液压泵电动机的方法来使执行元件启、停，因为这对泵、电机和电网都是不利的。因此在液压系统中经常采用启、停回路来实现这一要求。图 3-9 所示为用二位二通电磁阀和二位三通电磁阀切断压力油源来使执行元件停止运动。

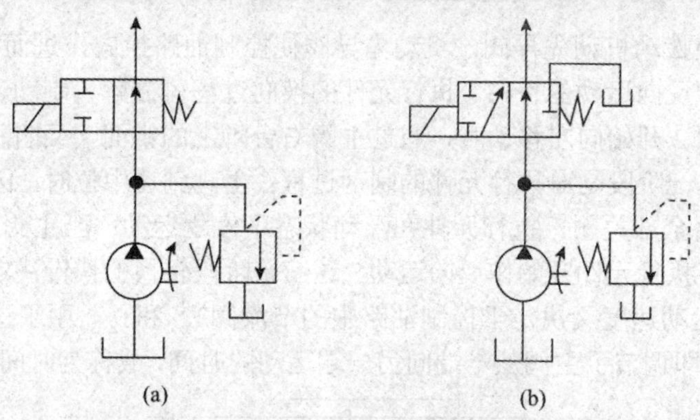


图 3-9　启、停回路

其差别在于图（a）在切断压力油路时，泵输出的压力油从溢流阀回油箱,泵压较高，消耗功率较大，不经济；图（b）在切断压力油源的同时，泵输出的油液经二位三通电磁阀回油箱，使泵在很低的压力工况下运转（称为卸荷）。也可采用中位机能为 0，Y，M 形的三位四通换向阀来使执行元件停止运动。在上述问路中，由于换向阀要通过全部流量，故一般只适用于小流量系统。

2．换向回路

采用换向阀就可使执行元件换向，最简单的方法是采用手动换向阀换向。常见的还有如下两种。

（1）电磁阀换向回路：用二位（或三位）四通电磁阀换向最为方便，图 3-10 所示就是采用电磁阀换向的回路。但电磁阀动作快，换向有冲击。另外，交流电磁阀一般不宜作频繁的切换。采用电液换向阀时，虽然其中液动阀的移动速度可调节，换向冲击较小，但仍不能解决频繁切换问题。

（2）机—液阀换向回路：用机动阀换向时，通过工作机构的挡块和杠杆，可直接使阀换向，这样就省去了使电磁换向阀换向的行程开关、继电器和电磁铁等中间环节，且换向频率不会受到电磁阀的限制。但机动阀必须配置在工作机构的附近，不如电磁阀灵活。在一些需要频繁、连续作往复运动且对换向过程有很多附加要求的执行机构（如磨床工作台），常用机—液换向阀来换向。

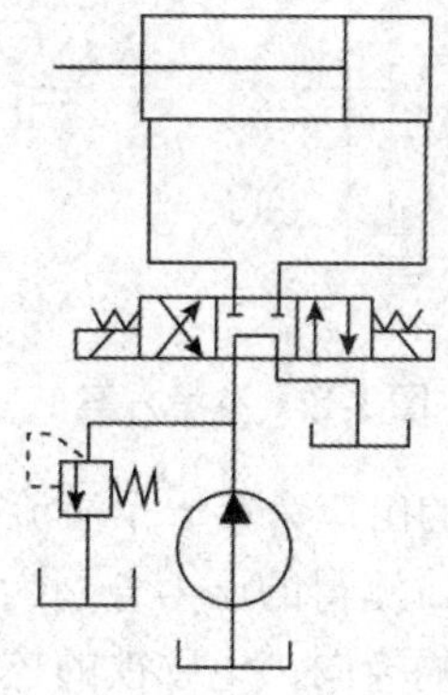

图 3-10　电磁阀组成的换向回路

图 3-11 为采用机－液复合换向阀控制的时间控制式换向回路，工作时由执行元件带动

的工作台上的撞块拨动机动先导阀，机动先导阀使控制油路换向，进而使液动主阀换位，最终达到执行元件反向运动的目的。执行元件的换向过程可分解为制动、停止和反向启动三个阶段。当主阀2开始向左移动时，通过主阀右台阶上的锥面（又叫制动锥）使回油路通道逐渐关闭，这一阶段是对执行元件的制动过程；主阀到达中位时，因使用了P型换向阀，液压缸回油路全部关闭，执行元件在浮动状态下停止运动；当主阀继续向左移动时，使油路反向接通，执行元件开始作反向运动。这三个阶段转换的快慢决定于主阀2的移动速度，而主阀的运动速度又决定于控制油路中的节流阀$T_1$ 和$T_2$。由于这一回路调整的是换向阀移动速度，即调节了主阀从一端向另一端运动的时间，故称为时间控制式换向回路。

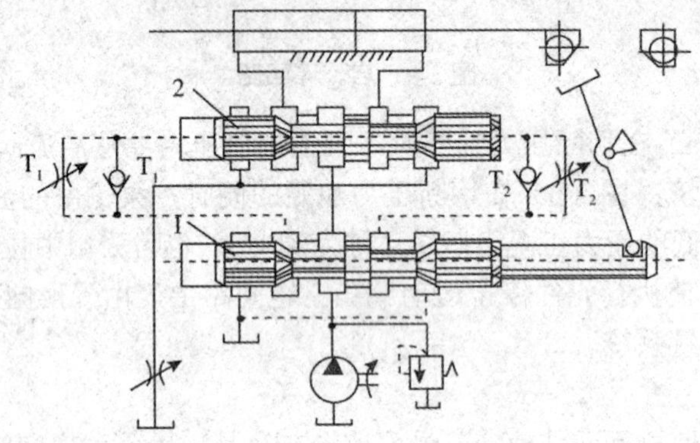


图3-11　时间控制式机－液换向回路

## 【任务实施】

参考方案1：对于这个课题，由于控制要求比较简单，采用手动换向阀控制液压缸的换向，如图3-12所示。

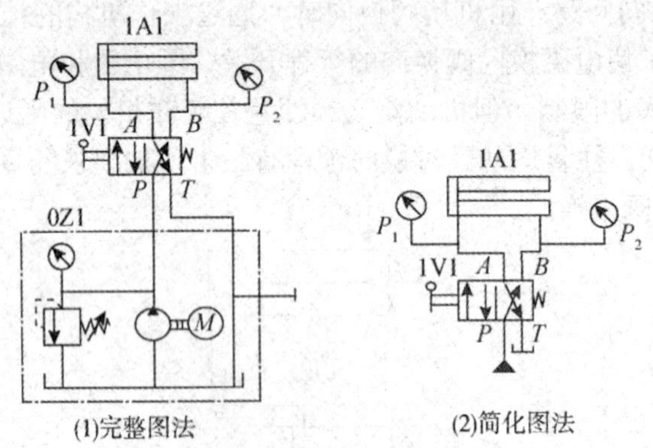


(1)完整图法　　(2)简化图法

图3-12　参考方案1

为了调节调节系统压力，在泵的出口旁接一个溢流阀，为方便进行试验现象分析可在液压杆左右两腔各安装一个压力表，测得的压力分别为$P_1$、$P_2$。参考方案2：液压回路采用二位四通电磁换向阀控制液压缸的换向，电磁铁的控制电路如图3-13（2）所示。其中图3-13（2）是不用中间继电器实现控制要求，图3-13（3）利用中间继电器来增加回路的功能可扩展性。

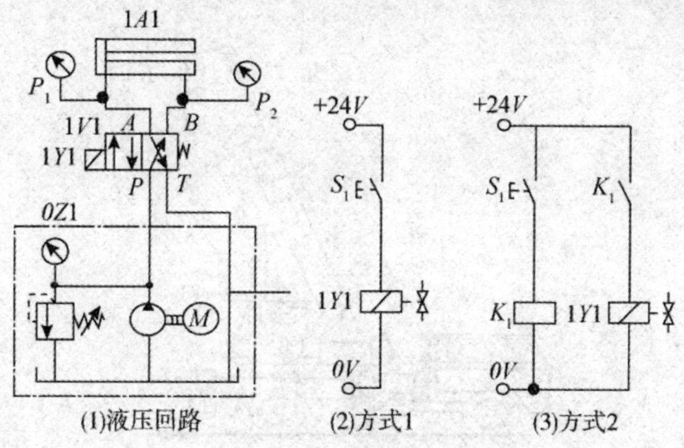


图 3-13　参考方案 2

## 【课后总结】

本任务主要讲述了换向阀和换向控制回路的作用和类型，几种常见换向阀、方向控制回路的工作原理。通过本任务的学习，读者应熟悉各种换向阀，尤其是各种换向阀的性能及其图形符号是分析液压基本回路的重要前提。

## 【考核评价】

1．简述换向阀和换向控制回路的作用和类型。
2．简述二位三通交流电磁换向阀的作用、组成和工作原理。
3．简述三位四通直流电磁换向阀的作用、组成和工作原理。
4．简述三位四通电液换向阀的作用、组成和工作原理。

# 任务 2　汽车起重机支腿锁紧回路的构建

## 【任务说明】

### 一、任务引入

如图 3-14 所示为汽车起重机，由于汽车轮胎的支撑能力有限，而且为弹性变形体，作业很不安全，故作业前必须放下前后支腿，使汽车轮胎架空，用支腿承受重量。要确保支腿停放在任意位置，并且能可靠地锁定而不受外界的影响而发生漂移或窜动。根据工作要求构建起重机支腿的控制回路。

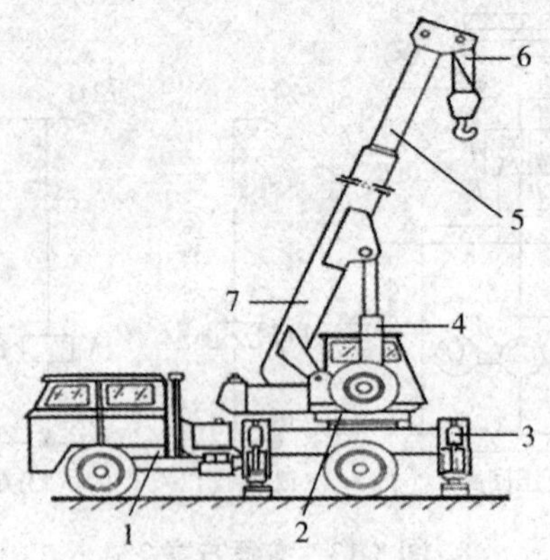


图 3-14　汽车起重机

1-载重汽车；2-回转机构；3-支腿；4-吊臂变幅缸；5-吊臂伸缩缸；6-起升机构；7-基本臂

## 二、任务分析

要实现汽车起重机支腿的控制，需要设计一种回路能实现起重机支腿的收放，这种回路就叫做方向控制回路。方向控制回路就是通过改变液压油的流动方向，从而改变执行元件的运动方向。液压传动系统中执行机构的换向是依靠换向阀来控制的，而换向阀芯和阀体之间总是存在间隙，这就造成换向阀内部的泄漏，若要求执行机构在停止运动时不受外界影响，就需要采用锁紧回路来实现。

## 【理论指导】

### 一、单向阀

单向阀可分普通单向阀和液控单向阀两种。

1．普通单向阀

普通单向阀控制油液只能按一个方向流动而反向截止，故简称单向阀，又称止回阀。它由阀体 1、阀芯 2、弹簧 3 等零件组成，如图 3-15 所示。阀芯 2 分锥阀式和钢球式两种，图 3-15(a)为锥阀式，钢球式阀芯结构简单，但密封性不如锥阀式。当压力油从进油口$P_1$输入时，克服弹簧 3 的作用力，顶开阀芯 2，并经阀芯 2 上四个径向孔 a 及轴向孔 b，从出油口$P_2$输出。当液流反向流动时，在弹簧和压力油的作用下，阀芯锥面紧压在阀体 1 的阀座上，油液不能通过。图 3-15（b）是板式连接单向阀，其进、出油口开在底平面上，用螺钉将阀体固定在连接板上，其工作原理和管式单向阀相同，图 3-15（c）为普通单向阀的图形符号。

阀中的弹簧主要用来克服阀芯运动时的摩接力和惯性力。为了使单向阀工作灵敏可靠，弹簧力量应较小，以免液流产生过大的压力降。一般单向阀的开启压力约为 0.035~0.05MPa，额定流量通过时的压力损失不超过 0.1~0.3MPa。当利用单向阀作背压阀时应换成较硬的弹簧，使回油保持一定的背压。作背压阀用时开启压力一般为 0.2~0.6MPa。

单向阀的主要性能要求是：当油液从单向阀正向通过时阻力要小（压力降小）；而反

向截止时无泄漏，阀芯动作灵敏，工作时无撞击和噪声。普通单向阀常与某些阀组合成一体，成为组合阀或称复合阀，如单向顺序阀（平衡阀）、可调单向节流阀、单向调速阀等。

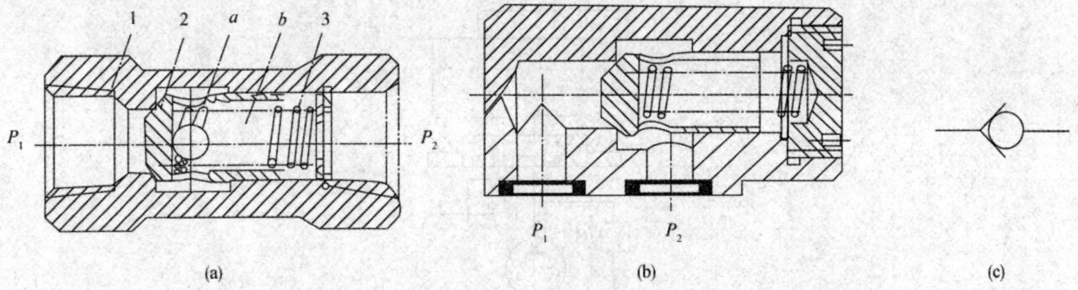


图 3-15　普通单向阀

2．液控单向阀

液控单向阀的结构如图 3-16（a）所示，它与普通单向阀相比，增加了一个控制袖口 k，当控制油口 k 处无压力油通入时，液控单向阀起普通单向阀的作用，主油路上的压力油经 $P_1$ 口输入，$P_2$ 口输出，不能反向流动。当控制油口通入压力油时，活塞 1 的左侧受压力油的作用，右侧 a 腔与泄油口相通，于是活塞 1 向右移动，通过顶杆 2 将阀芯 3 打开，使进、出油口接通，油液可以反向流动，不起单向阀的作用。控制油口 k 处的油液与进、出油口不通。通入控制油口 k 的油液压力最小不应低于主油路压力的 30%～50%。液控单向阀具有良好的单向密封性，常用于执行元件需长时间保压、锁紧的情况，也常用于防止立式液压缸停止运动时因自重而下滑的锁紧回路中。这种阀也称液压锁。

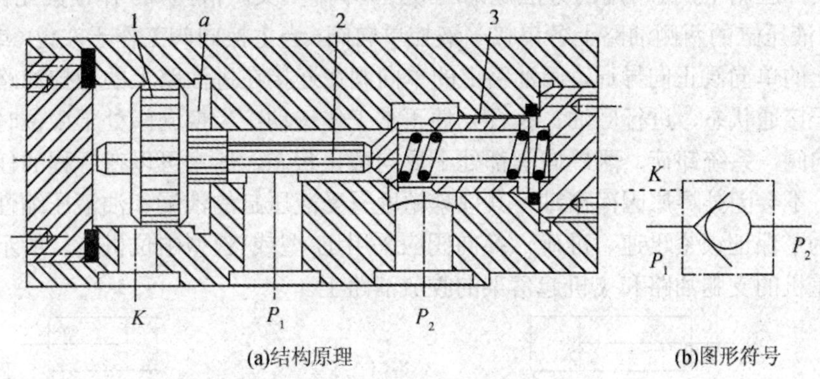


(a)结构原理　　(b)图形符号

图 3-16　液控单向阀

1-活塞；2-顶杆；3-阀芯

## 二、锁紧回路

锁紧回路的功能是通过切断执行元件的进、出油通道来使它停在任意位置，并防止停止后因外界因素而发生窜动、下滑现象。

1．采用换向阀的锁紧回路

液压缸锁紧的最简单的方法是利用三位换向阀的 M 型或 O 型中位机能来封闭缸的两腔，使活塞在行程范围内任意位置停止。如图 3-17 所示，是采用M型换向阀的锁紧回路。

这类回路由于滑阀的内泄漏，不能长时间保持停止位置不动，锁紧精度不高。

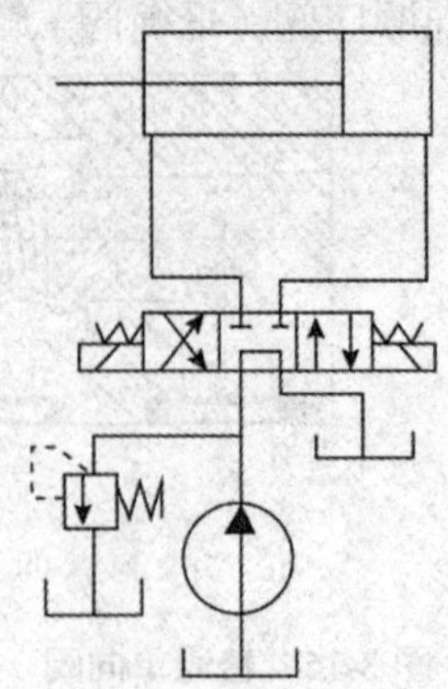

图 3-17　采用换向阀的锁紧回路

2．采用单向阀的锁紧回路

如图 3-18 所示是采用单向阀的锁紧回路，在图示工作状态下，活塞只能向右运动，向左则由单向阀锁紧；当电磁阀切换后，活塞向左运动，向右则由单向阀锁紧，当活塞运动到液压缸的终端时，则能双向锁紧。同时，单向阀还有在停车时防止空气进入液压系统的作用，并可防止执行元件和管路等处的冲击压力对液压泵的影响。这种回路适用于一些稳定性要求不高的简单液压系统中。

3．采用液压锁的锁紧回路

在实际应用中，最常用的方法是采用液控单向阀（又叫液压锁）作锁紧元件，如图 3-19 所示，在液压缸的两侧油路上各串接一液控单向阀，当主换向阀工作于左位（或右位）时，进油路上的单向阀正向导通，回油路上的单向阀在连接在进油路上的液控油路作用下被打开，处于接通状态，进行回油，执行元件正常工作运动；当换向阀处于中位时，由于采用 H 型换向阀，系统卸荷，两单向阀都处于反向截止状态，活塞可以在行程的任何位置上长期锁紧，不会因外界原因而窜动，其锁紧精度只受液压缸的泄漏和油液压缩性的影响。这种回路为了保证锁紧迅速、准确，换向阀应采用 H 型或 Y 型中位机能。所示回路常用于汽车起重机的支腿油路和飞机起落架的收放油路上。

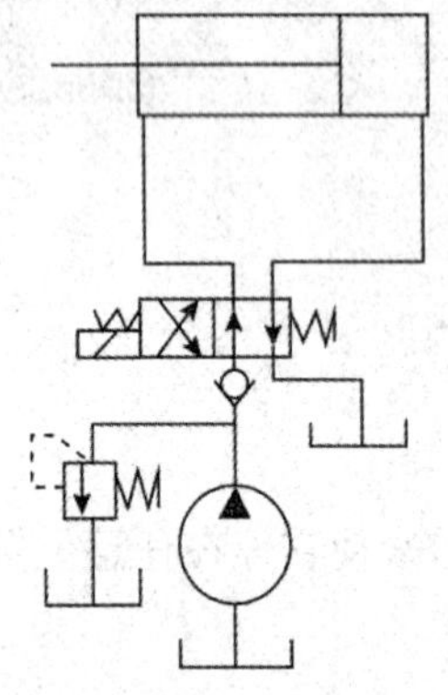

图 3-18　采用单向阀的锁紧回路

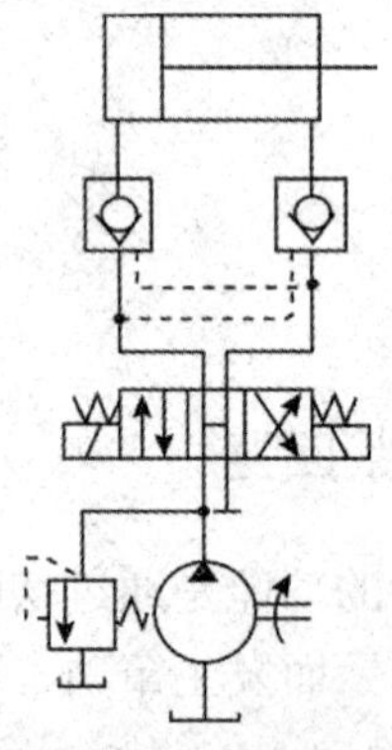

图 3-19　采用液压锁的锁紧回路

## 三、方向阀拆装及方向控制回路组建

1．目的要求

（1）掌握换向阀的“位”和“通”的概念。

（2）掌握换向阀的结构和工作原理。

（3）熟悉换向阀的控制方式。

（4）掌握换向阀通、断的检测技术。

2．工具器材

| 工具 | 项目 | 备注 | 器材 | 数量/个（块） |
|---|---|---|---|---|
| 个人小工具（一套） | 锤子、内六角扳手、钳子、起子等 | 自备或借用 | 耐油橡胶 | 10 |
| | | | 油盆 | 10 |
| 集体器材 | 1-10B | 单向阀 | | 1 |
| | IY-10B | 液控换向阀 | | 1 |
| | 22S-10B | 手动换向阀 | | 1 |
| | 22C-10B | 行程阀 | | 1 |
| | 22D-10B | 电磁换向阀 | | 1 |
| | 23C-10B | 行程阀 | | 1 |
| | 23D-10B | 电磁换向阀 | | 1 |
| | 34S-10B | 手动换向阀 | | 1 |
| | 34D-10B | 电磁换向阀 | | 1 |
| | 34Y-10B | 液控换向阀 | | 1 |
| | 小型空压机 | 检测通、断用 | | 1 |
| | 软管和管接头 | | | 若干 |

3．换向阀的拆装

（1）换向阀的拆卸顺序。先拆卸提供外部力的控制方式，再取下卡簧，取出弹簧，分离阀芯和阀体。观察阀芯的结构和阀体上的油口尺寸及油口数量，观察阀芯相对于阀体的稳定的工作位置。

（2）换向阀的装配。装配前清洗各零件，将阀芯与阀体等配合表面涂润滑油，然后按拆卸时的反向顺序装配。

（3）换向阀通、断的检测。启动空压机，将换向阀接上软管接头，先不对换向阀施加外部力，给换向阀接入压缩空气，观察进气口与出气口的关系；再对换向阀的阀芯远端施加外部力，给换向阀接入压缩空气，观察进气口与出气口的关系。

4．单向阀的拆卸

（1）单向阀的拆卸顺序：先拆卸螺钉，取出弹簧，分离阀芯和阀体。观察阀芯的结构和阀体上的油口尺寸。

（2）液控单向阀的拆卸顺序：先拆卸控制端的螺钉，取出控制活塞和项杆，再拆卸阀芯端螺钉，取出弹簧，分离阀芯和阀体。观察阀芯与活塞的结构和尺寸。

## 四、任务表（学生用）

任务表（学生用）

| 拆装学习项目：方向控制阀的拆装训练 | | 地点： | |
|---|---|---|---|
| 专业： | | 班级： | |
| 学期： | 日期： | 学时： | 姓名： |

一、本项目知识点与能力点

方向控制阀的拆装训练表

| 能力点 | 知识点 |
|---|---|
| （1）会根据拆装流程示意图拆装<br>（2）会根据注意事项进行无图拆装 | （1）三位四通换向阀内部结构<br>（2）三位四通换向阀的工作原理 |

二、三位四通换向阀结构原理图

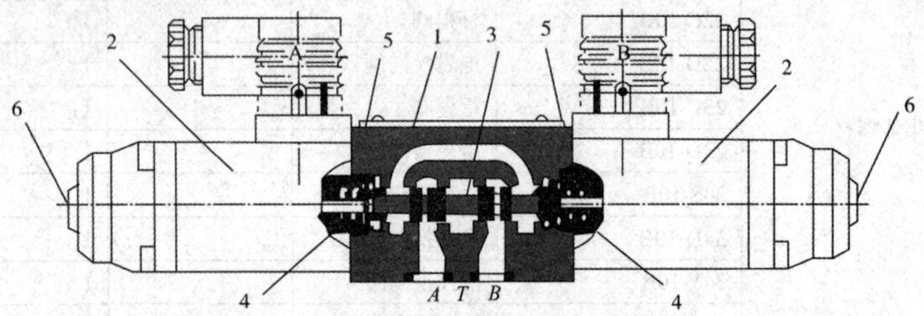


图（a）　三位四通电磁换向阀结构组成示意图

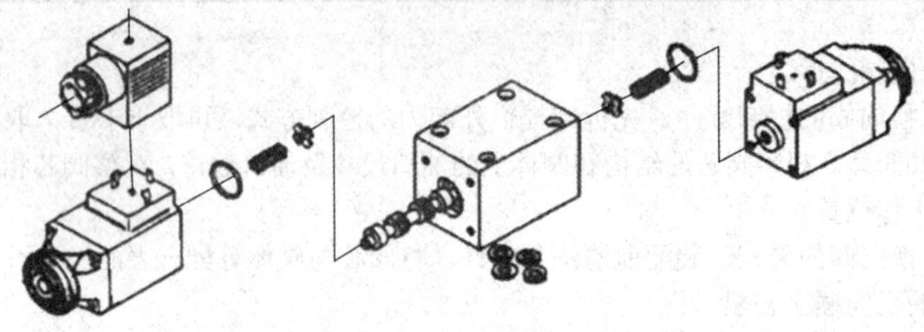

图（b）　拆装流程示意图

三、实训要求

1．纪律要求：学生应按时到达实训车间（或实验室），完整听取实训要求。学生应按时离开实训车间（实验室），完成所有实训内容。

2．安全：操作期间不要开玩笑，注意自身及他人的安全；天车应由专人开动。

3．操作要求：注意学习、理解操作要求及拆装顺序。各组学生应有分工协作。

4．工作态度：学生应主动参与，并大胆的操作。

5．实训报告：在实训期间，各个环节都应有专人随时记录拆卸顺序、零件数量和装配顺序等原始记录，

以备编写实训报告所用。

实训结束后，应按各项目要求编写实训报告。报告字迹应工整，内容须齐全。

指导老师：

日期：　　年　　月　　日

## 五、工作计划表（学生用）

工作计划表（学生用）

| 任务名称：方向控制阀的拆装训练 | 实训室： |
|---|---|
| 专业： | 班级： |
| 第　　班组，成员： | 日期 |

一、准备工作

实训所需液压元件、器具如下表。

实训所需液压元件、器具表

| 序号 | 元件、器具名称 | 规格 | 数量 | 备注 |
|---|---|---|---|---|
| 1 | 三位四通换向阀 | | 8 | |
| 2 | 钳工台虎钳 | 150mm | 8 | |
| 3 | 内六角扳手 | 6mm、8mm、10mm | 8 | |
| 4 | 活口扳手 | 200mm | 8 | |
| 5 | 螺丝刀 | 200m | 8 | |
| 6 | 游标卡尺 | 150mm | 8 | |
| 7 | 润滑油 | 32# | 适量 | |
| 8 | 化纤布料 | | 适量 | |

二、拆装注意事项

1．有拆装流程示意图时，请先按图考虑拆装卸顺序，再进行操作。

2．无图拆装时，请记录解体零件的拆装顺序和方向。

3．拆下的零件按次序摆放，不应落地、划伤、锈蚀等。

4．拆装螺栓组时，应对角依次拧松或拧紧。

5．须顶出零件时，应使用铜棒适度打击，切忌用钢铁棒。

6．安装前的零件清洗后应晾干，切忌用棉纱擦拭。

7．应更换老化的密封。

8．安装时应参照图或拆卸记录，注意定位零件。

9．安装完毕，推动应急按钮，检查阀芯滑动是否顺利。

10．请检查现场有无漏装零件。

三、思考题

1．先导式溢流阀由哪两部分组成？这两部分各由哪几个主要零件组成？分析各零件的作用。

2．试分析先导式溢流阀的工作原理。

3．哪部分为溢流阀的调压部分？

4．观察油液通道。阀体上有哪几个通外部的油门？

5．比较主阀与先导阀的弹簧大小和刚度，并分析为何要这样设计？

6．观察阀口在关闭状态下阀芯的遮盖量情况，并回答为何是这样的？

7．观察遥控口。并分析如何通过此口来实现远程调压和卸荷？

## 六、实训报告要求（学生用）

### 实训报告要求（学生用）

一、实训报告内容如下：

1．拆装顺序

（1）拆卸顺序：零件（名称）1，零件（名称）2，零件（名称）3……

（2）装配顺序：零件（名称）1……

2．零件拆装方法及零件完后情况

零件拆装方法及零件完后情况表

| 序号 | 零件名称 | 所用拆卸工具及检测方法 | | | 零件数量 | 零件完好情况 | | |
|---|---|---|---|---|---|---|---|---|
| | | 工具 | 目视 | 仪器 | | 可用 | 尚可用 | 不可用 |
| 1 | | | | | | | | |
| 2 | | | | | | | | |
| …… | …… | …… | …… | …… | …… | …… | …… | …… |
| n | | | | | | | | |

3．回答思考题

4．主要零部件分析

（1）阀体 1 和阀芯 3 的制造和装配要求极其严格。一般阀芯与阀孔的圆柱度误差为 0.003～0.005mm。阀芯粗糙度不高于 0.20，阀孔不高于 0.40。配合间隙也不宜过大。之所以这样要求，主要是考虑遗漏和液压卡紧力。阀体多为铸铁件，阀芯多为钢件。

（2）电磁铁。电磁铁分为交流和直流两种，还可以分为干式和湿式两种。实训采用的电磁铁属于干式、直流电磁铁。交流电磁铁的优点是推力较大，缺点是阀芯卡阻后线圈易烧毁。直流电磁铁的优缺点则与交流电磁铁相反。在使用时，一个阀上的两个电磁铁决不能同时通电。

二、实训评价（见下表）

实训评价内容表

| 方向阀控制拆装训练 | | 学生姓名： | | 学号： | |
|---|---|---|---|---|---|
| 评价项目 | 评价内容 | | | 分值 | 完成成绩 |
| 工具使用 | 工具选取 | | 使用方法 | 25 | |
| 拆装质量 | 拆装顺序 | | 零件摆放 | 25 | |
| 易损件检测 | 检测数量 | | 正确数量 | 25 | |

| 思考题 | 正确数量 | | 错误数量 | 25 | |
|---|---|---|---|---|---|
| 总评 | | | 合计 | 100 | |

5．组建换向回路

组建换向回路至少需要四大元件：泵、缸、换向阀、溢流阀。

（1）选择元件，从抽屉中选择缸、换向阀、溢流阀。

（2）在实验板上将元件大致地布置好。

（3）接主油路，将泵的压油口与二位四通手动换向阀的进油口连起来，再将二位四通手动换向阀的一个工作口连接缸的左腔，另一个工作口连接缸的右腔。将泵的压油口连接溢流阀的进油口，将溢流阀的回油口连接回油箱。

（4）进行液压回路调试，首先让溢流阀全开，启动泵让泵空转 1~2min，再将溢流阀的开度逐渐减小，使泵的出口压力调至适当值（QCS014 型液压教学实验台，压力调至 2MPa；YY-18 型透明液压传动演示系统，压力调至 1MPa）。

（5）操纵控制面板，检验油缸伸缩动作能否实现。如果缸不能动，要检查管子是否接好，各液压元件连接是否正确，各液压元件的调节是否合理，电气线路是否存在故障，压力油是否送到了位等。更正后重新开始实验，直至工作循环顺利实现。

## 【任务实施】

汽车起重机支腿锁紧回路参考方案如图 3-20 所示。

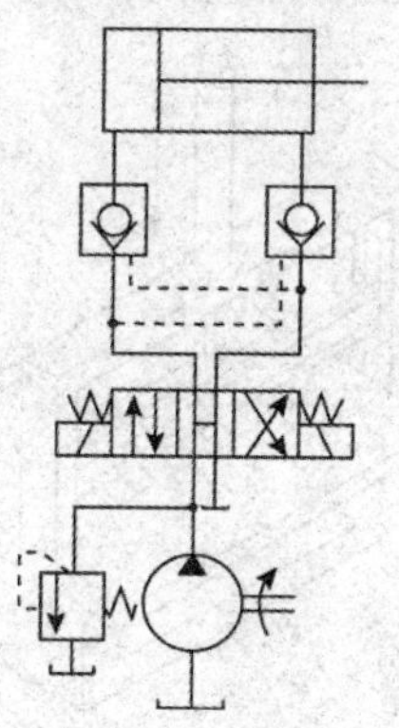

图 3-20 参考方案

在这种回路中液压缸的进，出油路中串接液控单向阀，活塞可以在行程的任何一个位置锁紧。其锁紧精度只受液压缸内少量的内泄影响，因此，锁紧精度较高。当换向阀处于左位或者右位工作时，液控单向阀控制口$K_1$或者$K_2$通入压力油，缸的回油便可以通过单向阀口实现，此时，活塞可以向上或者向下移动，当换向阀处于中位工作或者液压泵停止供油时，因为阀的中位机能为 H 型或者 Y 型，两个液控单向阀的控制油口直接通油箱，故控制压力立即消失，液控单向阀不再反复导通，液压缸因两腔油液封闭便被锁紧。由于液控单向阀的密封性能好，从而使执行元件长期锁紧。

【课后总结】

本任务主要讲述了汽车起重机支腿锁紧回路的构建。通过本任务学习，读者应了解普通单向阀和液控单向阀的工作原理，掌握如何构建方向阀拆装及方向控制回路。

【考核评价】

1．简述单向阀和锁紧回路的作用和类型。
2．简述液控单向阀的组成和工作原理。
3．简述采用液压锁构成的锁紧回路是如何进行工作的。

# 任务3　粘压机液压控制回路的构建

【任务说明】

## 一、任务引入

如图3-21所示为工业粘压机的工作示意图。

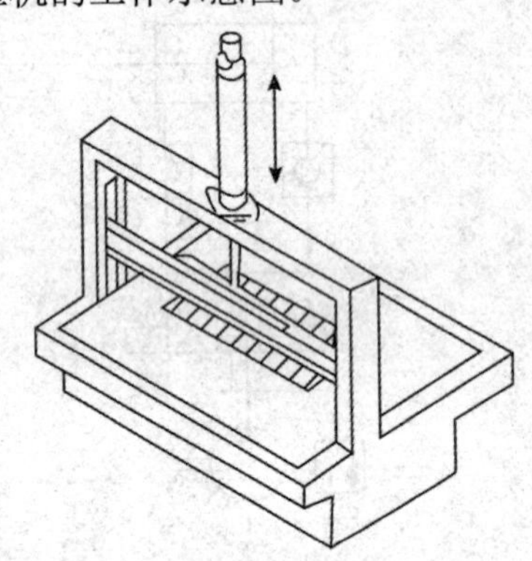

图3-21　粘压机工作示意图

通过液压缸伸出，将材料粘贴在粘贴板上，根据材料的不同需要调整压紧力，当一个动作完成后，返回准备下一个动作。这就需要液压系统能够提供3种不同的稳定工作压力，同时为了保证系统安全，还必须保证系统过载时能有效地卸荷。试构建粘压机的控制回路。

## 二、任务分析

稳定的工作压力是保证系统工作平稳的先决条件，同时液压系统一旦过载，如没有有效的卸荷措施，将会使液压泵处于过载状态而破坏，为了有效地控制压力，需采用溢流阀和调压回路来实现。

## 【理论指导】

### 一、溢流阀

1．溢流阀的结构和工作原理

根据结构不同，溢流阀可分为直动式和先导式两类。直动式用于低压系统，先导式用于中、高压系统。

（1）直动式溢流阀。直动式溢流阀结构原理如图 3-22 所示。

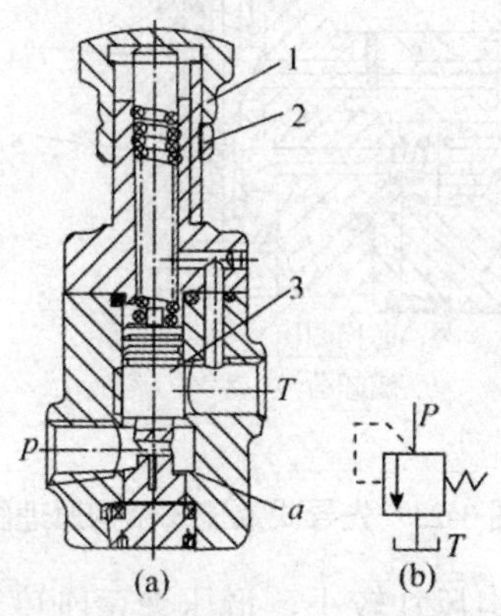


图 3-22　直动式溢流阀结构原理图

直动式溢流阀的结构原理如图 3-22（a）所示，阀芯 3 在弹簧 2 的作用下处于下端位置。油液从进油口 P 进入，通过阀芯 3 上的小孔口进入阀芯底部，产生向上的液压推力 F。当液压推力 F 小于弹簧力时，阀芯 3 不移动，阀口关闭，油口 P、T 不通。当液压力超过弹簧力时，阀芯上升，阀口打开，油口 P、T 相通，溢流阀溢流，油液便从出油口 T 流回油箱，从而保证进口压力基本恒定，系统压力不再升高。扭动螺帽 1 可改变弹簧 2 的压紧力，从而调整溢流阀的工作压力。直动式溢流阀由于采用了阀芯上设阻尼小孔的结构，因此可避免阀芯动作过快时造成的振动，提高了阀工作的平稳性。但这类阀用于高压、大流量时，须设置刚度较大的弹簧，且随着流量变化，其调节后的压力波动较大，故这种阀只适用于系统压力较低、流量不大的场合。直动式溢流阀最大调整压力一般为 2.5MPa。图 3-22（b）为其图形符号。

（2）先导式溢流阀。结构原理和图形符号如图 3-23 所示。这种阀的结构分两部分，左边是主阀部分，右边是先导阀部分。该阀的特点是利用主阀芯 6 左右两端受压表面的作用力差与弹簧力相平衡来控制阀芯移动的。压力油通过进油口进入 P 腔后，再经孔 e 和 f 进入阀芯的左腔，同时油液又经阻尼小孔 d 进入阀芯的右腔并经 c 孔和 b 孔作用于先导调压阀锥阀 4 上，与弹簧 3 的弹簧力平衡。当系统压力 P 较低时，锥阀 4 闭合，主阀芯 6 左右腔压力近乎相等，溢流口关闭，P、T 不通，主阀芯在弹簧 5 的作用下，处于最左端。当系统压力升高并大于先导阀弹簧 3 的调定压力时，锥阀 4 被打开，主阀芯右腔的压力油经锥阀 4、小孔 a，回油腔 T 流回油箱。这时由于主阀阀芯 6 的阻尼孔 d 的作用产生压降，所以阀芯 6 右腔的压力低于左腔的压力，当阀芯 6 左右两端压力差超过弹簧 5 的作用力时，阀芯向右椎，进油腔 P 和回油腔 T 接通，实现溢流作用。调节螺帽 1，可通过弹簧座 2 调节调压弹簧 3 的压紧力，从而调定液压系统工作压力。更换不同刚度的调压弹簧，便可得到不同的调压范围。

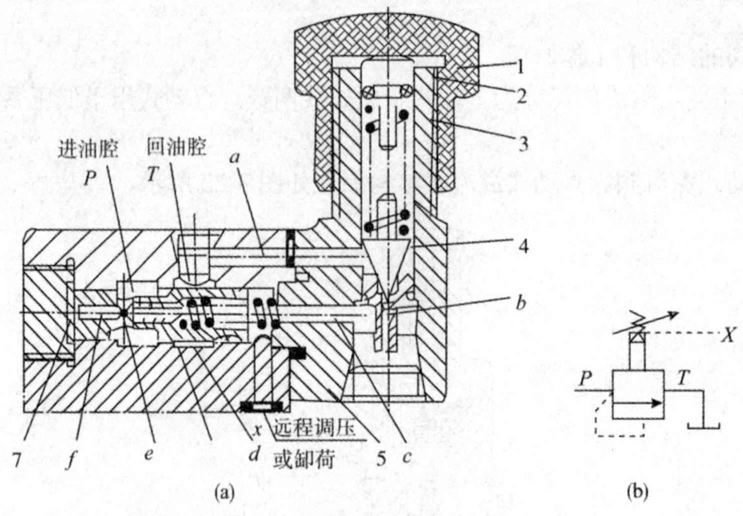


图 3-23 先导式溢流阀结构原理图

由于该溢流阀的先导阀结构尺寸较小，调压弹簧刚度较小，因此压力调整比较轻便。但需要先导阀和主阀都动作后才起控制作用，因此反应不如直动式溢流阀灵敏。先导式溢流阀中主阀弹簧主要用于克服阀芯的摩擦力，弹簧刚度小。当溢流量变化引起主阀弹簧压缩量变化时，弹簧力变化较小。因此阀的进口压力变化也较小，故先导式溢流阀调压稳定性好。因先导式溢流阀是由先导阀来控制和调节溢流压力，而由主阀来溢流，故在工作过程中振动小、噪声低、压力较稳定，它适于高压、大流量的场合。

2．溢流阀的应用

溢流阀的主要作用是稳定液压系统压力或进行安全保护。几乎在所有的液压系统中都需要用到它，其正确使用、性能好坏对整个液压系统的正常工作影响很大。其作用如下：

（1）溢流稳压：在定量泵节流调速回路中，溢流阀不断地将系统中多余的油液溢回油箱，并保持系统压力基本稳定。阀芯处于常开状态，其溢流量大小，视从节流阀进入液压缸的流量大小而定，如图 3-24（a）所示。

（2）作安全阀用：在限压式变量泵的旁路节流调速回路和采用变量泵的液压系统中，溢流阀是用来限定系统的最高压力，起过载保护作用，故称安全阀。系统正常工作时，阀不打开，处于常闭状态；系统压力高于系统正常工作压力时，阀芯打开溢流，如图 3-24（b）所示。为保证系统正常工作，安全阀的调整压力应高于系统最高工作压力的l0％~20％。

（3）作卸荷阀用：在采用先导式溢流阀调压的定量泵系统中，当阀的外控口与油箱连通时，其主阀芯在进口压力很低时即可迅速抬起，使泵卸荷，以减少能量损耗。如图 3-24（c）所示，当电磁铁通电时，溢流阀外控口通油箱，因而能使泵卸荷。

（4）作背压阀用：将溢流阀安设在液压缸的回油路上，可使缸的回油腔形成背压，提高运动部件运动的平稳性，因此这种用途的溢流阀也称背压阀，如图 3-24（d）所示。

（5）远程调压:当先导式溢流阀的远程调压口与调整压力较低的溢流阀连通时，其主

阀芯上腔的油压只要达到低压阀的调整压力，主阀即可溢流（其先导阀不起作用），即实现远程调压，如图 3-24（e）所示。应当注意，远程调压阀的调整压力必须小于先导式溢流阀的调整压力，否则先导式溢流阀不受远程调压阀控制。

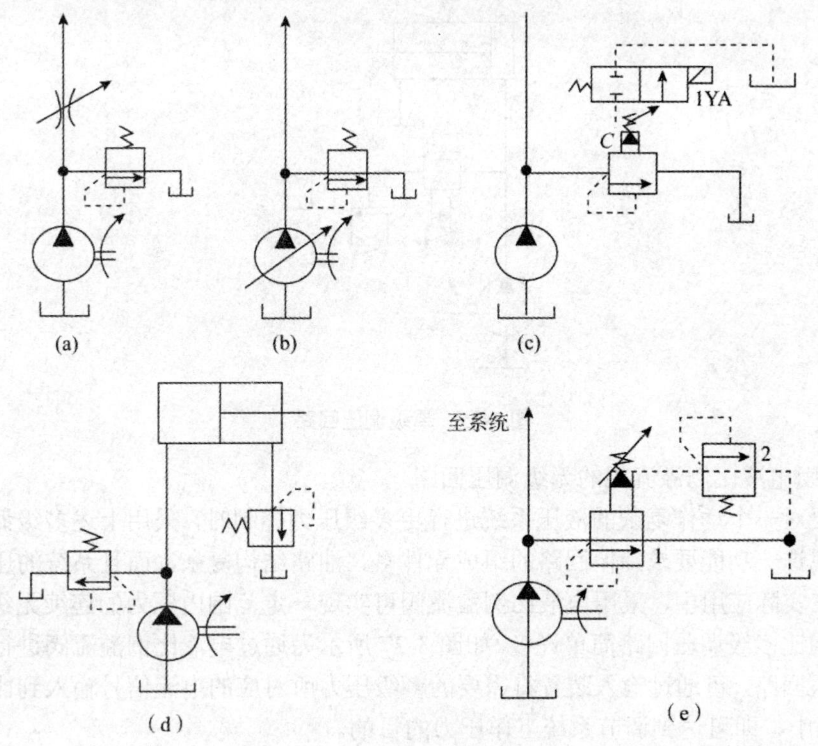


图 3-24　溢流阀的功用

## 二、调压回路

通常，调压回路主要包括单级调压回路、多级调压回路和采用电液比例溢流阀的无级调压回路。

1．单级调压回路

单级调压回路中使用的溢流阀可以用直动式溢流阀，也可以用先导式溢流阀。如图 3-25 所示，在定量泵供油系统中，进入执行元件的流量由节流阀 2 调节，在转速一定的情况下，定量泵输出的流量基本不变，且总是大于系统需要的流量，当改变节流阀 2 的开口大小来调节液压缸运动速度时，由于要排掉液压泵输出的多余流量，溢流阀 1 始终处于开启溢流状态，使系统工作压力稳定在调定压力值附近。

2．多级调压回路

多级调压回路是依靠溢流阀、换向阀等相互组合作用，从而达到系统在两种以上的工作压力下按要求切换工作的目的。如图 3-26 所示回路中。主溢流阀 1 的远控口通过三位四通电磁换向阀 4 分别接到具有不同调定压力的远程调压溢流阀 2 和 3 上。当阀 4 处于中位时，系统工作压力由主溢流阀 1 调定；当阀 4 处于左位时，阀 2 接通主阀 1 的远程控制控口，系统压力由阀 2 调定；当阀 4 处于右位时，阀 3 与接通主阀 1 的远程控制口，此时系统压力由阀 3 调定。

在这一类回路中，要求远程调压阀的调定压力必须小于主阀的调定压力。在图 3-26 所示回路中，要求阀 2 和阀 3 的调定压力必须小于阀 1 的调定压力，其实质是用两个溢流阀分别对主溢流阀进行控制，使系统得到三种不同的调定压力。

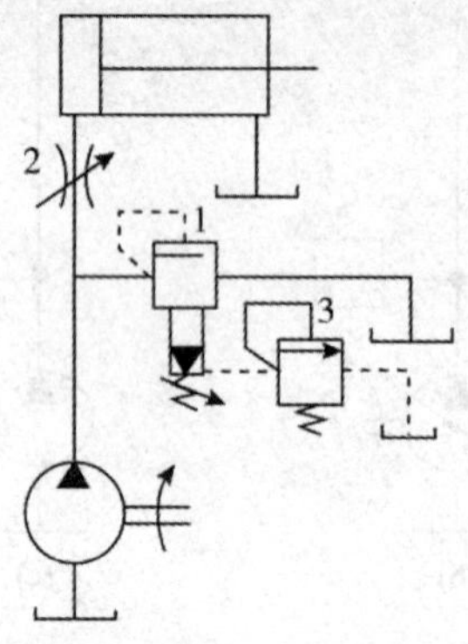


图 3-25　单级调压回路

3．采用电液比例溢流阀的无级调压回路

当需要对一个动作复杂的液压系统进行更多级压力控制时，采用上述多级调压回路虽然能够实现这一功能要求，但回路的组成元件多，油路结构复杂，而且系统的压力变化级数有限。在实际应用中，采用电液比例溢流阀可实现一定范围内压力的连续无级调节，且回路的结构比多级调压回路简单许多。如图 3-27 所示为通过电液比例溢流阀进行无级调压的无级调压回路，可通过输入装置将需要的多级压力所对应的电流信号输入到比例溢流阀 1 的控制器中，即可达到调节系统工作压力的目的。

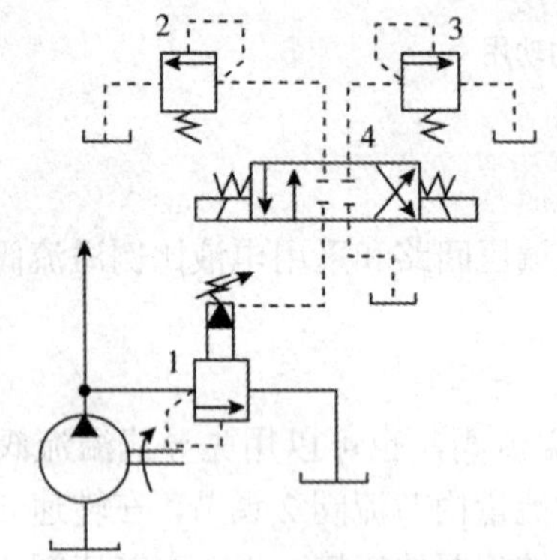


图 3-26　多级调压回路

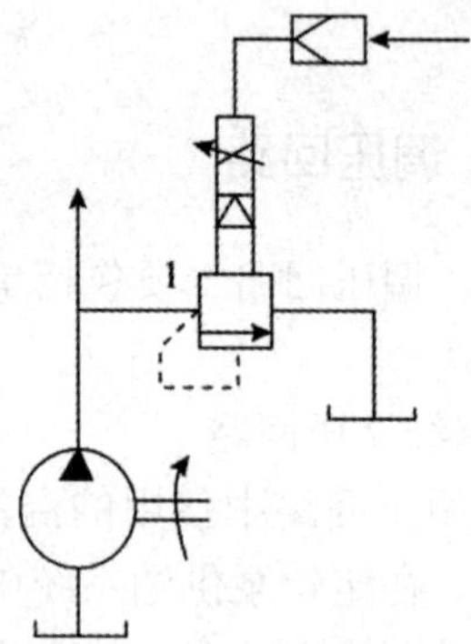


图 3-27　采用电液比例溢流阀的无级调压回路

## 【任务实施】

### 一、粘压机液压控制回路参考方案图

粘压机液压控制回路参考方案如图 3-28 所示。

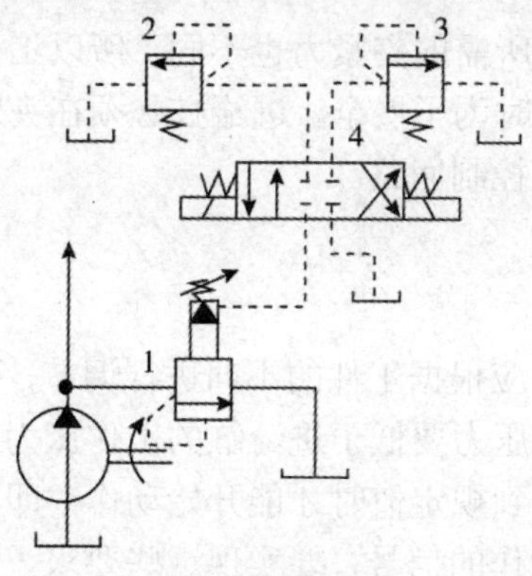

图 3-28　参考方案

## 二、方案分析

粘压机工作时，不同的材料，其粘贴力也不相同，系统的压力必须与负载相适应，因此可在液压缸进油口和出油口前旁路连接一个溢流阀，来调定系统稳定压力，图为采用三级调压回路实现黏压机工作的液压回路，图示工作状态下，泵的出口压力由阀 1 调定为最高压力；当换向阀 4 的左右电磁铁分别通电时，泵由远程调压阀 2 和 3 调定。阀 2 和 3 的调定压力必须小于阀 1 的调定压力值。在进入液压缸前的油路上可设置一个中位机能为 M 型的三位四通电磁换向阀（图中未画出）。通过该阀可以实现工作缸的工进与退回。当该阀两个电磁铁都断电时，泵卸荷。

## 【课后总结】

本任务主要讲述了粘压机液压控制回路的构建。通过本任务的学习，读者应掌握溢流阀的类型、工作原理及作用，以及以溢流阀为核心原件组成的压力控制回路的工作原理、性能特点及作用；并要掌握如何构建压力控制回路。

## 【考核评价】

1．简述先导式溢流阀的结构和工作原理。
2．溢流阀的作用有哪些？

# 任务 4　钻床液压控制回路的构建

## 【任务说明】

## 一、任务引入

如图 3-29 所示为液压钻床示意图。对不同材料的工件进行钻孔加工。工件的夹紧和钻头的升降由两个双作用液压缸驱动，这两个液压缸都由一个液压泵来供油。

由于工件材料不同，加工所需的夹紧力也不同，所以工作时夹紧缸的夹紧力必须能调节并稳定在不同的压力值，同时为了安全，进给缸必须在夹紧缸夹紧力达到规定值时才能推动钻头进给，试构建其液压控制回路。

## 二、任务分析

本任务夹紧缸的工作压力应根据工件的不同进行调节，而且为了避免夹紧力过大导致工件夹坏，要求夹紧缸的工作压力要低于进给缸的工作压力，这就需要对夹紧支路进行减压。此外，系统还要求夹紧力到规定值时才能开始动作，即需要检测夹紧缸的压力，把夹紧缸的压力作为控制进给缸动作的信号，要实现这些要求，需要采用减压回路和顺序动作回路来完成。

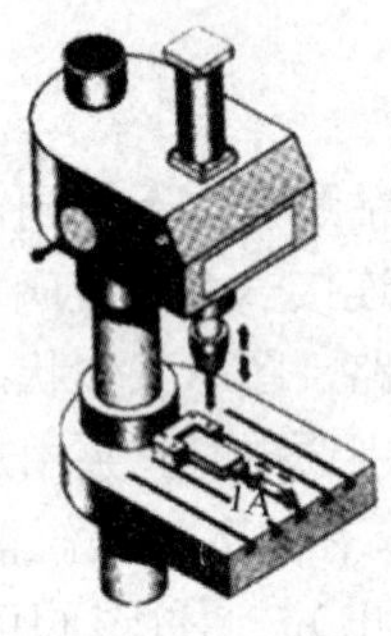


图 3-29　液压钻床

## 【理论指导】

## 一、顺序阀和顺序动作回路

顺序阀是用来控制系统中各执行元件先后动作顺序的。

1．顺序阀的结构和工作原理

按结构不同，顺序阀也分为直动式和先导式两种。一般先导式阀用于压力较高的场合。

（1）直动式顺序阀。如图 3-30（a）所示为直动式顺序阀的结构图。它由螺堵 1、下阀盖 2、控制活塞 3、阀体 4、阀芯 5、弹簧 6 等零件组成。当其进油口的油压低于弹簧 6 的调定压力时，控制活塞 3 下端油液向上的推力小，阀芯 5 处于最下端位置，阀口关闭，油液不能通过顺序阀流出。当进油口油压达到弹簧调定压力时，阀芯 5 抬起，阀口开启，压力油即可从顺序阀的出口流出，进入油路工作。

这种顺序阀利用其进油口压力控制，称为普通顺序阀（也称为内控式顺序阀），其图形符号如图 3-30（b）所示。由于阀出油口接压力油路，因此其上端弹簧处的泄油口必须另接一油管通油箱，这种连接方式称为外泄。若将下阀盖 2 相对于阀体转过 90°或 180°，将螺堵 1 拆下，在该处接控制油管并通入控制油，则阀的启闭便由外供控制油控制。这时即成为液控顺序阀，其图形符号如图 3-30（c）所示。若再将上阀盖 7 转过 180°，使泄油口处的小孔与阀体上的小孔 5 连通，将泄油口用螺堵封住，并使顺序阀的出油口与油箱连通，则顺序阀就成为卸荷阀，其泄漏油可由阀的出油口流回油箱，这种连接方式称为内泄。

卸荷阀的图形符号如图 3-30（d）所示。

直动式顺序阀设置控制活塞的目的是缩小阀芯受油压作用的面积，以便采用较软的弹簧来提高阀的压力一流量特性。直动式顺序阀的最高工作压力可达 14MPa，其最高控制压力可达 7MPa。顺序阀常与单向阀组合成单向顺序阀使用。

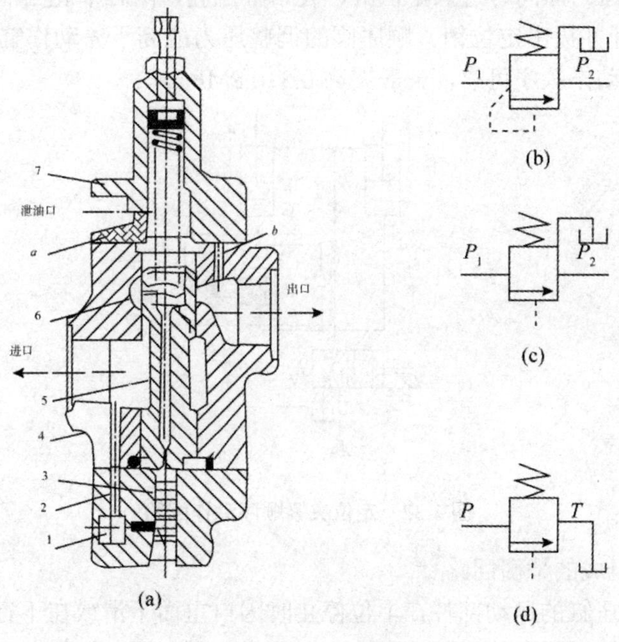


图 3-30　直动式顺序阀

（2）先导式顺序阀。结构原理与先导式溢流阀类似，工作原理也基本相同，故不再重述。先导式顺序阀与直动式顺序阀一样也有内控外泄、外控外泄和外控内泄的控制方式。图 3-31（a）所示为先导式顺序阀的结构原理图，图 3-31（b）为内控外泄式先导顺序阀的图形符号。

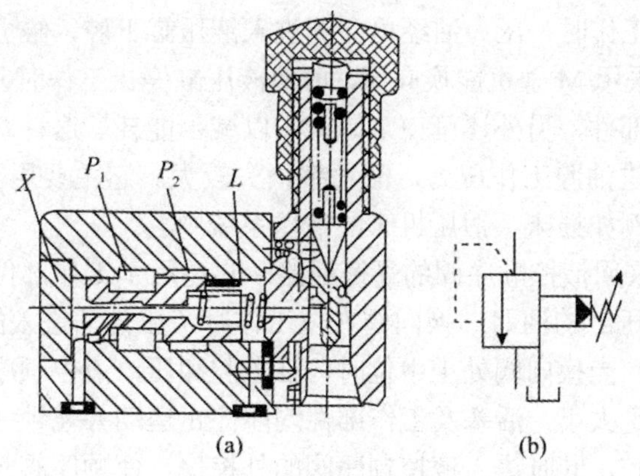


图 3-31　先导式顺序阀

2．用顺序阀组成的顺序动作回路

图 3-32 为机床夹具上用顺序阀实现工件先定位后夹紧的顺序动作回路。当电磁阀由通电状态断电时，压力油先进入定位缸的下腔，缸上腔回油，活塞向上抬起，使定位销进人

工件定位孔实现定位。这时由于压力低于顺序阀的调定压力，因而压力油不能进入夹紧缸的下腔，工件不能夹紧。当定位缸活塞停止运动时，油路压力升高至顺序阀的调定压力时，顺序阀开启，压力油进入夹紧缸下腔，缸上腔回油，实现了先定位后夹紧的顺序要求。当电磁阀再通电时，压力油同时进入定位缸、夹紧缸上腔，两缸下腔回油（夹紧缸经单向阀回油），使工件松开并拔出定位销。顺序阀的调整压力应高于先动作缸（定位缸）的最高工作压力，以保证动作顺序可靠，一般要高 0.5~0.8MPa。

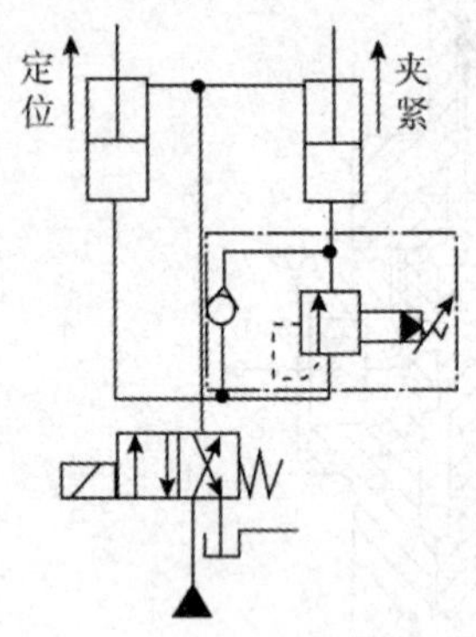


**图 3-32　定位夹紧顺序动作回路**

3．用顺序阀组成的平衡回路

为防止立式液压缸的运动部件在上位停止时因自重而下滑或在下行时超速，运动不平稳，常采用平衡回路。即在其下行的回油路上设置一顺序阀，使其产生适当的阻力，以平衡运动部件的重量。

图 3-33（a）为单向顺序阀的平衡回路。顺序阀的调定压力应稍大于工作部件的自重在液压缸下腔形成的压力。这样，当换向阀处在中位，液压缸不工作时，顺序阀关闭，工作部件不会自行下滑。当换向阀左位工作，液压缸上腔通压力油，下腔的背压大于顺序阀的调定压力时，顺序阀开启，活塞与运动部件下行。由于自重得到平衡，故不会产生超速现象。当换向阀右位工作时，压力油经单向阀进入液压缸下腔，缸上腔回油，活塞及工作部件上行。这种回路采用 M 型机能换向阀，可使液压缸停止工作时，缸上下腔油被封闭，从而有助于锁住工作部件，另外还可使泵卸荷，以减少能耗。这种回路，由于下行时回油腔背压大，必须提高进油腔工作压力，故功率损失较大。它主要用于工作部件重量不变，且重量较小的系统。例如插床、锻压机床的液压系统中。

图 3-33（b）为采用液控顺序阀的平衡回路。它适用于工作部件的重量变化较大的场合，如起重机立式液压缸的油路。换向阀右位工作时，压力油进入缸下腔，缸上腔回油，使活塞上升吊起重物。当换向阀处于中位时，缸上腔卸压，液控顺序阀关闭，缸下腔油被封闭，因而不论其重量大小，活塞及工作部件均能停止运动并被锁住。当换向阀左位工作时，压力油进入缸上腔，同时进入液控顺序阀的外控口，使顺序阀开启，液压缸下腔可顺利回油，于是活塞下行，放下重物。由于背压较小，因而功率损失较小。下行时．若速度过快，必然使缸上腔油压降低，顺序阀控制油压也降低，因而液控顺序阀在弹簧力的作用下关小阀口，使背压增加，阻止活塞下降。故亦能保证工作安全可靠。但由于下行时液控顺序阀处于不稳定状态，其开口量有变化，故运动的平稳性较差。

由于顺序阀泄漏难以避免，故以上两种平衡回路在长时间停止时，工作部件仍会有缓慢的下移。为此，可在液压缸与顺序阀之间加一个液控单向阀以减少泄漏影响，如图 3-33（c）所示。

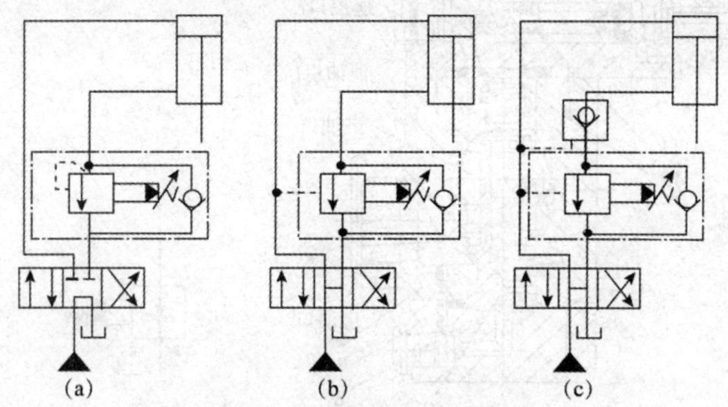


图 3-33　用顺序阀的平衡回路

## 二、减压阀和减压回路

减压阀按结构不同也有直动式和先导式两类。按调节要求的不同，可分为定值减压阀、定比减压阀和定差减压阀三种。其中定值减压阀应用最广，简称减压阀。它使液压系统中某一支路的压力低于系统压力且保持压力恒定。这里只介绍先导式定值减压阀。

1．减压阀的结构和工作原理

先导式减压阀的结构形式很多，但工作原理相同。图 3-34（a）是一种常用的先导式减压阀结构原理图。它也分为两部分，先导阀和主阀。由先导阀调压，主阀减压。压力油$P_1$（一次压力油）由进油口进入，经主阀芯 7 和阀体 6 所形成的减压口后从出油门流出。由于油液流过减压口的缝隙时有压力损失，所以出口油压$P_2$（二次压力油）低于进口压力$P_1$。出口压力油一方面送往执行元件，另一方面经阀体 6 下部和端盖 8 上通道至主阀芯 7 下腔，再经主阀芯上的阻尼孔 9 引入主阀芯上腔和先导锥阀 3 的右腔，然后通过锥阀座 4 的阻尼孔作用在锥阀上。

当负载较小、出口压力$P_2$低于调压弹簧 11 所调定的压力时，先导阀关闭。主阀芯阻尼孔内无油液流动，主阀芯上、下两腔油压均等于出口油压$P_2$，主阀芯在软弹簧 10 作用下处于最下端位置，主阀芯与阀体之间构成的减压口全开，不起减压作用；当出口压力$P_2$上升至超过调压弹簧 11 所调定的压力时，先导阀阀口打开，油液经先导阀和泄油口流回油箱。由于阻尼孔 9 的作用，主阀芯上腔的压力$P_3$将小于下腔的压力$P_2$，当此压力差所产生的作用力大于主阀芯弹簧的预紧力时，主阀芯 7 上升使减压口缝隙减小，$P_2$下降，直到此压差与阀芯作用面积的乘积和主阀芯上的弹簧力相等时，主阀芯处于平衡状态。此时减压阀保持一定开度，出口压力$P_2$稳定在调压弹簧 11 所调定的压力值上。

如果由于外来干扰使进口压力$P_1$升高，则出口压力$P_2$也升高，主阀芯向上移动，主阀开口减小，$P_2$又降低，在新的位置上取得平衡，而出口压力基本维持不变；反之亦然。这样，减压阀能利用出油口压力的反馈作用，自动控制阀口开度，从而使出口压力基本保持恒定，因此，称它为定值减压阀。

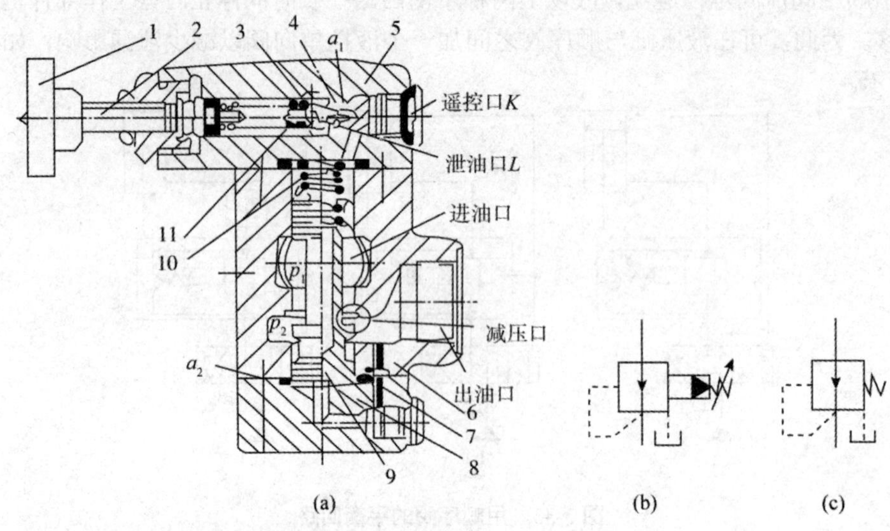


**图 3-34 先导式减压阀结构**

1-调压手轮；2-调节螺钉；3-锥阀；4-锥阀座；5-阀盖；6-阀体；
7-阀芯；8-端盖；9-阻尼孔；10-主阀弹簧；11-调压弹簧

减压阀的阀口为常开型，其泄油口必须由单独设置的油管通往油箱，且泄油管不能插入油箱液面以下，以免造成背压，使泄油不畅，影响阀的正常工作。

当阀的外控口 K 接一远程调压阀，且远程调压阀的调定压力低于减压阀的调定压力时，可以实现二级减压。图 3-34（b）是先导式定值减压阀的图形符号。图 3-34（c）是直动式定位减压阀的图形符号。

2．减压回路

在液压系统中，当某个执行元件或某一支油路所需要的工作压力低于系统工作压力或要求有较稳定的工作压力（例如控制系统、夹紧系统、润滑系统等），这时就要采用减压回路。图 3-35 是夹紧机构中常用的减压回路。回路中串联一个减压阀，使夹紧缸能获得较低而又稳定的夹紧力。减压阀的出口压力可从 0.5MPa至溢流阀的调定压力范围内调节，当系统压力有波动时，减压阀出口压力可稳定不变。单向阀的作用是当主系统压力下降到低于减压阀调定压力（如主油路中液压缸快速运动）起到短时保压作用，使夹紧缸的夹紧力在短时间保持不变。为了确保安全，夹紧回路中常采用带定位的二位四通阀，或采用失电夹紧的二位四通电磁换向阀换向，防止在电路出现故障时松开工件出事故。

为使减压回路可靠地工作，其减压阀的最高调定压力应比系统调定压力低一定的数值。例如，中压系统约低 0.5MPa，中高压系统约低 1MPa，否则减压阀不能正常工作。当减压支路的执行元件需要调速时，节流元件应安装在减压阀出口的油路上，以免减压阀工作时，其先导阀泄油影响执行元件的速度。

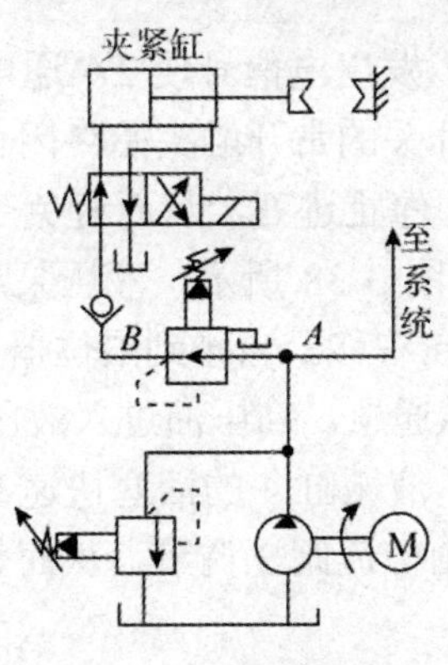

图 3-35　减压回路

## 三、压力继电器

压力继电器是将液压信号转换为电信号的转换装置。即当其进口油压达到压力继电器调整压力时，能自动接通或断开电路，发出电信号，使电磁阀、中间继电器、电动机等电气元件通电或断开，以实现对液压系统有关回路的控制。

1．压力继电器的结构和工作原理

图 3-36（a）为单柱塞式压力继电器的结构原理图。压力油从油口 P 进入，并作用于柱塞 1 的底部，当压力达到弹簧的调定值时，便克服弹簧阻力和柱塞表面摩擦力，推动柱塞上升，通过顶杆 2 触动微动开关 4 发出电信号。图 3-36（b）为压力继电器的图形符号。

压力继电器发出电信号的最低压力和最高压力间的范围称为调压范围。拧动调节螺钉 3 即可调整其工作压力。压力继电器发出电信号时的压力，称为开启压力；切断电信号时的压力称为闭合压力。由于开启时摩擦力的方向与油压力的方向相反，闭合时则相同，故开启压力大于闭合压力，两者之差称为压力继电器通断调节区间。它应有一定的范围，否则，系统压力脉动时，压力继电器发出的电信号会时断时续。继而会影响液压系统的正常工作。中压系统中使用的压力继电器调节区间一般为 0.35~0.8MPa。

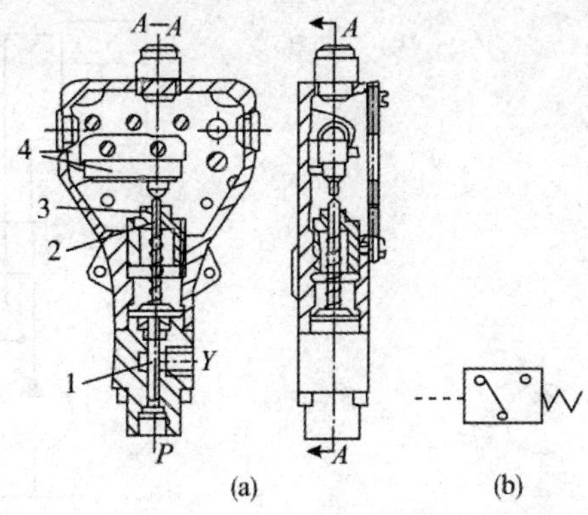

图 3-36　单柱塞式压力继电器的结构原理图

2．压力继电器的应用

（1）用于安全保护。如图 3-37 所示，将压力继电器 2 设置在夹紧液压缸的一端，液压泵启动后，首先将工件夹紧，此时夹紧液压缸 3 的右腔压力升高，当升高到压力继电器的调定值时，压力继电器 2 动作，发出电信号使 2YA通电，于是切削液压缸 4 进刀切削。在加工期间，压力继电器 2 微动开关的常开触头始终闭合。若工件没有夹紧，继电器 2 断开，于是 2YA断电，切削缸 4 立即停止进刀，从而避免工件未夹紧被切削而出事故。

（2）用于控制顺序动作。如图 3-38 所示，液压泵启动后，首先 2YA通电，液压缸 5 左腔进油，推动活塞按①所示方向右移。当碰到限位器（或死挡铁）后，系统压力升高，压力继电器 6 发出电信号，使 1YA通电，高压油进入液压缸 4 的左腔，推动活塞按②所示的方向右移。这时若 3YA也通电，液压缸 4 的活塞快速右移；若 3YA断电，则液压缸 4 的活塞慢速右移，其慢速运动速度由节流阀 3 调节，从而完成先①后②的顺序动作。

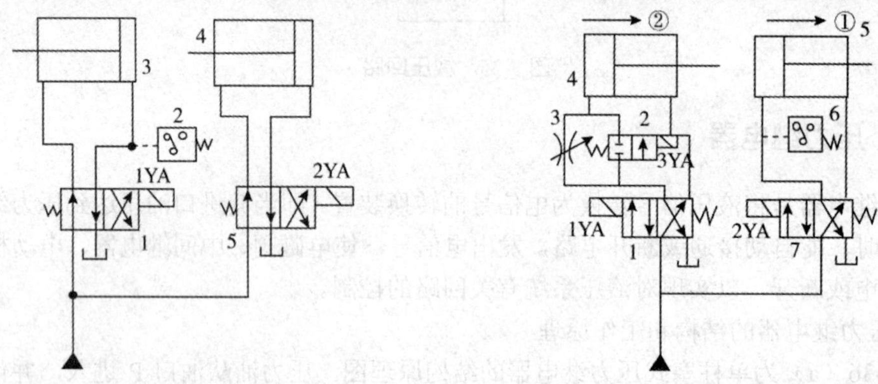


图 3-37　压力继电器用于安全保护　　　图 3-38　压力继电器用于控制执行元件的顺序动作

（3）用于液压泵的启闭。如图 3-39 所示回路中有两个液压泵，1 为高压小流量泵，5 是低压大流量泵。当活塞快速下降时，两泵同时输出压力油。当液压缸 3 活塞杆抵住工件开始加压时，压力继电器 4 在压力油作用下发出动作，触动微动开关，将常闭触点断开，使液压泵 5 停转。在加工过程中减慢液压缸的速度，同时减少动力消耗。

（4）用于液压泵卸荷。如图 3-40 所示，该图与图 3-39 所示回路相似，但压力继电器不是控制液压泵停止转动，而是控制二位二通电磁阀，将液压泵 5 输出的压力油流回油箱，使其卸荷。

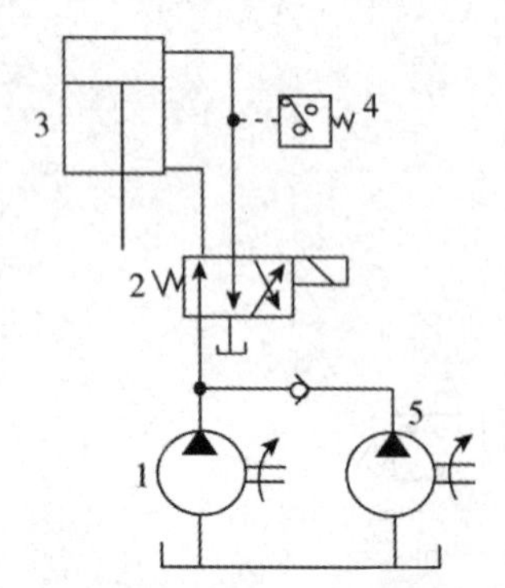


图 3-39 压力继电器用于液压泵的启闭

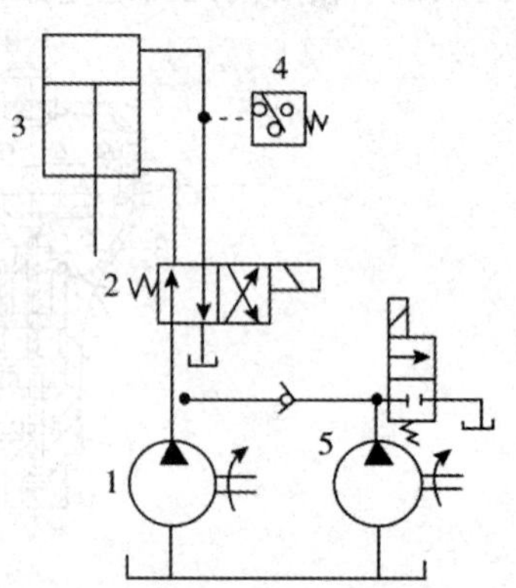


图 3-40 压力继电器用于液压泵卸荷

## 四、多缸工作控制回路

用一个液压泵驱动两个或两个以上的液压缸（或液压马达）工作的回路，称为多缸工

作控制回路。

（一）顺序动作回路

顺序动作回路的功用在于使几个执行元件严格按照预定顺序依次动作。按控制方式不同，顺序动作回路分为压力控制和行程控制两种。

1．压力控制顺序动作回路

如图 3-41 所示为用顺序阀的压力控制顺序动作回路。在此工作回路中，夹紧液压缸 1 和工作油缸 2 要完成的动作顺序为：①夹紧缸 1 夹紧工件→②工作油缸 2 进给→③工作油缸 2 退回→④夹紧缸 1 松开工件，则其控制回路的工作过程如下：回路工作前，夹紧缸 1 和进给缸 2 均处于起点位置，当换向阀 5 左位接入回路时，夹紧缸 1 的活塞向右运动使夹具夹紧工件，夹紧工件后会使回路压力升高到顺序阀 3 的调定压力，阀 3 开启，此时缸 2 的活塞才能向右运动进行切削加工；加工完毕，通过手动或操纵装置使换向阀 5 右位接入回路，缸 2 活塞先退回到左端点后，引起回路压力升高，使阀 4 开启，缸 1 活塞退回原位将夹具松开，这样完成了一个完整的多缸顺序动作循环，如果要改变动作的先后顺序，就要对两个顺序阀在油路中的安装位置进行相应的调整。

如图 3-42 所示为用压力继电器控制电磁换向阀来实现顺序动作的回路。按启动按钮，电磁铁 1YA得电，电磁换向阀 3 的左位接入回路，缸 1 活塞前进到右端点后，回路压力升高，压力继电器 1K 发出电信号，使电磁铁 3YA得电，电磁换向阀 4 的左位接入回路，缸 2 活塞向右运动；按返回按钮，1YA、3YA同时失电，且 4YA得电，使阀 3 中位接入回路、阀 4 右位接入回路，导致缸 1 锁定在右端点位置、缸 2 活塞向左运动，当缸 2 活塞退回原位后，回路压力升高，压力继电器 2K 发出电信号，使 2YA得电，阀 3 右位接入回路，缸 1 活塞后退直至到起点。

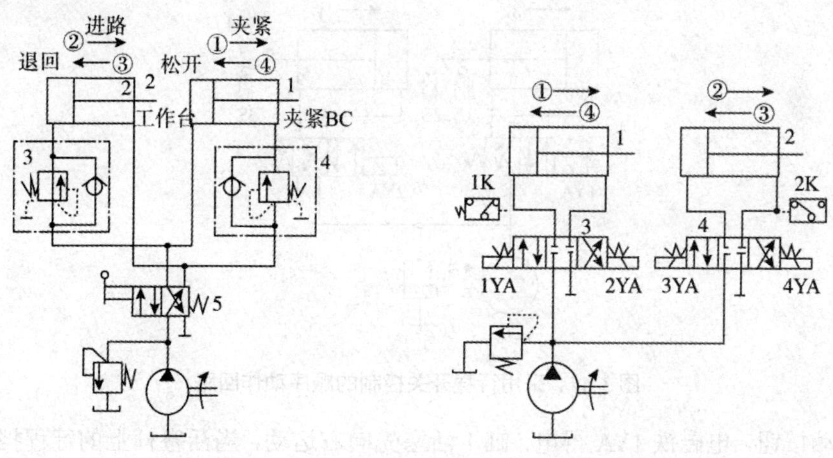


图 3-41　用顺序阀的顺序动作回路　　图 3-42　用压力继电器的顺序动作回路

这种利用液压系统工作过程中运动状态变化引起的压力变化使执行元件按顺序先后动作的回路就称为压力控制顺序动作回路。压力控制的顺序动作回路的可靠性取决于顺序阀的性能及调定压力，在实际应用中，要求顺序阀的调定压力比前一个动作的工作压力高 0.8~1.0MPa，否则顺序阀会在系统压力脉动的作用下产生误动作，因此，这种回路只适用于系统中执行元件数目不多、负载变化不大的场合。其优点是动作灵敏，连接安装较方便，但可靠性不高，动作换接时相对换接精度较低。

2．行程阀控制顺序动作回路

如图 3-43 所示是采用行程阀控制的多缸顺序动作回路。此回路在工作前，置两液压缸活塞均退至左端点，当电磁阀 3 左位接入回路后，缸 1 活塞先向右运动，当活塞杆上的行程挡块压下行程阀 4 后，缸 2 活塞才开始向右运动，直至两个缸先后到达右端点；将电磁阀 3 右位接入回路，使缸 1 活塞先向左退回，在运动当中其行程挡块离开行程阀 4 后，行程阀 4 自动复位，其下位接入回路，这时缸 2 活塞才开始向左退回，直至两个缸都到达左端点。这种回路动作可靠，但动作经确定后，要改变动作顺序较为困难，且管路较长，能量损耗大，布置较麻烦。

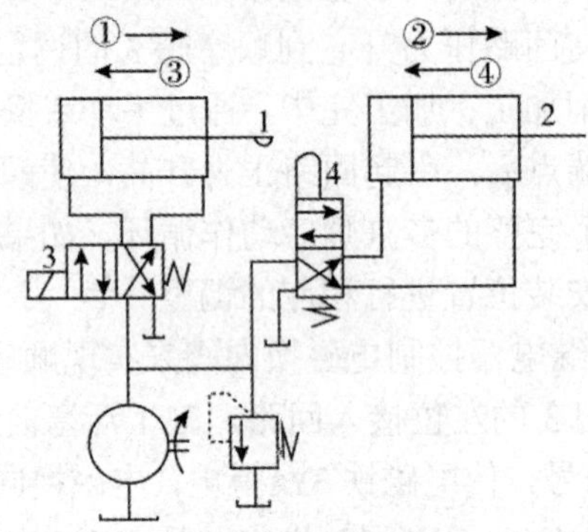


图 3-43　采用行程阀控制的顺序动作回路

如图 3-44 所示是采用行程开关控制电磁换向阀的多缸顺序动作回路。

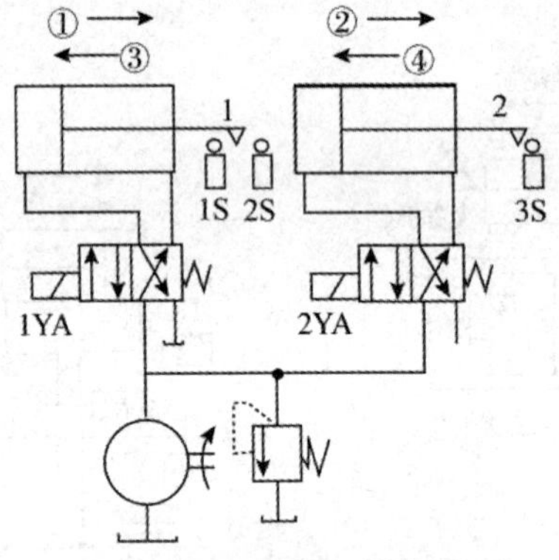


图 3-44　采用行程开关控制的顺序动作回路

按启动按钮，电磁铁 1YA 得电，缸 1 活塞先向右运动，当活塞杆上的行程挡块压下行程开关 2S 后，行程开关 2S 发出电信号，使电磁铁 2YA 得电，缸 2 活塞才向右运动，直到压下行程开关 3S，发出电信号，使 1YA 失电，缸 1 活塞向左退回，而后压下行程开关 1S，使 2YA 失电，缸 2 活塞再退回。在这种回路中，调整行程挡块或行程开关的位置，可调整液压缸的行程，通过电控系统可任意改变动作顺序，方便灵活，应用广泛，其可靠程度取决于电气元件的质量。

（二）同步运动回路

在一些机构中，有时要求两个或两个以上的工作部件在工作过程中同步运动，即具有相同的位移（位置同步）或相同的速度（速度同步）。但是，由于各自的负载不同，摩擦阻力的不同，缸径制造上的差异，泄漏的不同以及结构弹性变形的不一致等因素的影响，使它们不可能达到理想同步。同步回路就是为减少或克服这些影响而设置的。下面介绍几种常用的同步回路。

1．用流量控制阀的同步回路

如图 3-45 所示为用调速阀的同步回路。在两个并联液压缸的进油路或回油路上分别串接一个单向调速阀，调整两个调速阀的开口大小，控制进入两液压缸或自两液压缸流出的流量，可使它们在一个方向上实现速度同步。这种回路结构简单，但调整比较麻烦，且受油温及调速阀其他性能的影响，不易保证位置同步，速度同步精度也不高，所以不宜用于偏载或负载变化频繁的场合。

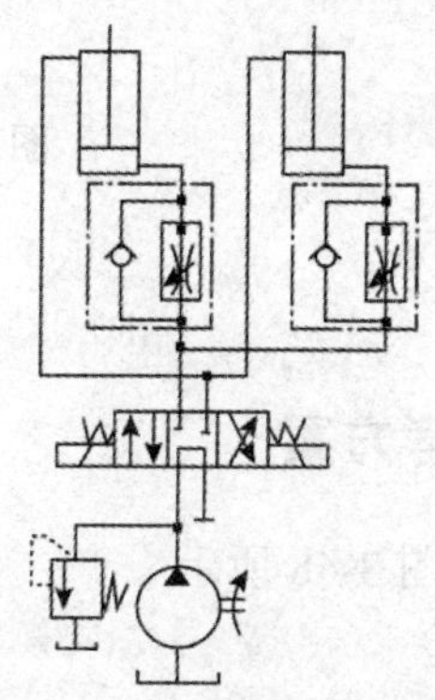

图 3-45　用调速阀的同步回路

如图 3-46 所示为采用分流集阀的同步回路，在回路中，用分流集流阀 3（又叫同步阀）代替调速阀来控制两液压缸的进入或流出的流量，当三位四通换向阀 1 左位进入工作状态时，由液压泵输出的油液以阀 1、单向节流阀 2 和分流阀 3 后，分成两股等量的油液分别进入液压缸 5 和 6 的下腔，推动两活塞同步上移，回路中的单向节流阀 2 用来控制活塞的下降速度，液控单向阀 4 是防止活塞停止时因两缸负载不同而通过分流阀的内节流孔窜油。因分流集流阀具有良好的偏载承受能力，可使两液压缸在承受不同负载时仍能实现速度同步。这种回路由于同步作用靠分流阀自动调整，结构简单，对负载的适应性强，使用较为方便，故得到广泛的应用，但效率低，压力损失大，所以不宜用于低压系统。

2．用串联液压缸的同步回路

将有效工作面积相等的两个液压缸串联起来便可实现两缸同步，如图 3-47 所示。当两缸活塞同时下行时，若缸 5 活塞先到达行程端点，则挡块压下行程开关 1S，电磁铁 3YA 得电，换向阀 3 左位接入回路，压力油经换向阀 3 和液控单向阀 4 进入缸 6 上腔，进行补油，使其活塞继续下行到达行程端点。如果缸 6 活塞先到达端点，行程开关 2S 使电磁铁 4YA 得电，换向阀 3 右位接入回路，压力油进入液控单向阀 4 的控制腔，打开阀 4，缸 5 下腔与油箱接通，使其活塞继续下行到达行程端点，从而消除积累误差。

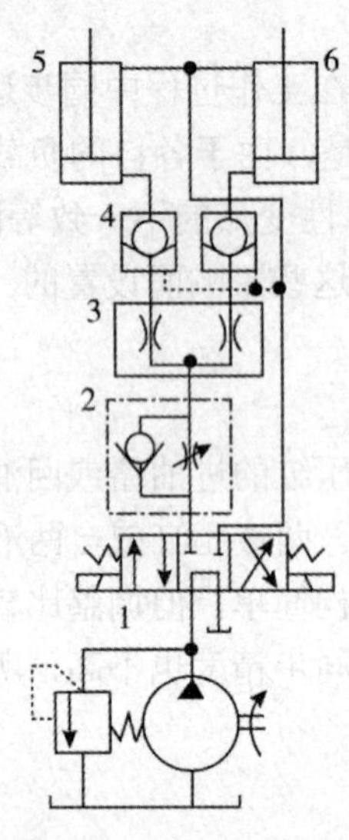


图 3-46　用分流阀的同步回路

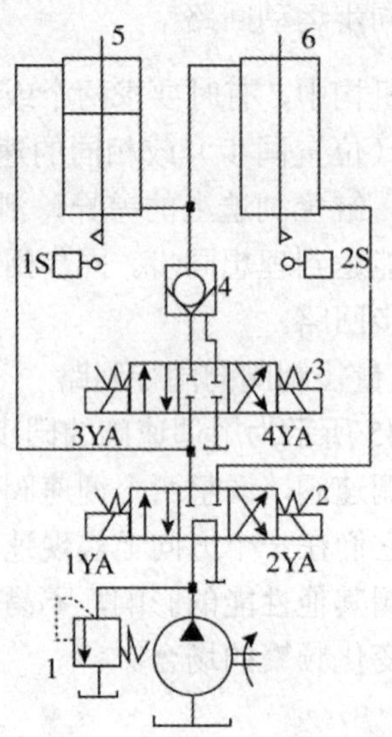


图 3-47　串联液压缸的同步回路

## 【任务实施】

### 一、钻床液压控制回路参考方案

钻床液压控制回路参考方案如图 3-48 所示。

### 二、方案分析

本任务中的液压回路在设计时首先考虑该夹紧装置对工件夹紧的时间较短，所以不再设置专门的保压回路。但这个夹紧装置应可以对不同材料的工件进行夹紧，由于工件材料的不同，其所需的夹紧力是不同的。在这个项目中钻头升降和工件夹紧共用一个液压泵供油，如采用溢流阀来调节夹紧压力，则会造成钻头钻孔时得不到足够的压力，所以在回路中设置了一个溢流减压阀来调节夹紧压力。这种用于降低回路中某一支路或某一执行元件工作压力的回路称为减压回路。在减压阀旁并联一个单向阀是为了减少液压缸活塞返回时的排油阻力，实现快速返回，同时也能延长减压阀的使用寿命。

在夹紧过程中，为避免夹具对工件的损坏，夹紧速度应是可调的，所以回路中采用了一个单向节流阀来对液压缸活塞的伸出速度进行调节。如果采用调速阀来获得稳定的速度，对于工件夹紧来说是没有必要的，而且会增加设备的成本。换向阀中位卸荷是为了保证液压缸尚未对工件进行夹紧前，钻头不会得到足够的压力产生误动作。

试思考：如采用溢流阀来调节夹紧压力，是否可行？

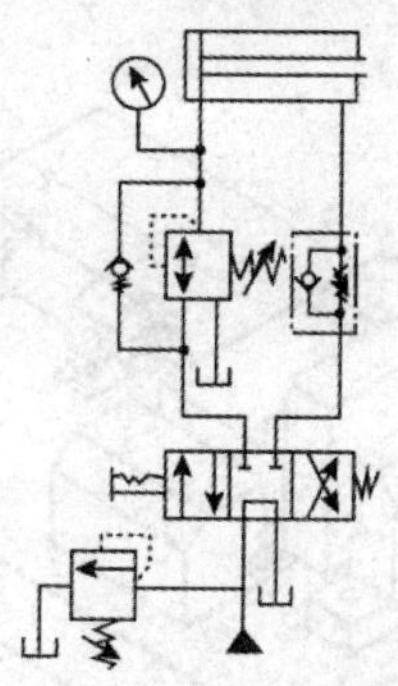

图 3-48　钻床液压控制回路参考方案

【课后总结】

本任务主要讲述了顺序阀、减压阀、压力继电器等压力控制阀及以它们为核心组成的压力控制回路。通过本任务的学习，读者应了解压力控制阀的作用、性能特点，并掌握如何构建压力控制回路。

【考核评价】

1．简述直动式顺序阀的作用、组成和工作原理。
2．简述先导式减压阀的结构和工作原理。
3．简述单触点柱塞式压力继电器的结构和工作原理。

# 任务 5　夹紧装置液压回路的构建

【任务说明】

## 一、任务引入

如图 3-49 所示为夹紧装置工作示意图。通过一个液压缸对工件进行夹紧。为保证在加工时工件不会发生移动，要求在加工期间，夹紧装置保持足够的夹紧力。同时为避免液压泵频繁开关，泵应始终处于运转状态，为了节约能源，暂停加工期间（如测量工件或拆卸工件）液压泵应处于卸压运行状态，试构建该夹紧装置的液压控制回路。

## 二、任务分析

本任务主要研究的是如何在较长的时间内保持系统局部压力的稳定，因此回路设计要具有保压功能，保证在加工期间，夹紧装置保持足够的夹紧力。同时应该避免因夹紧速度过快，造成工件的损坏。要保证暂停加工工件的过程中泵处于无功率运行状态以节约能源。

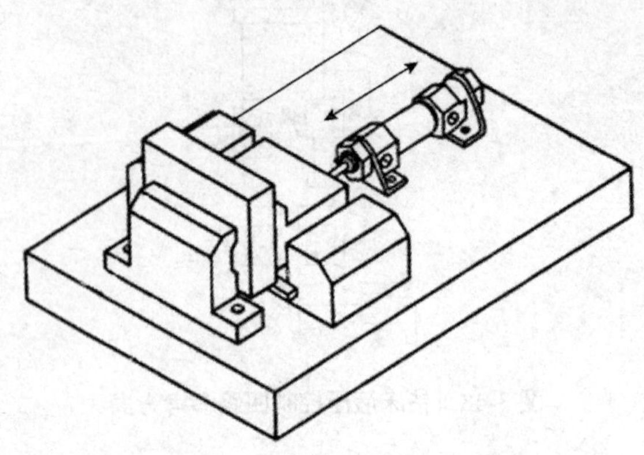

图 3-49　夹紧装置工作示意图

## 【理论指导】

### 一、蓄能器的作用

液压系统中的蓄能器是一种能量存贮和释放的装置，即在适当的时候把系统中的压力能贮存起来，在系统需要时再重新释放出来，以便更合理地利用能量，保护系统的安全和改善系统的工作性能。

1．作辅助能源

液压执行元件在一个工作循环中速度相差很大，并且工作的间歇时间长，工作时间短，需要液压泵的供油量有很大差别。这时在系统中接入蓄能器，当速度小时，系统中泵输出的多余液压油可暂存于蓄能器中；速度大时，蓄能器中贮存的压力油可供出以补充泵出油的不足。因此，在选择液压泵时，可按所需平均流量进行选择，不是按最大流量，从而降低电机功率，减少液压系统尺寸及重量，节能降耗。图 3-50 所示为液压机接入蓄能器后的液压系统原理图。当液压缸带动模具接触工件慢进及保压时，泵输出的多余部分液压油贮存进蓄能器；当模具快速向下运动或快速向上退回时，蓄能器与泵同时向液压缸供油，从而能够实现快速运动。

2．作应急能源

某些液压系统在电源突然停电、或液压泵突然出现故障停止供油时，会引起事故。为了确保重要系统的设备安全和人身安全，就需要接入适当容量的蓄能器作为应急能源，使系统能在一段时间内获得压力油。图 3-51 所示液压系统为停电时，二位四通换向阀换到下位工作，此时泵因停电不再供油，上面的蓄能器中的压力油充入液压缸上部的有杆腔，使活塞缩回，达到安全目的。

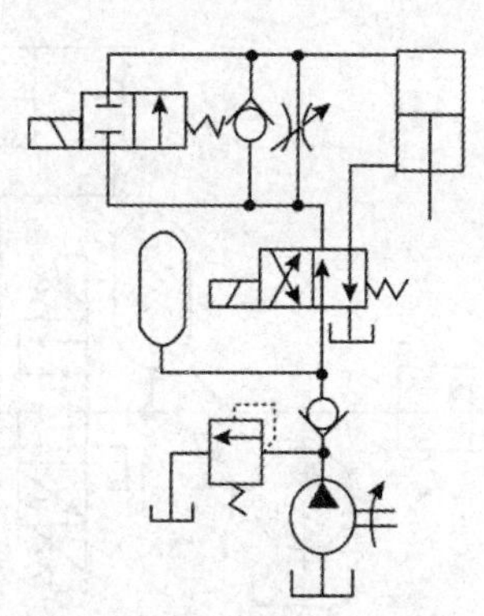

图 3-50　蓄能器作辅助能源

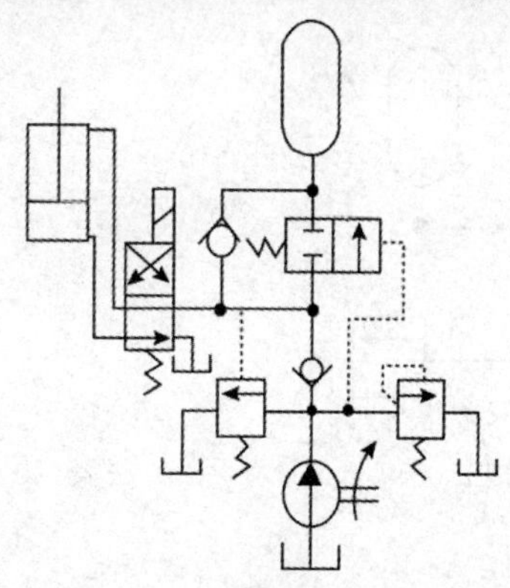

图 3-51　蓄能器作应急能源

3．保持系统压力

有的液压系统需要在长时间处于停止且保持一定的压力状态，而一般的液压系统存在着泄漏，会使压力慢慢降低。为了使执行元件保持压力，在系统中使用蓄能器能达到保压补漏的效果。图 3-52（a）所示为进给和夹紧系统共用一套油泵，要求先是夹紧缸夹紧工件，然后进给缸进行加工。在加工时夹紧缸的夹紧压力不允许下降，否则可能造成事故，为此在系统中接入了蓄能器。

泵的供油先进夹紧缸，夹紧后达到一定压力时，压力继电器发出电信号给进给系统的电磁换向阀而使进给缸快进，此时泵压下降，但单向阀把高低压油路隔开，蓄能器用来给夹紧缸保压并补偿泄漏。图 3-52（b）所示为应用蓄能器保持压力，使泵卸荷以降低功率的消耗。

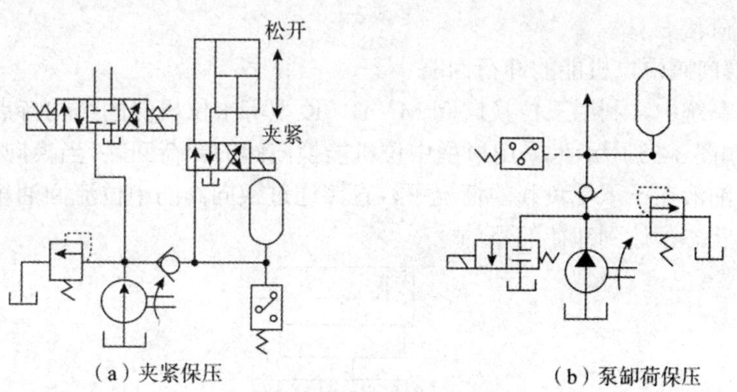


（a）夹紧保压　　（b）泵卸荷保压

图 3-52　蓄能器保持系统压力

4．吸收压力脉动

各种液压泵流量和压力的脉动及溢流阀压力的脉动会造成工作机构运动不稳定，甚至引起设备的损坏。若在脉动源处设置蓄能器，则可使脉动降低到很小的程度，如图 3-53 所示。

5．减缓液压冲击

液压系统往往会因液压缸的突然停止、换向阀瞬间换向、液压泵的突然停车等原因而引起液压冲击。把蓄能器装在液压缸或换向阀之前，可以吸收或缓解液压冲击，如图 3-54 所示。

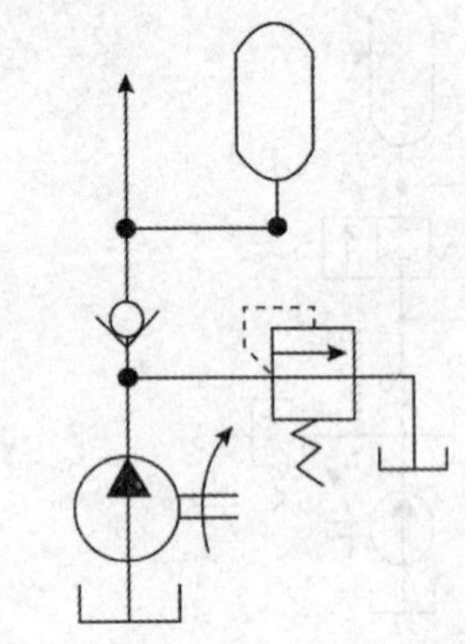

图 3-53　蓄能器吸收压力脉动

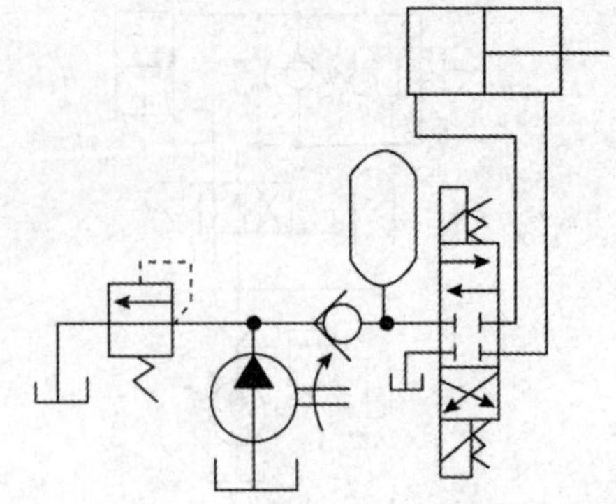

图 3-54　蓄能器吸收液压冲击

## 二、卸荷回路

许多机电设备在使用时，执行装置并不是始终连续工作，在执行装置工作间歇的过程中，为了减少动力源和液压系统的功率损失，节省能源、降低液压系统发热，并延长液压泵的使用寿命，要求在液压泵不停止转动的前提下，使其输出油液以较低的输出功率流回油箱，这种压力控制回路称为卸荷回路。

液压泵的输出功率等于压力和流量的乘积，因此使液压系统卸荷有两种方法：一种是将液压泵出口的流量通过液压阀的控制直接接回油箱，使液压泵在接近零压的状况下输出流量，这种卸荷方式称为压力卸荷；另一种是使液压泵在输出流量接近零的状态下工作，此时尽管液压泵工作的压力很高，但其输出流量接近零，液压功率也接近零，这种卸荷方式称为流量卸荷。

1．采用换向阀中位机能的卸荷回路

在定量泵系统中，利用三位换向阀 M、H、K 型等中位机能的结构特点，可以实现泵的压力卸荷，如图 3-55 所示为采用M型中位机能换向阀的卸荷回路，当换向阀处于中位时，液压泵输出的油液在不承受负载的情况下，直接通过换向阀的中位流回油箱，使泵出口压力维持在低压状态，达到卸荷的目的。

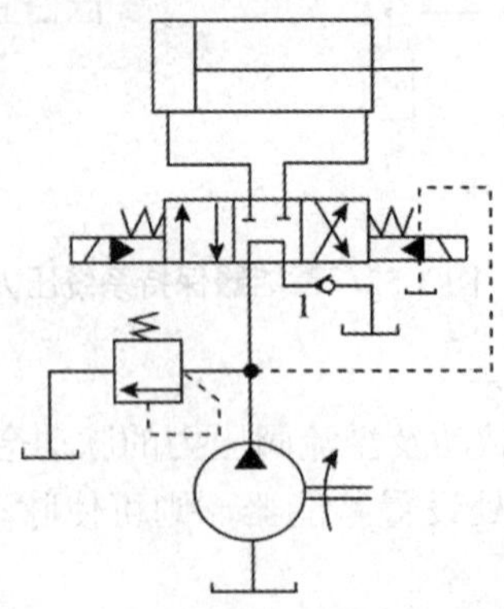


图 3-55　M型中位机能的卸荷回路

2．采用二位二通电磁换向阀的卸荷回路

如图 3-56 所示为采用二位二通电磁换向阀的卸荷回路。在这种卸荷回路中，主换向阀

的中位机能为O型，利用与液压泵和溢流阀同时并联的二位二通电磁换向阀的通与断，实现系统的卸荷与保压功能，二位阀接通时，泵的输出油液通过二位阀直接流回油箱，并使其压力卸荷，当二位阀断开时，泵的输出压力由溢流阀调定，保持一定的工作压力。

3．采用先导型溢流阀和电磁阀组成的卸荷回路

如图3-57所示，是采用二位二通电磁阀控制先导型溢流阀的卸荷回路。当先导型溢流阀1的远控口通过二位二通电磁阀2接通油箱时，溢流阀的弹簧室相对工作于最低压力下，溢流阀口全开，使液压泵输出的油液以很低的压力经溢流阀1流回油箱，实现泵的压力卸荷，此时阀1的溢流压力为溢流阀的卸荷压力，为防止系统卸荷或升压时产生压力冲击，一般可在溢流阀远控口与电磁阀之间设置阻尼孔3。

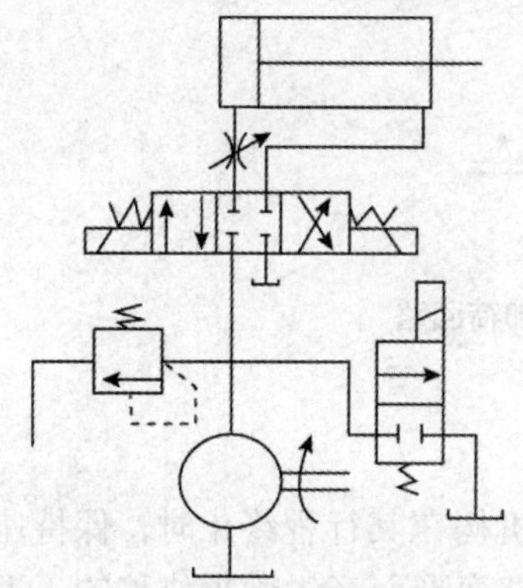

图3-56　二位二通电磁换向阀的卸荷回路

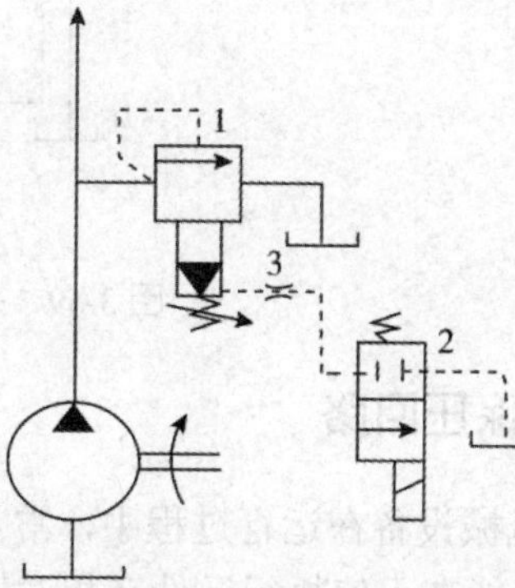

图3-57　采用先导型溢流阀的卸荷回路

4．采用限压式变量泵的流量卸荷

如图3-58所示为采用限压式变量泵供油的流量卸荷回路，当系统压力超过其限定压力时，随着压力的升高，变量泵的供油量逐渐降低，最终减小为零，从而达到流量卸荷的目的。系统中的溢流阀4作安全阀用，以防止泵的压力补偿装置的零漂和动作滞缓导致系统压力异常。这种回路在卸荷状态下具有很高的控制压力，特别适合各类成型加工机床模具的合模保压控制，使机床的液压系统在卸荷状态下实现保压，有效减少了系统的功率损耗，极大地降低了系统的能量损失和油液的发热。

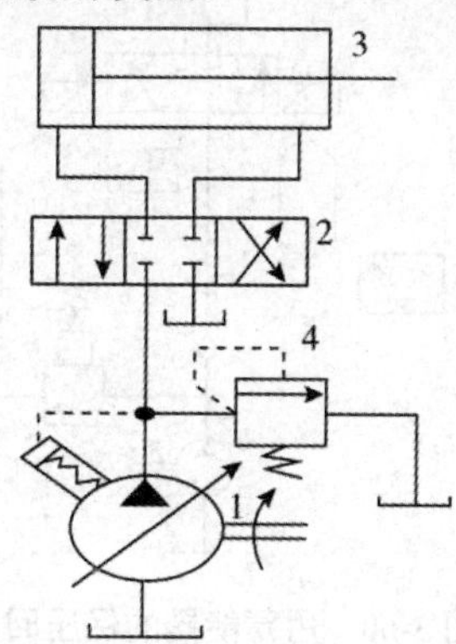


图3-58　采用限压式变量泵的流量卸荷回路

5．采用蓄能器保压的卸荷回路

如图3-59所示，是系统利用蓄能器在使液压缸保持工作压力的同时实现系统卸荷的回

路。当回路压力上升到外控式顺序阀2的调定压力时，顺序阀阀口打开，定量泵通过顺序阀2实现压力卸荷，此时单向阀4反向关闭，由充满压力油的蓄能器3向液压缸供油，补充系统泄漏，以保持系统压力；当泄漏引起的回路压力下降到低于顺序阀2的调定压力时，顺序阀2自动关闭，液压泵向系统补油。

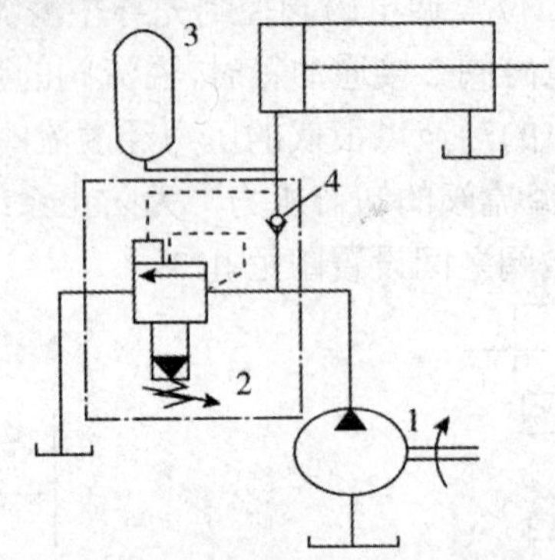


图3-59　采用蓄能器保压的卸荷回路

## 三、保压回路

有些机械设备在运行过程中，常常要求液压执行机构在其行程终止时，保持压力一段时间，其功能在于使执行元件在相对停止运动或因工件变形而产生微小位移的工况下能保持系统稳定不变的压力，这类回路称为保压回路。

1．利用蓄能器的保压回路

如图3-60所示，当三位四通电磁换向阀左位接入工作时，液压缸向右运动，当执行元件停止运动后，泵的输出油液进入蓄能器，并使系统压力逐渐升高，当进油路压力升高至调定值，压力继电器发出信号使二位二通电磁阀通电，液压泵即在二位二通阀的远程控制下通过溢流阀压力卸荷，此时单向阀自动关闭，液压缸则由蓄能器保压。执行元件压力不足时，压力继电器复位使泵重新工作。

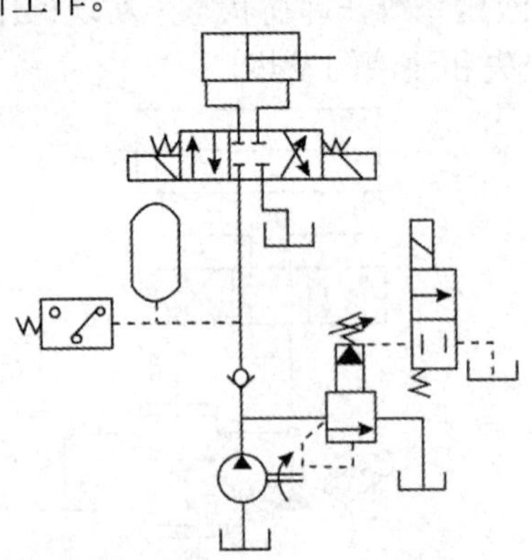

图3-60　用蓄能器的保压回路

2．自动补油保压回路

如图3-61所示为采用液控单向阀和电接点压力表的自动补油保压回路，当1YA通电，换向阀右位接入回路，液压缸正常工作，当液压缸上腔压力上升至电接点压力表的上限值

时，压力表触点通电，使电磁铁 1YA 断电，换向阀处于中位，此时液压泵卸荷，液压缸由液控单向阀保压。当液压缸上腔压力下降到电接点压力表调定的下限值时，压力表又发出信号，使 1YA 通电，液压泵再次向系统供油，使压力上升。因此，这一回路能自动地补充压力油，使液压缸的压力能长期保持在所需范围内。

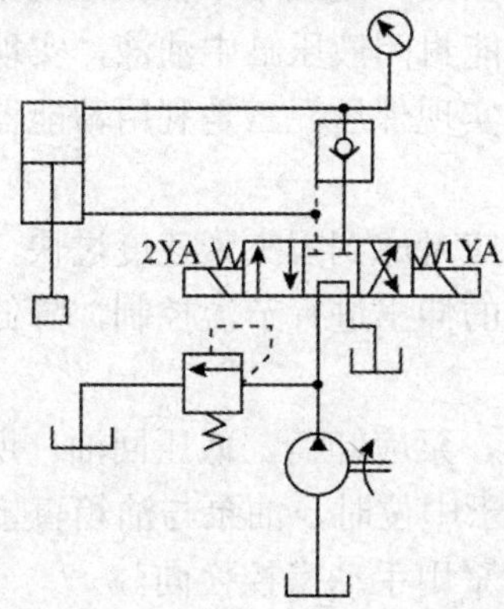


图 3-61　采用液控单向阀和电接点压力表的自动补油保压回路

## 【任务实施】

### 一、夹紧装置液压回路参考方案

夹紧装置液压回路参考方案如图 3-62 所示

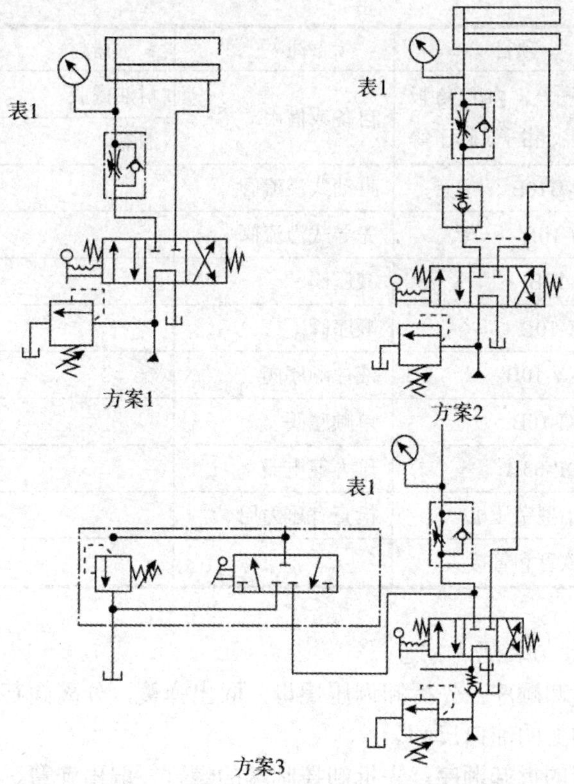


图 3-62　参考方案

## 二、方案分析

本项目所要求设计的回路要求工件夹紧时保持液压缸内压力恒定，一般称为保压回路。考虑采用三种不同的方法进行保压，一是利用中位截止的换向阀如 M 型中位或 O 型中位的换向阀，利用其本身的截止功能封闭液压缸中油液，实现加紧压力的保持；二是利用液控单向阀关闭时良好的密封性来实现保压，三是利用蓄能器来进行保压。在实验中将对这 3 种方案的保压效果进行比较。

另外对于夹紧装置来说，还应考虑到因夹紧速度过快，造成工件的损坏。所以回路中采用一个单向节流阀，对液压缸的伸出进行节流控制，降低夹紧速度，减小夹具对工件的损伤。

换向阀处于中位进行保压时，泵应卸荷，低压回油。所以换向阀采用 M 型或 H 型这种 PT 导通的中位，使换向阀处于中位时，油泵与油箱直接连通，从而进行卸荷。为方便实验现象的观察，回路中换向阀采用手动操控换向。

## 三、压力阀拆装与压力控制回路组建实训

1．目的要求

（1）掌握压力阀的压力控制和调节原理。

（2）掌握压力阀的结构和工作原理。

（3）训练压力阀的拆装技能

2．工具器材

| 工具 | 项目 | 备注 | 器材 | 数量/个（块） |
|---|---|---|---|---|
| 个人小工具（一套） | 锤子、内六角扳手、钳子、起子等 | 自备或借用 | 耐油橡胶 | 10 |
| | | | 油盆 | 10 |
| 集体器材 | 9-B10B | 直动式溢流阀 | | 1 |
| | Y-10B | 先导式溢流阀 | | 1 |
| | J-10B | 减压阀 | | 1 |
| | X-10B | 顺序阀 | | 1 |
| | XY-10B | 液控顺序阀 | | 1 |
| | XI-10B | 单顺序阀 | | 1 |
| | DP-63B | 压力继电器 | | 1 |
| | 小型空压机 | 检查有压力用 | | 1 |
| | 软管和管接头 | | | 若干 |

3．压力阀的拆装与装配

- **压力阀的拆卸顺序：**先拆卸调压螺母，取出弹簧，分离阀芯和阀体。观察阀芯的结构和阀体上的油口尺寸。
- **压力继电器的拆卸顺序：**先拆卸控制端的螺钉，取出弹簧、杠杆和阀芯，再拆卸

微动开关，观察阀芯与杠杆的结构和尺寸。

- **压力阀的装配训练：**装配前清洗各零件，将阀芯与阀体等配合表面涂润滑油，然后按拆卸时的反向顺序装配。
- **压力的检测：**启动空压机，将压力阀接上软管接头，同时接入压力表。一边调节压力阀，一边观察压力表上压力值的变化。

## 四、任务表（学生用）

任务表（学生用）

| 拆装学习项目：溢流阀的拆装训练 | | 地点： | |
|---|---|---|---|
| 专业： | | 班级： | |
| 学期： | 日期： | 学时： | 姓名： |

一、本项目知识点与能力点

溢流阀的拆装训练表

| 能力点 | 知识点 |
|---|---|
| （1）会根据拆装流程示意图拆装<br>（2）会根据注意事项进行无图拆装<br>（3）能对拆下的已损零件进行一般检测 | （1）先导式溢流阀内部结构<br>（2）先导式溢流阀的工作原理<br>（3)拆装液压元件常用根据的使用方法及注意事项 |

二、拆装参考图

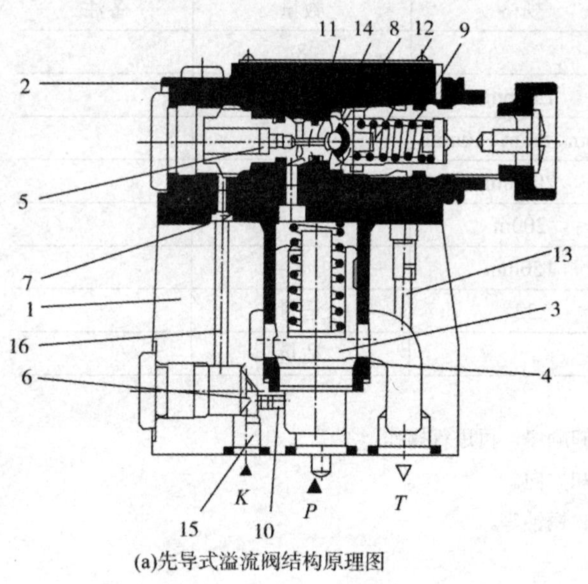

(a)先导式溢流阀结构原理图

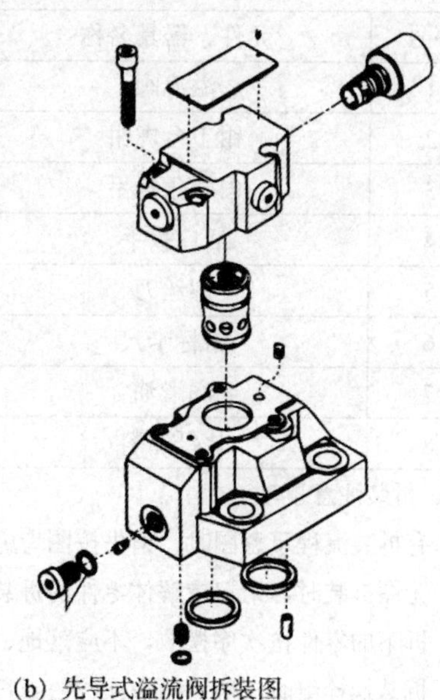
(b) 先导式溢流阀拆装图

图 3-63　拆装参考图

三、实训要求

1. 纪律要求：学生应按时到达实训车间（或实验室），完整听取实训要求。学生应按时离开实训车间（实验室），完成所有实训内容。

2．安全：操作期间不要开玩笑，注意自身及他人的安全；天车应由专人开动。

3．操作要求：注意学习、理解操作要求及拆装顺序。各组学生应有分工协作。

4．工作态度：学生应主动参与，并大胆的操作。

5．实训报告：在实训期间，各个环节都应有专人随时记录拆卸顺序、零件数量和装配顺序等原始记录，以备编写实训报告所用。

实训结束后，应按个项目要求编写实训报告。报告字迹应工整，内容须齐全。

指导老师：

日期：　　年　　月　　日

## 五、工作计划表（学生用）

工作计划表（学生用）

| 任务名称：溢流阀的拆装训练 | 实训室： |
|---|---|
| 专业： | 班级： |
| 第　　班组，成员： | 日期 |

一、准备工作

实训所需液压元件、器具如下表。

实训所需液压元件、器具表

| 序号 | 元件、器具名称 | 规格 | 数量 | 备注 |
|---|---|---|---|---|
| 1 | 溢流阀 | | 8 | |
| 2 | 钳工台虎钳 | 150mm | 8 | |
| 3 | 内六角扳手 | 6mm、8mm、10mm | 8 | |
| 4 | 活口扳手 | 200mm | 8 | |
| 5 | 螺丝刀 | 200m | 8 | |
| 6 | 游标卡尺 | 150mm | 8 | |
| 7 | 润滑油 | 32# | 适量 | |
| 8 | 化纤布料 | | 适量 | |

二、拆装注意事项

1．有拆装流程示意图时，请先按图考虑拆装卸顺序，再进行操作。

2．无图拆装时，请记录解体零件的拆装顺序和方向。

3．拆下的零件按次序摆放，不应落地、划伤、锈蚀等。

4．拆装螺栓组时，应对角依次拧松或拧紧。

5．须顶出零件时，应使用铜棒适度打击，切忌用钢铁棒。

6．安装前的零件清洗后应晾干，切忌用棉纱擦拭。

7．应更换老化的密封。

8．安装时应参照图或拆卸记录，注意定位零件。

9．安装完毕，推动应急按钮，检查阀芯滑动是否顺利。

10．请检查现场有无漏装零件。

三、思考题

1．先导式溢流阀由哪两部分组成？这两部分各由哪几个主要零件组成？分析各零件的作用。

2．试分析先导式溢流阀的工作原理。

3．哪部分为溢流阀的调压部分？

4．观察油液通道。阀体上有哪几个通外部的油门？

5．比较主阀与先导阀的弹簧大小和刚度，并分析为何要这样设计？

6．观察阀口在关闭状态下阀芯的遮盖量情况，并回答为何是这样的？

7．观察遥控口。并分析如何通过此口来实现远程调压和卸荷？

## 六、实训报告要求（学生用）

### 实训报告要求（学生用）

一、实训报告内容如下：

1．拆装顺序

（1）拆卸顺序：零件（名称）1 零件，（名称）2，零件（名称）3……

（2）装配顺序：零件（名称）1……

2．零件拆装方法及零件完后情况

填写下表。

零件拆装方法及零件完后情况表

| 序号 | 零件名称 | 所用拆卸工具及检测方法 | | | 零件数量 | 零件完好情况 | | |
|---|---|---|---|---|---|---|---|---|
| | | 工具 | 目视 | 仪器 | | 可用 | 尚可用 | 不可用 |
| 1 | | | | | | | | |
| 2 | | | | | | | | |
| … | … | … | … | … | … | … | … | … |
| n | | | | | | | | |

3．回答思考题

4．主要零部件分析

（1）先导阀。先导阀阀芯采用了球阀 8、靠弹簧 9 使其在阀座上，阀芯与阀套之间为线接触。这样使先导阀开启迅速，动作灵敏，保证了先导阀的密封性和动态稳定性。

（2）主阀。主阀的主阀芯 3 的外圆柱面和圆锥面与主阀套 4 有良好的配合，这两处的同轴要求很高，故称二级同心。主阀口采用圆锥面封油，密封性能好，又无搭接量（零开口），开启迅速，动作灵敏。主阀体 1 采用直接铸造的油液通道，通液能力强。主阀体上还开有遥控口 K，图中已用螺堵 15 堵住，需要时可将其卸下。

（3）弹簧。主阀弹簧刚度越小阀的静特性越好，但也不能取得太小，否则阀芯复位不灵敏，主阀关闭时的密封力不够大。先导阀的弹簧（调压弹簧）刚度比主阀弹簧刚度大得多。但先导阀的承受面积和开口量均很小，调压弹簧刚度不必很大就能得到较高的溢流能力。

二、实训评价（见下表）

实训评价内容表

| 溢流阀拆装训练 | | 学生姓名： | | 学号： | |
|---|---|---|---|---|---|
| 评价项目 | 评价内容 | | | 分值 | 完成成绩 |
| 工具使用 | 工具选取 | | 使用方法 | 25 | |
| 拆装质量 | 拆装顺序 | | 零件摆放 | 25 | |
| 易损件检测 | 检测数量 | | 正确数量 | 25 | |
| 思考题 | 正确数量 | | 错误数量 | 25 | |
| 总评 | | | 合计 | 100 | |

## 【课后总结】

本任务主要讲述了夹紧装置液压回路的构建。通过本任务学习，读者应了解蓄能器的作用，了解卸荷回路、保压回路的组成及其性能特点；掌握如何构建卸荷回路、保压回路。

## 【考核评价】

1．简述蓄能器的作用？

2．简述卸荷回路、保压回路各有哪些？各自的特点是什么？

# 任务 6　喷漆室传动带装置液压控制回路的构建

## 【任务说明】

### 一、任务引入

如图 3-64 所示为喷漆室工作示意图，工作时用一台圆周运动的传动链将部件穿过喷漆室，传送带由液压马达通过一个锥齿轮传动装置来带动。根据工作要求，传送带运行时，其速度必须能够进行调节，请构建其液压控制回路。

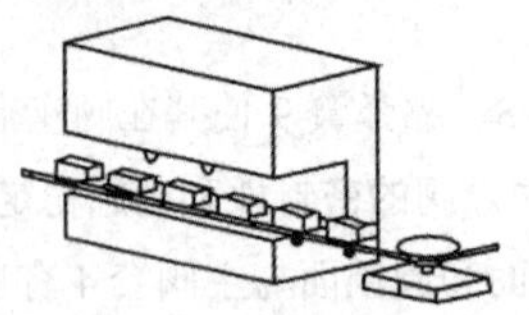

图 3-64　喷漆室工作示意图

### 二、任务分析

要想实现喷漆室传动带速度的调节，需要设计一个速度控制回路进行速度调节。速度控制回路通过改变系统中的流量，从而改变执行元件的速度，速度控制回路的主要元件是流量控制阀、变量泵和变量马达。

## 【理论指导】

### 一、流量控制阀

流量控制阀的功用是通过改变阀口过流面积来调节输出流量，从而控制执行元件的运动速度。流量控制阀分节流阀、调速阀和分流阀等。

对流量控制阀基本要求是：（1）有足够的流量调节范围；（2）能保证的最小稳定流量小；（3）温度与压力对流量的影响小及调节方便等。

1．节流阀

如图 3-65 所示为普通节流阀。其节流油口为轴向三角槽式（节流口除轴向三角槽式之外，还有偏心式、针阀式、周向缝隙式、轴向缝隙式等），压力油从进油口$P_1$流入，经阀芯左端的轴向三角槽后由出油口$P_2$流出。阀芯 1 在弹簧力的作用下始终紧贴在推杆 2 的端部。旋转手轮 3，可使推杆沿轴向移动，改变节流口通流截面积，从而调节通过阀的流量。

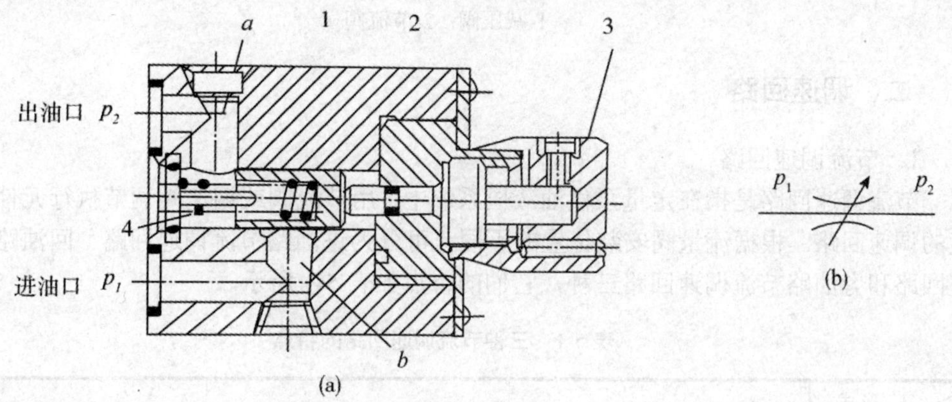


图 3-65　节流阀

1-阀芯；2-推杆；3-手轮；4-弹簧

这种节流阀结构简单，制造容易，体积小，使用方便，但负载和温度的变化对流量稳定性的影响较大，故只适用于负载和温度变化不大或速度稳定性要求不高的小功率场合。

2．调速阀

如图 3-66（a）（b）（c）所示分别为调速阀的工作原理图、图形符号和简化符号。图中定差减压阀 1 与节流阀 2 串联。若减压阀进口压力为$P_1$，出口压力为$P_2$，节流阀出口压力为$P_3$则减压阀 a 腔、b 腔油压为$P_2$，c 腔油压为$P_3$。若减压阀 a，b，c 腔有效工作面积分别为$A_1$，$A_2$，$A$，则$A=A_1+A_2$。节流阀出口的压力$P_3$由液压缸的负载决定。

当减压阀阀芯在其弹簧$F_s$力、油液压力$P_2$和$P_3$的作用下处于某一平衡位置时，则有$P_2A_1+P_2A_2=P_3A+F_S$，即$P_2-P_3=F_S/A$。由于弹簧刚度较低，且工作过程中减压阀阀芯位移很小，可以认为$F_S$基本不变，故节流阀两端的压差 $\Delta p$ 也基本保持不变。因此，当节流阀通流面积$A_T$不变时，流量 $q$ 也基本不变。就是说，无论负载如何变化，只要节流阀通流面积不变，液压缸的速度亦会保持基本恒定。例如，当负载增加，使$P_3$增大的瞬间，减压阀右腔推力增大，其阀芯左移，阀口开大，阀口液阻减小，$P_2$也增大，$P_2$与$P_3$的差值

$\Delta P$ 基本不变；反之亦然。因此，调速阀适用于负载变化较大，速度平稳性要求较高的小功率场合。各类组合机床、车、铣床等设备的液压系统常用调速阀调速。

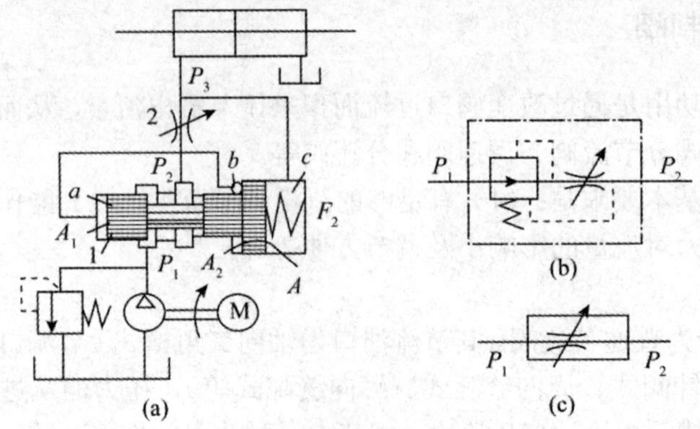


图 3-66　调速阀的工作原理图

1-减压阀；2-节流阀

## 二、调速回路

1．节流调速回路

节流调速回路是指在定量泵供油液压系统中，用节流阀或调速阀调节执行元件运动速度的调速回路。根据流量阀安装位置的不同，可分为进油路节流调速回路、回油路节流调速回路和旁油路节流调速回路三种，它们的特点如表 5-1 所示。

表 5-1　三种节流调速回路的特点

| 形式 / 项目 | 进油路节流调速回路 | 回油路节流调速回路 | 旁油路节流调速回路 |
|---|---|---|---|
| 图示 | 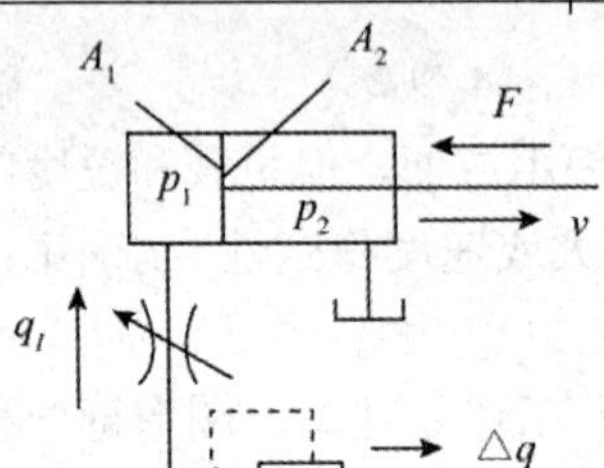 | 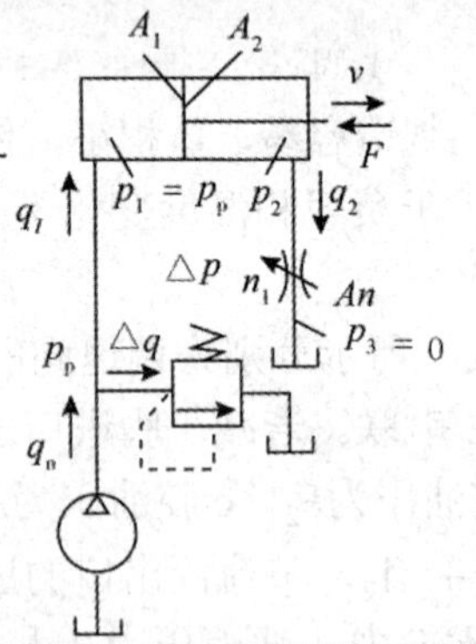 | 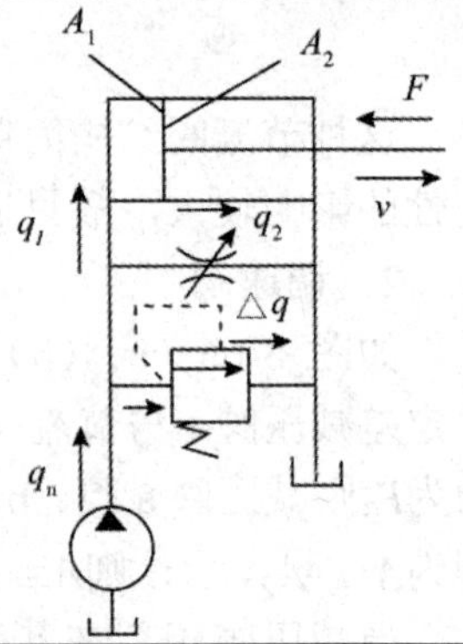 |
| 调速范围 | 较大 | 比进油路的稍大些 | 较小 |
| 速度负载特性 | 速度随负载而变化，速度稳定性差 | 速度随负载而变化，速度稳定性较差 | 速度随负载而变化，速度稳定很差 |
| 运动平稳性 | 较差 | 好 | 很差 |
| 承受负值能力 | 不能 | 能 | 不能 |

（续表）

| | | | |
|---|---|---|---|
| 承载能力 | 最大负载由溢流阀调整压力决定，能够克服的最大负载为常数，不随节流阀通流面积的改变而改变 | 最大负载由溢流阀调整压力决定，能够克服的最大负载为常数，不随节流阀通流面积的改变而改变 | 最大承载能力随节流阀通流面积的增大而减小，低速时承载能力差 |
| 功率和效率 | 功率消耗与负载、速度无关，低速轻载时效率低，发热大 | 功率消耗与负载、速度无关，低速轻载时效率低，发热大 | 功率消耗随负载增大而增大、效率较低，回油节流阀回路高、发热小 |
| 使用场合 | 只宜用于负载变化不大，低速、小功率场合，如某些机床的进给系统中 | 只宜用于负载变化不大，低速、小功率场合，如某些机床的进给系统中 | 宜用于负载大一些、速度高一些且平稳性要求不高的中等功率的液压系统 |

采用节流阀的节流调速回路在负荷变化时，执行元件的运动速度随节流阀两端的压力差变化而变化，如用调速阀代替节流阀，速度的平稳性便可大大改善。

2．容积调速回路

容积调速回路是利用改变变量泵或变量液压马达的排量来调节执行元件运动速度的回路。这种调速回路无溢流损失和节流损失，故效率高、发热少，但低速稳定性较差，因此适用于高压大流量的大型机床、液压机、工程机械等大功率设备的液压系统。

容积调速回路按油液循环方式的不同，可分为开式和闭式两种。在开式回路中，液压泵从油箱吸油，执行元件的回油直接回到油箱，油箱容积大，油液能得到较充分冷却，但空气和赃物容易进入回路。在闭式回路中，液压泵将油输出进入执行元件的进油腔，又从执行元件的回油口吸油，闭式回路结构紧凑，只需很小的补油箱，但冷却条件差。为了补偿工作中油液的泄漏，一般设补油泵，补油泵的流量为主泵流量的10%~15%。

容积调速回路按液压泵与执行元件组合方式不同，可分为定量泵—变量液压马达容积调速回路、变量泵—定量液压马达（或液压缸）容积调速回路和变量泵—变量液压马达容积调速回路等三种，其特点如表5-2所示。

3．容积节流调速田路

容积节流调速回路是用变量泵供油，用调速阀或节流阀改变进入液压缸的流量，以实现执行元件速度调节的回路。这种调速回路无溢流损失，有节流损失，其效率比节流调速回路高，但比容积调速回路低，采用流量阀调节进入液压缸的流量，克服了变量泵在负荷大、压力高时漏油大、运动速度不平稳的缺点。

因此，这种回路常用于空载需要快速运动，承载时需要稳定低速的各种中等功率机械设备液压系统中，如组合机床、车床、铣床等设备的液压系统。它可分为定压式容积节流调速回路和稳流式容积节流调速回路两种，其特点如表5-3所示。

表 5-2　几种容积调速回路的特点

| 类型<br>项目 | 变量泵-定量液压马达（或液压缸）容积调速回路 | 定量泵-变量液压马达容积调速回路 | 变量泵-变量液压马达容积调速回路 |
|---|---|---|---|
| 图示 | 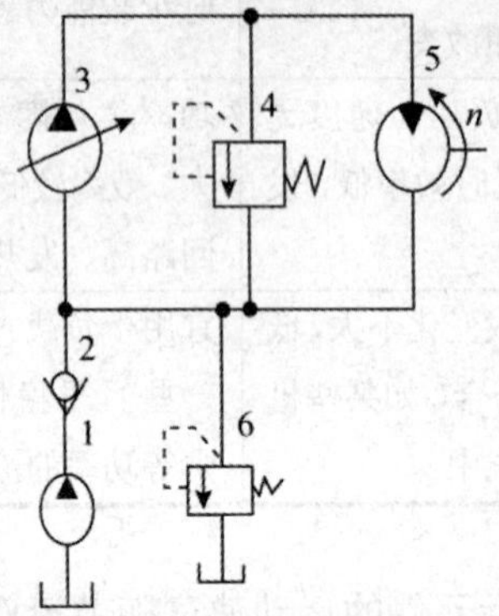 | 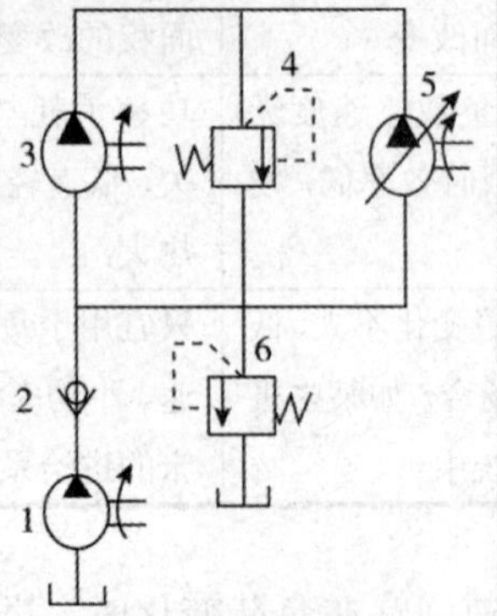 | 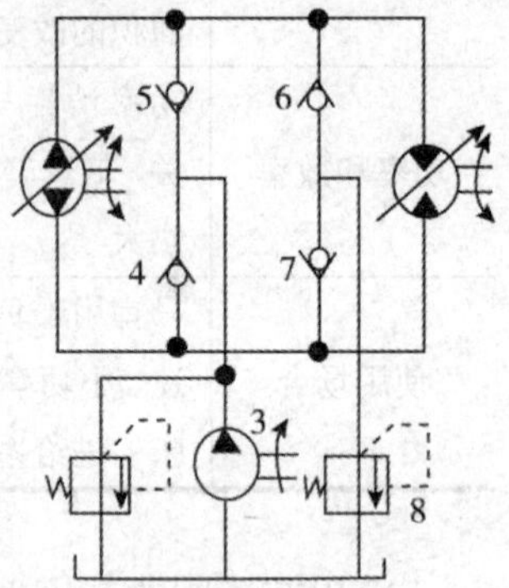 |
| 特性 | 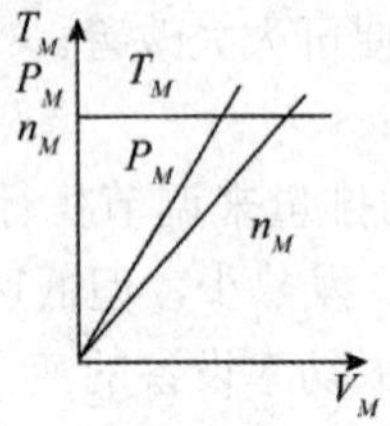 | 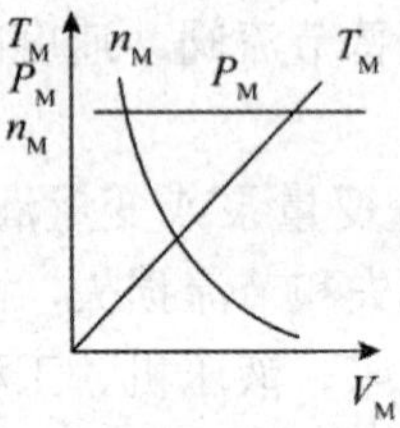 | 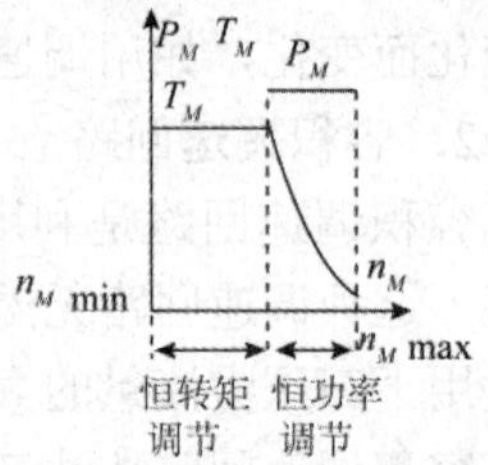 |
| 液压马达转速$n_M$（或液压缸速度）与液压马达排量$V_M$的关系 | 泵排量$V_f$恒定，$n_M$与液压马达排量$V_M$成正比 | 成反比 | 在恒转矩段，马达排量$V_M$最大不变，$n_M$与$V_M$成正比；在恒功率段，泵排量$V_p$最大不变，液压马达转速$n_M$与液压马达排量$V_M$成反比 |
| 液压马达的转矩$T_M$ | 恒定 | 与液压马达转速$n_M$成反比 | 在恒转矩段，液压马达的转矩$T_M$恒定；在恒功率段，液压马达的转矩$T_M$与液压马达转速$n_M$成反比 |
| 液压马达的功率$P_M$ | 与液压马达转速$n_M$成正比 | 恒定最大 | 在恒转矩段，液压马达的功率$P_M$与液压马达的转速$n_M$成正比；在恒功率段，液压马达的功率$P_M$恒定 |
| 功率损失 | 小 | 小 | 小 |
| 系统效率 | 高 | 高 | 高 |
| 调速范围 | 较大 | 小 | 大 |
| 价格 | 高 | 高 | 高 |
| 使用场合 | 大功率的场合 | 大功率的场合 | 大功率且调速范围大的场合 |

表 5-3　定压式容积节流调速回路和稳流式容积节流调速回路特点

| 项目＼类型 | 定压式容积节流调速回路 | 稳流式容积节流调速回路 |
| --- | --- | --- |
| 图示 | 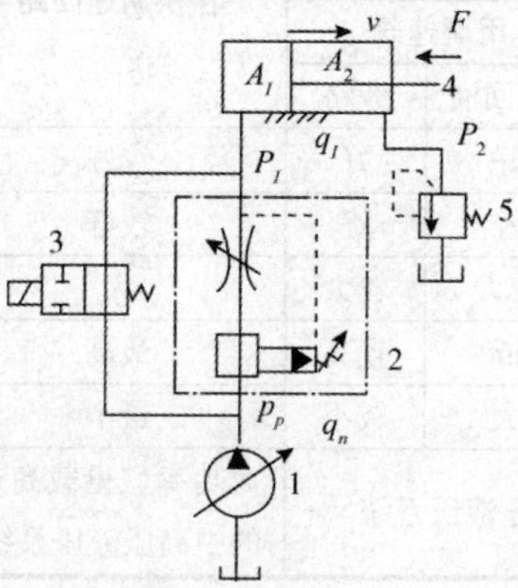  | 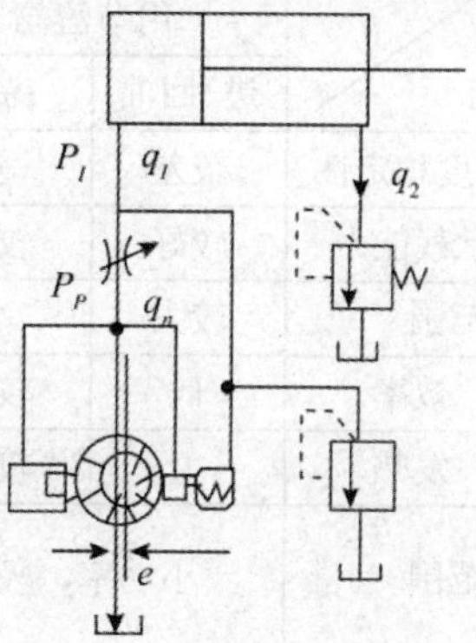  |
| 泵的输出压力 | 不变 | 改变 |
| 泵的输出流量 | 变 | 变 |
| 速度稳定性 | 好 | 好 |
| 调速范围 | 较大 | 较大 |
| 承载能力 | 好 | 好 |
| 发热 | 较小 | 小 |
| 系统效率 | 较高 | 高 |
| 价格 | 较高 | 较高 |
| 使用场合 | 负载变化不大的中小功率液压系统 | 负载变化不大，速度较低的中小功率液压系统 |

4．三种调速回路的比较和选用

如表 5-4 所示为节流调速回路、容积调速回路和容积节流调速回路主要性能。调速回路的选用方面主要考虑以下问题：

（1）执行机构的负载性质、运动速度、速度稳定性等要求。负载小，且工作中负载变化也小的系统可采用节流阀节流调速回路；在工作中负载变化较大且要求低速稳定性好的系统，宜采用调速阀的节流调速或容积节流调速回路；负载大、运动速度高、油的温升要求小的系统，宜采用容积调速回路。

一般来说，功率在 3kw以下的液压系统宜采用节流调速回路；功率在 3~5kw范围宜采用容积节流调速回路；功率在 5kw以上宜采用容积调速回路。

（2）工作环境要求。在温度较高的环境下工作，且要求整个液压装置体积小、重量轻的情况，宜采用闭式容积调速回路。

（3）经济性要求。节流调速回路的成本低，功率损失大，效率也低；容积调速回路因变量泵、变量马达的结构较复杂，所以价格高，但其效率高、功率损失小；而容积节流调速回路则介于两者之间。所以须综合分析选用哪种回路。

表 5-4　节流调速回路、容积调速回路和容积节流调速回路主要性能

| 回路类型 / 主要性能 | | 节流调速回路 | | | | 容积调速回路 | 容积节流调速回路 | |
|---|---|---|---|---|---|---|---|---|
| | | 用节流阀 | | 用调速阀 | | | 定压式 | 稳流式 |
| | | 进、回油 | 旁路 | 进、回油 | 旁路 | | | |
| 机械特性 | 速度稳定性 | 较差 | 差 | 好 | 好 | 较好 | 好 | 好 |
| | 承载能力 | 较好 | 较差 | 好 | 好 | 较好 | 好 | 好 |
| 调速范围 | | 较大 | 小 | 较大 | 较大 | 大 | 较大 | 较大 |
| 功率特性 | 效率 | 低 | 较高 | 低 | 较高 | 最高 | 较高 | 高 |
| | 发热 | 大 | 较小 | 大 | 较小 | 最小 | 较小 | 小 |
| 适用范围 | | 小功率、轻载的中低压液压系统 | | | | 大功率、重载高速的中高压液压系统 | 中小功率的中压液压系统 | |

## 【任务实施】

### 一、喷漆室速度控制液压参考回路

喷漆室速度控制液压参考回路如图 3-67 所示。

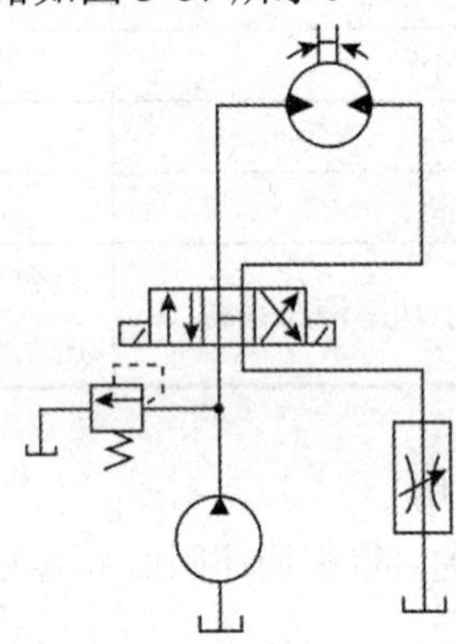

图 3-67　喷漆室速度控制液压回路

### 二、参考回路分析

分析以上流量控制阀的结构原理和各种调速回路后，根据喷漆室的工作要求，其速度控制所需要的工作压力为 2.5MPa 以下，所以选择齿轮泵作为动力元件；执行元件需要高速、小转矩，速度平稳性能要求不高，噪声限制不大，所以选择高速小转矩齿轮马达；整个系统需要压力稳定的液压油并防止系统过载，选择溢流阀调节压力；喷漆室速度需要控制，选择调速阀进行速度调节；选择三位四通换向阀进行方向控制。将所选择元件组成定量泵和定量马达的调速回路。通过改变调速阀的开口面积，可以改变液压马达的转速，达到调节传动带速度的目地。

【课后总结】

本任务主要讲述了喷漆室传动带装置液压控制回路的构建。通过本任务的学习，读者应了解流量阀拆装、速度控制回路的类型及其性能特点；了解流量阀种类、性能特点；掌握几种常见流量阀的工作原理，以及速度控制回路的工作原理。

【考核评价】

1．简述普通节流阀的作用、结构和工作原理。
2．简述调速阀的工作原理。
3．进、回油路和旁油路节流调速回路各有何特点？三种容积调速回路各有何特点？
4．如何选用节流调速回路、容积调速回路和容积节流调速回路？

# 任务 7　专用刨削设备液压回路的构建

【任务说明】

## 一、任务引入

如图 3-68 所示为专用刨削设备刀架运动系统。刀架的往复运动由一个液压缸带动。在按下启动按钮后，液压缸两个工作腔构成差动连接，带动刀架快速靠近工件。当刀架运动到预定位置，开始切削加工，液压缸工作进给。当刀架运动到末端时，液压缸带动刀架高速返回。试构建其液压控制回路。

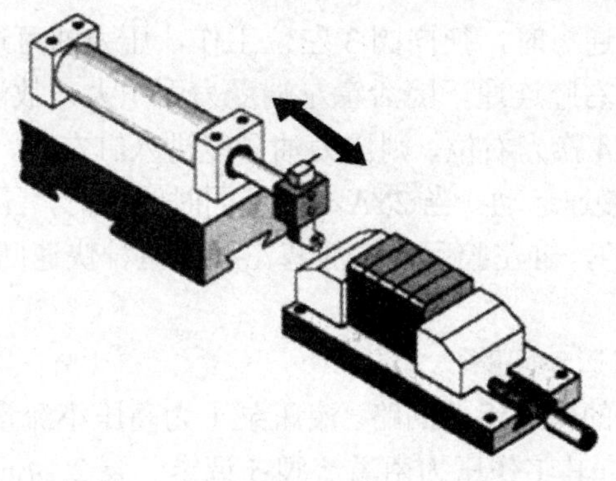

图 3-68　专用刨削设备

## 二、任务分析

该刀架的运动要求实现空载快进—工作进给—快速退回的自动速度换接的工作循环。目的是使不加工时，具有较高的运动速度，提高生产效率；加工时有稳定的速度保证加工质量。这就需要采用快速运动回路和速度换接回路来实现。

【理论指导】

## 一、快速运动回路

为了提高生产效率，机床工作部件常常要求实现空行程(或空载)的快速运动，这时要求液压系统流量大而压力低，这和工作运动时一般需要的流量较小和压力较高的情况正好相反。常见的快速运动回路有以下几种。

1．液压缸差动连接的快速运动回路

图 3-69 为采用单杆活塞缸差动连接实现快速运动的回路。

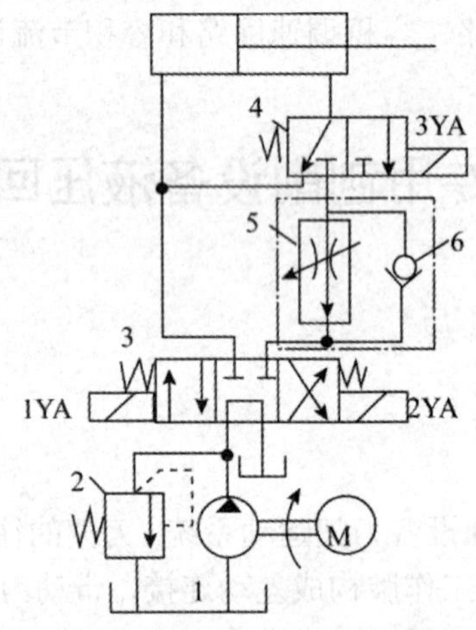


图 3-69　差动连接的快速回路

1-泵；2-溢流阀；3、4-电磁换向阀；5-调速阀；6-单向阀

当只有电磁铁 1YA 通电时，换向阀 3 左位工作，压力油可进入液压缸的左腔，同时，经阀 4 的左位与液压缸右腔连通，因活塞左端受力面积大，故活塞差动快速右移。此时，若 3YA 电磁铁通电，阀 4 换为右位，则压力油只能进入缸左腔，缸右腔油经阀 4 右位、调速阀 5 回油，实现活塞慢速运动。当 2YA，3YA 同时通电时，压力油经阀 3 右位、单向阀 6、阀 4 右位进入缸右腔，缸左腔回油，活塞左移。这种快速回路简单、经济，但快、慢速的转换不够平稳。

2．双泵供油的快速运动回路

图 3-70 为双泵供油的快速运动回路。液压泵 1 为高压小流量泵，其流量应略大于最大工进速度所需要的流量，其工作压力由溢流阀 5 调定。泵 2 为低压大流量泵（两泵的流量也可相等），其流量与泵 1 流量之和应等于液压系统快速运动所需要的流量，其工作压力应低于液控顺序阀 3 的调定压力。空载时，液压系统的压力低于液控顺序阀 3 的调定压力，阀 3 关闭，泵 2 输出的油液经单向阀 4 与泵 1 输出的油液汇集在一起进入液压缸，从而实现快速运动。当系统承受负载时，系统压力升高至大于阀 3 的调定压力，阀 3 打开，单向阀 4 关闭，泵 2 的油经阀 3 流回油箱系 2 处于卸荷状态。此时系统仅由小泵 1 供油，实现慢速工作进给，其工作压力由阀 5 调节。

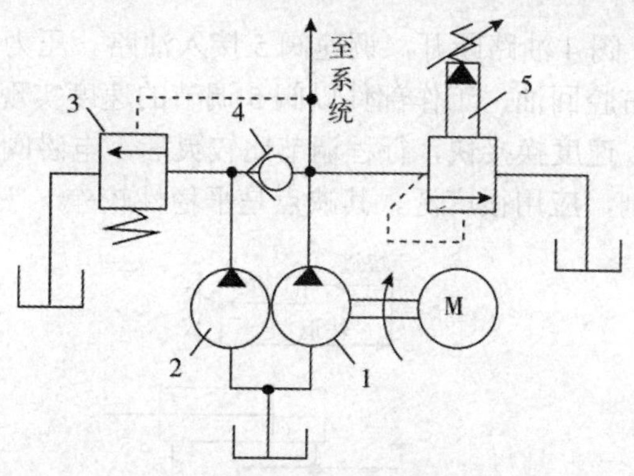


图 3-70　双泵供油的快速运动回路

1、2-双联泵；3-卸荷阀(液控顺序阀)；4-单向阀；5-溢流阀

这种快速回路功率利用合理，效率较高。缺点是回路较复杂，成本较高，常用在快慢速差值较大的组合机床、注塑机等设备的液压系统中。

3．采用蓄能器的快速运动回路

图 3-71 为采用蓄能器 4 与液压泵 1 协同工作实现快速运动的回路，它适用于在短时间内需要大流量的液压系统中。当换向阀 5 处于中位，液压缸不工作时，液压泵 1 经单向阀 2 向蓄能器 4 充油。当蓄能器内的油压达到液控顺序阀 3 的调定压力时，阀 3 被打开，使液压泵卸荷。当换向阀 5 处于左位或右位，液压缸工作时，液压泵 1 和蓄能器 4 同时向液压缸供油，使其实现快速运动。这种快速回路在用较小流量的泵获得较高的运动速度油时，液压缸须停止工作，在时间上有些浪费。

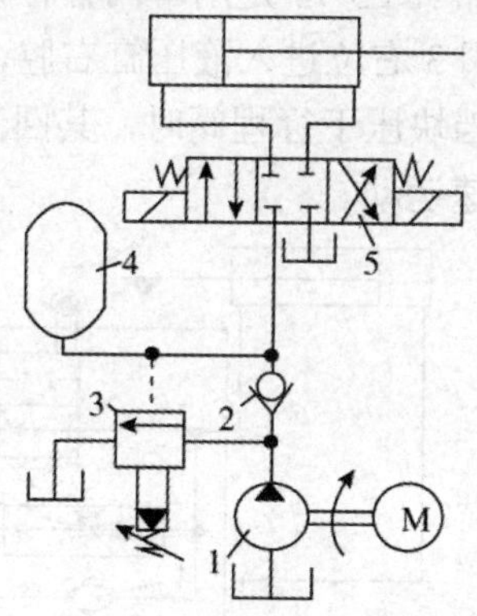


图 3-71　采用蓄能器的快速运动回路

## 二、速度换接回路

设备工作部件在实现自动工作循环过程中，往往需要进行速度的转换。这种实现速度转换的回路，应能保证速度的转换平稳、可靠、不出现前冲现象。

1．快慢速转换回路

（1）用电磁换向阀的快慢速转换回路。图 3-72 是利用二位二通电磁阀与调速阀并联实现快速转慢速的回路。当图中电磁铁 1YA，3YA同时通电时，压力油经阀 3 左位、阀 4 左位进入液压缸左腔，缸右腔回油，工作部件实现快进；当运动部件上的挡块碰到行程开关使 3YA 电磁铁断电时，阀 4 油路断开，调速阀 5 接入油路。压力油经阀 3 左位后，经调速阀 5 进入缸左腔，缸右腔回油，工作部件以阀 5 调节的速度实现工作进给。

这种速度转换回路，速度换接快，行程调节比较灵活，电磁阀可安装在液压站的阀板上，也便于实现自动控制，应用很广泛。其缺点是平稳性较差。

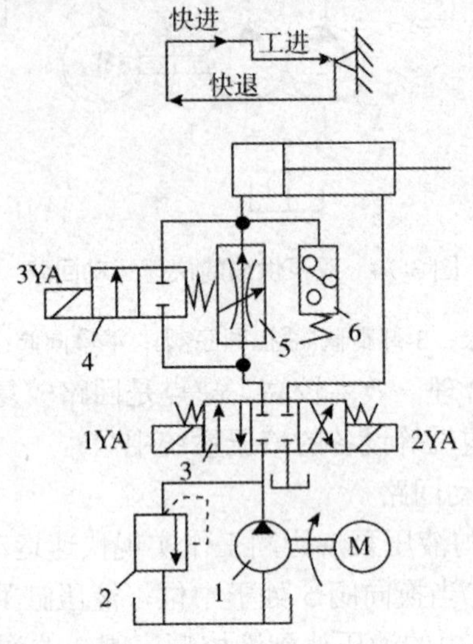


图 3-72 用电磁换向阀的快慢速转换回路

1-泵；2-溢流阀；3-换向阀；4-换向阀；5-调速阀；6-压力继电器

（2）行程阀的快慢速转换回路。图 3-73 是用单向行程调速阀进行快慢速转换的回路。当电磁铁 1YA 断电时，压力油经阀 3 右位进入液压缸右腔，油经行程阀 5 回油，工作部件实现快速运动。当工作部件上的挡块压下行程阀时，其回油路被切断，缸右腔油只能经调速阀 6 流回油箱，从而转变为慢速运动。

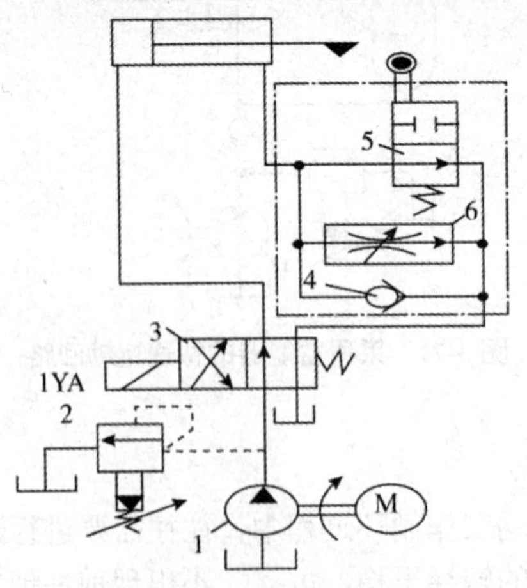


图 3-73 用行程阀的快慢速转换回路

1-泵；2-溢流阀；3-换向阀；4、5、6-单向行程调速阀

这种回路中，行程阀的阀口是逐渐关闭（或开启）的，速度的换接比较平稳，比采用

电气元件动作更可靠。其缺点是，行程阀必须安装在运动部件附近，有时管路接得很长，压力损失较大。因此多用于大批量生产用的专用液压系统中。

2．两种慢速的转换回路

（1）调速阀串联的慢速转换回路。图 3-74 是由调速阀 3 和 4 串联组成的慢速转换回路当电磁铁 1YA通电时，压力油经阀 2 左位、调速阀 3 和阀 5 左位进入液压缸左腔，缸右腔回油，运动部件得到由阀 3 调节的第一种慢速运动。当电磁铁 1YA，3YA同时通电时，压力油须经阀 2 左位后，经调速阀 3 和调速阀 4 进入缸的左腔，缸右腔回油。由于调速阀 4 的开口比调速阀 3 的开口小，因而运动部件得到由阀 4 调节的第二种更慢的运动速度，实现了两种慢速的转换。在这种回路中，调速阀 4 的开口必须比调速阀 3 的开口小，否则调速阀 4 将不起作用。该种回路常用于组合机床中实现二次进给的油路中。

（2）调速阀并联的慢速转换回路。图 3-75（a）为由调速阀 4 和 5 并联的慢速转换回路。当电磁铁 1YA 通电时，压力油经阀 3 左位后，经调速阀 4 进入液压缸左腔，缸右腔回油，工作部件得到由阀 4 调节的第一种慢速，这时阀 5 不起作用；当电磁铁 1YA，3YA同时通电时，压力油经阀 3 左位后，经调速阀 5 进入液压缸左腔，缸右腔回油，工作部件得到由阀 5 调节的第二和慢速运动，这时阀 4 不起作用。

这种回路当一个调速阀工作时，另一个调速阀油路被封死，其减压阀口全开。当电磁换向阀换位，其出油口与油路接通的瞬时，压力突然减小，减压阀口来不及关小，瞬时流量增加，会使工作部件出现前冲现象。

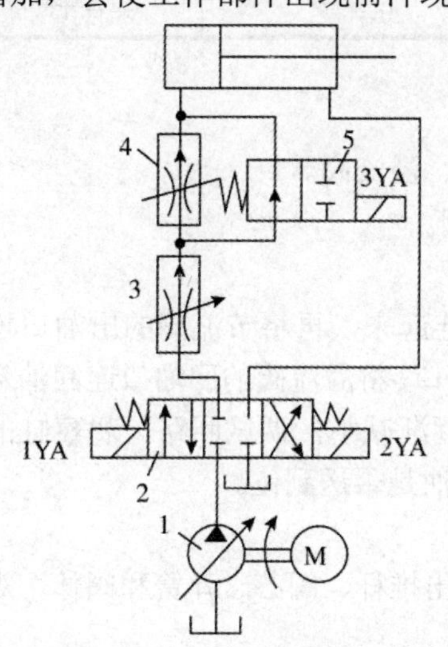


图 3-74　调速阀串联的慢速转换回路

1-泵；2-换向阀；3、4-调速阀；5-换向阀

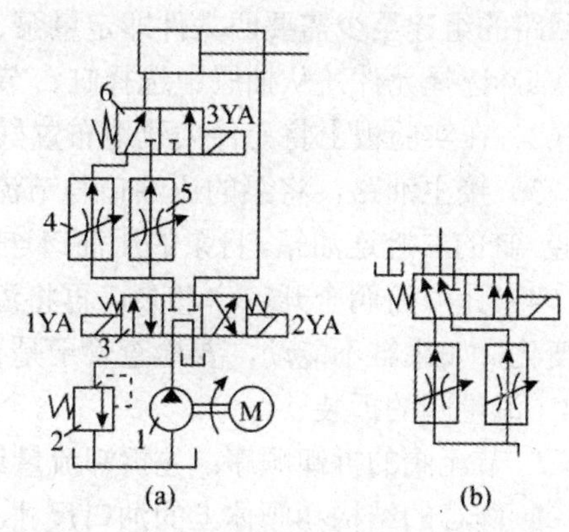


图 3-75　调理阀并联的慢速转换回路

1-泵；2-溢流阀；3、6-换向阀；4、5-调速阀

如果将二位三通换向阀换成二位五通换向阀，并按如图 3-75（b）所示接法连接。当其中一个调速阀工作时，另一个调速阀仍有油液流过，且它的阀口前后保持一定的压差，其内部减压阀开口较小，换向阀换位使其接入油路工作时，出口压力不会突然减小，因而可克服工作部件的前冲现象，使速度换接平稳。但这种回路有一定的能量损失。

## 三、流量阀拆装及速度控制回路的组建实训

1．目的要求

（1）掌握流量阀的流量调节原理。

（2）掌握流量阀的结构和工作原理。

（3）掌握速度控制回路的组建和工作原理分析。

（4）训练流量阀的拆装技能。

2．工具器材

| 工具 | 项目 | 备注 | 器材 | 数量/个（块） |
|---|---|---|---|---|
| 个人小工具（一套） | 锤子、内六角扳手、钳子、起子等 | 自备或借用 | 耐油橡胶 | 10 |
| | | | 油盆 | 10 |
| 集体器材 | L-10B | 节流阀 | | 2 |
| | LI-10B | 单向节流阀 | | 2 |
| | Q-10B | 调速阀 | | 2 |
| | QI-10B | 单向调速阀 | | 2 |
| | 1CS003 | 液压试验台 | | 1 |
| | 软管和管接头 | | | 若干 |

3．节流阀的进油路节流调速回路的组建

回路的组建至少需要四大件即定量泵、缸、节流阀、溢流阀。

（1）选择元件，从抽屉中选择缸、节流阀、溢流阀。

（2）在实验板上将元件大致地布置好。

（3）接主油路，将泵的压油口与节流阀的进油口连起来，再将节流阀的出油口连缸的左腔，缸的右腔连油箱。将泵的压油口连溢流阀的进油口，将溢流阀的回油口连回油箱。

（4）让溢流阀全开，启动泵，再将溢流阀的开度逐渐减小，调试回路，观察缸的速度的变化，如果缸不能动，要检查管于是否接好，压力油是否送到位。

4．流量阀的拆装

- 节流阀的拆卸顺序：先拆卸流量调节螺母，取出推杆、阀芯、弹簧和阀体，观察阀芯的结构和阀体上的油口尺寸。
- 调速阀的拆卸顺序：先拆卸调速阀中的节流阀，再拆卸减压阀的螺钉，取出减压阀的弹簧和阀芯，观察阀芯的结构和阀体上的油口尺寸。
- 流量阀的装配：装配前清洗各零件，将阀芯与阀体等配合表面徐润滑油，然后按拆卸时的反向顺序装配。

## 四、任务表（学生用）

任务表（学生用）

| 拆装学习项目：调速阀的拆装训练 | | 地点： | |
|---|---|---|---|
| 专业： | | 班级： | |
| 学期： | 日期： | 学时： | 姓名： |

一、本项目知识点与能力点

调速阀的拆装训练表

| 能力点 | 知识点 |
|---|---|
| （1）会根据拆装流程示意图拆装<br>（2）会根据注意事项进行无图拆装<br>（3）能对拆下的已损零件进行一般检测 | （1）调速阀内部结构<br>（2）调速阀的工作原理<br>（3）拆装液压元件常用根据的使用方法及注意事项 |

二、拆装参考图

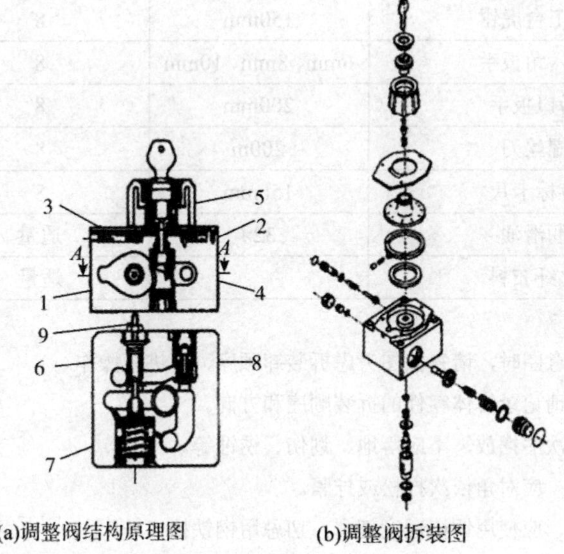


(a)调整阀结构原理图　(b)调整阀拆装图

三、实训要求

1．纪律要求：学生应按时到达实训车间（或实验室），完整听取实训要求。学生应按时离开实训车间（实验室），完成所有实训内容。

2．安全：操作期间不要开玩笑，注意自身及他人的安全；天车应由专人开动。

3．操作要求：注意学习、理解操作要求及拆装顺序。各组学生应有分工协作。

4．工作态度：学生应主动参与，并大胆的操作。

5．实训报告：在实训期间，各个环节都应有专人随时记录拆卸顺序、零件数量和装配顺序等原始记录，以备编写实训报告所用。

实训结束后，应按个项目要求编写实训报告。报告字迹应工整，内容须齐全。

指导老师：

日期：　　年　　月　　日

## 五、工作计划表（学生用）

工作计划表（学生用）

| 任务名称：调速阀的拆装训练 | 实训室： |
|---|---|
| 专业： | 班级： |
| 第　　班组，成员： | 日期： |

一、准备工作

实训所需液压元件、器具如下表。

实训所需液压元件、器具表

| 序号 | 元件、器具名称 | 规格 | 数量 | 备注 |
|---|---|---|---|---|
| 1 | 调速阀 | | 8 | |
| 2 | 钳工台虎钳 | 150mm | 8 | |
| 3 | 内六角扳手 | 6mm、8mm、10mm | 8 | |
| 4 | 活口扳手 | 200mm | 8 | |
| 5 | 螺丝刀 | 200m | 8 | |
| 6 | 游标卡尺 | 150mm | 8 | |
| 7 | 润滑油 | 32# | 适量 | |
| 8 | 化纤布料 | | 适量 | |

二、拆装注意事项

1．有拆装流程示意图时，请先按图考虑拆装卸顺序，再进行操作。

2．无图拆装时，请记录解体零件的拆装顺序和方向。

3．拆下的零件按次序摆放，不应落地、划伤、锈蚀等。

4．拆装螺栓组时，应对角依次拧松或拧紧。

5．须顶出零件时，应使用铜棒适度打击，切忌用钢铁棒。

6．安装前的零件清洗后应晾干，切忌用棉纱擦拭。

7．应更换老化的密封。

8．安装时应参照图或拆卸记录，注意定位零件。

9．安装完毕，推动应急按钮，检查阀芯滑动是否顺利。

10 请检查现场有无漏装零件。

三、思考题

1．该阀由哪两部分组成？它们是串联还是并联的？

2．该阀是由哪些零件组成的？分析各自的作用。

3．观察节流口及油液通道。

4．试分析该阀的工作原理

5．调速阀与节流阀那个调速性能好？两者有什么本质区别？各用于什么场合？

教师评价：

日期：　　年　　月　日

## 六、实训报告要求（学生用）

实训报告要求（学生用）

一、实训报告内容如下：

1．拆装顺序

（1）拆卸顺序：零件（名称）1 零件（名称）2 零件（名称）3……

（2）装配顺序：零件（名称）1……

2．零件拆装方法及零件完后情况

填写下表。

零件拆装方法及零件完后情况表

| 序号 | 零件名称 | 所用拆卸工具及检测方法 | | | 零件数量 | 零件完好情况 | | |
|---|---|---|---|---|---|---|---|---|
| | | 工具 | 目视 | 仪器 | | 可用 | 尚可用 | 不可用 |
| 1 | | | | | | | | |
| 2 | | | | | | | | |
| … | … | … | … | … | … | … | … | … |
| n | | | | | | | | |

3．回答思考题

4．主要零部件分析

（1）节流阀，节流阀由阀套 2 和阀芯 3 组成，两者的配合精度要求较高。节流口采用薄刃结构。可减少温度对节流阀的影响。

（2）定差减压阀。定差减压阀所控制的是它串联的节流阀前后的压差。它的阀口是常开的。定差减压阀阀芯 6 为两节同心结构，阀芯直接装在阀体中，通过调节螺钉 9 可对其进行调节。

（3）流量调节装置。通过筒形锁 5 调节节流阀的开度，改变受控流量，调节到所需流量时即锁定。

以上分析了该阀的主要零部件。阀体上还装有一单向阀，油液反向流动时不起节流作用。该阀可称为单向调速阀。关于阀体、阀套、阀芯等材料及其几何精度和粗糙度的要求均与前面的溢流阀相似。

二、实训评价（见下表）

实训评价内容表

| 调速阀拆装训练 | | 学生姓名： | | 学号： | |
|---|---|---|---|---|---|
| 评价项目 | 评价内容 | | | 分值 | 完成成绩 |
| 工具使用 | 工具选取 | | 使用方法 | 25 | |
| 拆装质量 | 拆装顺序 | | 零件摆放 | 25 | |
| 易损件检测 | 检测数量 | | 正确数量 | 25 | |
| 思考题 | 正确数量 | | 错误数量 | 25 | |
| 总评 | | | 合计 | 100 | |

## 【任务实施】

### 一、专用刨削设备液压回路

专用刨削设备液压回路参考方案 1 如图 3-76，参考方案 2 如图 3-77 所示。

### 二、方案分析

1．参考方案 1

如图 3-76 所示为参考方案 1。本回路在设计时，利用一个 P 型中位的三位四通换向阀来实现液压缸活塞快进、工进以及快退三种工况。启动前，电磁阀线圈 1Y2 通电，液压缸活塞处于缩回位置。按下按钮 1S1，继电器 K1 线圈通电，1Y2 线圈断电，换向阀切换到中位，构成差动连接，液压缸空载快进。到达 1S2 所在的预定位置时，继电器线圈 K2 通电，使电磁阀线圈 1Y1 通电，换向阀切换到左位，液压缸工作进给，对工件进行切削。刀架运动到 1S3 所在行程末端，K2 线圈断电，1Y2 通电，液压缸活塞快速返回。

在这个回路中，工进速度不可调节，不能符合实际使用的需要。另外，液压缸活塞完全回缩后，只要不关停液压泵，它始终处于高压溢流状态，能耗很大。

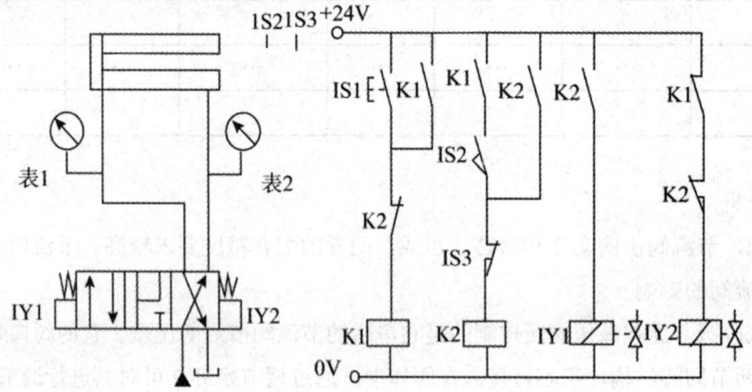


图 3-76 参考方案 1（电气控制）

2．参考方案 2

对于方案一中的后一个问题可以通过利用先导式溢流阀的卸荷作用来解决。同时用调速阀进行速度调节，参考液压回路如图 3-77 所示，电气控制回路不再画出，具体动作情况请自行分析。

回路的工作过程为：启动后 1YA、2YA得电，液压缸构成差动连接，快速进给；到达加工位置，行程开关 1S1 发出信号，2YA断电，液压缸通过调速阀回油节流调速缓慢伸出，工作进给；加工完毕，行程开关 1S2 发出信号，1YA断电，液压缸快速退回。需要卸荷时使 3YA通电。

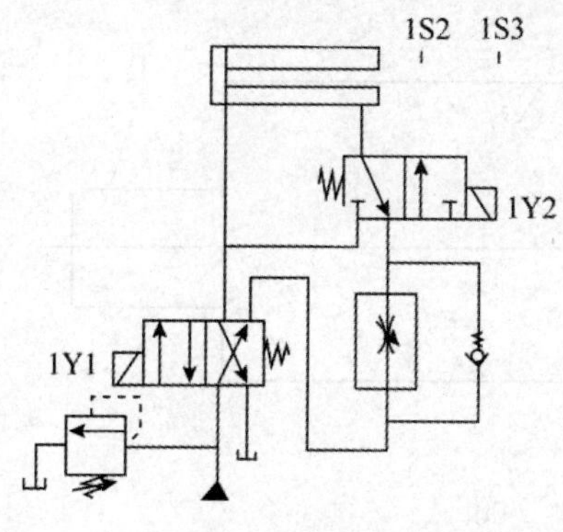


图 3-77　参考方案 2

## 【知识拓展】

比例阀、插装阀和叠加阀分别是 20 世纪中后期才相继出现并得到发展的液压阀。与普通液压阀相比，它们具有许多显著的优点，为液压技术的发展、普及和推广开辟了新的道路。

### 一、比例阀

普通液压阀只能对液流的压力、流量进行定值控制，对液流的方向进行开关控制，当工作机构的动作要求对液压系统的压力、流量参数进行连续控制或控制精度要求较高时，则不能满足要求，这时就需要用电液比例控制阀（简称比例阀）进行控制。

大多数比例阀具有类似普通液压阀的结构特征。它与普通液压阀的区别在于，其阀芯的运动是采用比例电磁铁控制，使输出的压力或流量与输入的电流成正比。所以可用改变输入电信号的方法对压力、流量进行连续控制。有的阀还兼有控制流量大小和方向的功能。这种阀在加工制造方面的要求接近于普通阀，但其性能却大为提高。比例阀的采用能使液压系统简化，所用液压元件数大为减少，且使其可用计算机控制，自动化程度可明显提高。

在结构上电液比例控制阀是由直流比例电磁铁（力马达）与普通液压阀两部分组成。按其控制的参量可分为电液比例压力阀、电液比例流量阀、电液比例换向阀和电液比例复合阀等，前两种为单参数控制阀，只能控制一个参量，后两种能同时控制多个参量。

（1）电液比例溢流阀。用比例电磁铁取代直动式溢流阀的手调装置，便构成直动式比例溢流阀，如图 3-78（a）为结构原理，图 3-78（b）为职能符号。比例电磁铁 2 的推杆 3 对调压弹簧 4 施加推力，随着输入电信号强度的变化，便可改变调压弹簧的压缩量，该阀就能按比例远程控制其输出油液的压力或实现多级调压。把直动式比例溢流阀作先导阀与普通压力阀的主阀相配，便可组成先导式比例溢流阀、比例顺序阀和比例减压阀。

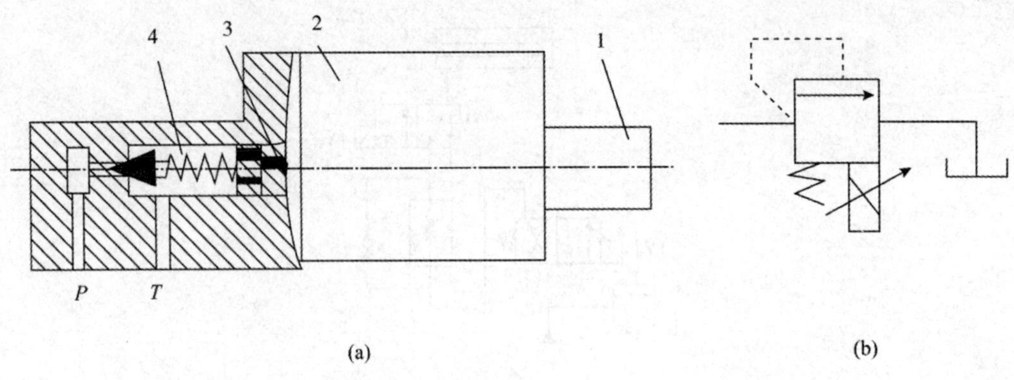


图 3-78 直动式比例溢流阀

1-位移传感器；2-比例电磁铁；3-推杆；4-调压弹簧

（2）电液比例方向阀。用比例电磁铁取代电磁换向阀中的普通电磁铁，便构成直动式比例方向阀，如图 3-79 所示。

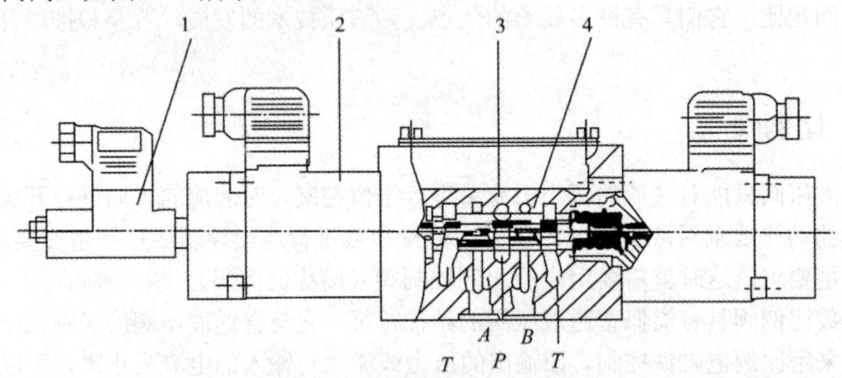


图 3-79 直动式比例方向阀

1-位移传感器；2-比例电磁铁；3-阀体；4-阀芯

由于使用了比例电磁铁，阀芯不仅可以换位，而且换位的行程可以连续地或按比例地变化，因而连通油口间的通流面积也可以连续地或按比例地变化，所以比例换向阀不仅能控制执行元件的运动方向，而且能控制其速度。同样，在大流量的情况下，应采用先导式比例方向阀。此外，多个比例方向阀也能组成比例多路阀。

（3）电液比例调速阀。用比例电磁铁取代节流阀或调速阀的手调装置，以输入电信号控制节流口开度，便可连续地或按比例地远程控制其输出流量。图 3-80 为比例调速阀的工作原理图。图中的节流阀芯由比例电磁铁 2 的推杆操纵，故节流口开度便由输入电信号的强度决定。由于定差减压阀已保证了节流口前后压差为定值，所以一定的输入电流就对应一定的输出流量。

在图 3-78 和图 3-79 中，比例电磁铁的前端都附有位移传感器（或称差动变压器），这种电磁铁称为行程控制比例电磁铁。位移传感器能准确地测定比例电磁铁的行程，并向电放大器发出电反馈信号。电放大器将输入信号和反馈信号加以比较后，再向电磁铁发出纠正信号以补偿误差。这样便能消除液动力等干扰因素，保持准确的阀心位置或节流口面积。

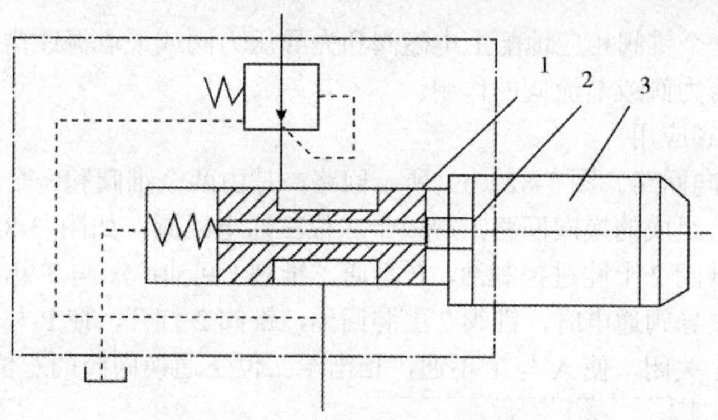


图 3-80 比例调速阀的工作原理图

1-节流阀；2-推杆；3-比例电磁铁

## 二、插装阀

二通插装阀简称为插装阀，又称插装式锥阀或逻辑阀。普通液压阀在流量小于200~300L/min的系统中性能良好，但用于大流量系统则较差，尤其阀的集成更难。二通阀的出现解决了上述问题.

1．基本结构和工作原理

插装阀主要由锥阀芯 1、阀套 2 和弹簧 3 等元件组成，如图 3-81（a）所示的结构简图。控制口 C 控制主油路油口 A 和 B 的启闭，通过主阀阀芯的启闭，可对主油路的通断起控制作用，使用不同的先导阀可构成压力控制、方向控制或流量控制，也可组成复合控制。

从结构简图可知，它有两个管道连接口 A、B 和一个控制口 C，锥阀上腔连接先导控制阀，与控制油路相通。从工作原理上看，它相当于液控单向阀，当控制油口 C 与油箱相接时，锥阀打开，A、B 两油口相通，故利用先导控制阀使 C 口卸压或加压，就可实现锥阀的启闭。锥阀与小流量电磁阀组合可构成方向阀，如图 3-81（b）所示为锥阀式方向阀。锥阀与各种先导压力阀组合起来可构成各种压力控制阀，如图 3-81（c）所尔为锥阀式压力阀。若 B 口为回油口，该阀起溢流阀作用。若 B 口是接通系统的一条油路，该阀就起顺序阀的作用。

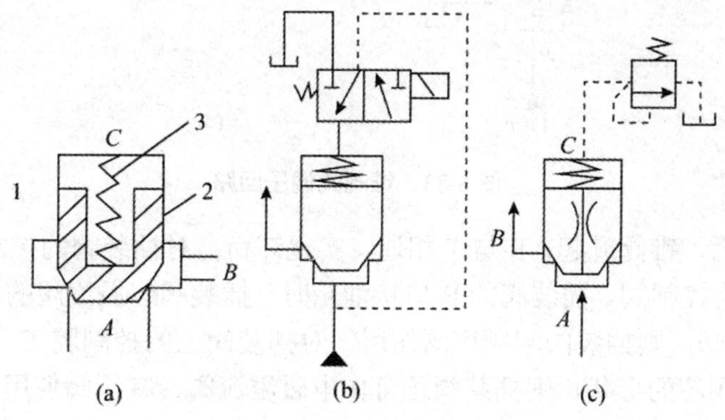


图 3-81 二通插装阀及其应用

A、B-主油口；C-控制油口；l-锥阀芯；2-阀套；3-弹簧由此可见，一个锥阀相应地配上电磁阀和先导压力阀或采取调速措施，就可以在系统中起到换向阀、压力阀或节流阀的作用。

2．二通插装阀应用

（1）用于换向回路。图 3-82（a）所示回路，是由两个锥阀和一个二位四通电磁换向阀（作为先导阀）组成的换向回路，等效于二位三通电磁阀，如图 3-82（b）所示。先导阀处于常态时，锥阀 2 上腔进控制油，P 不通，锥阀 1 回油，A 与 T 相通，相当于二位三通阀的右位；当先导阀通电时，锥阀 2 上腔回油，锥阀 2 打开，使 P 与 A 通，锥阀 1 上腔进控制油，锥阀 1 关闭，使 A 与 T 不通，相当于二位三通换向阀的左位。

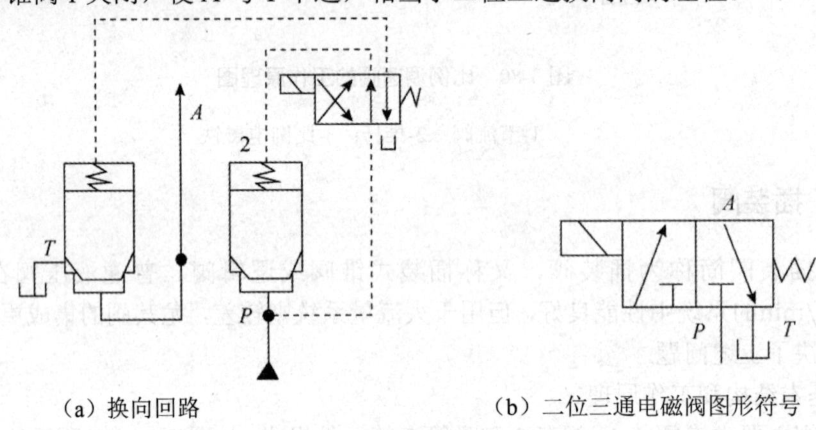


（a）换向回路　　（b）二位三通电磁阀图形符号

**图 3-82　锥阀式换向阀**

（2）用于调压回路。图 3-83（a）的二位四通电磁换向阀 3 处于常态时，锥阀 1 关闭，P 与 T 不通，先导调压阀 2 起调压作用。

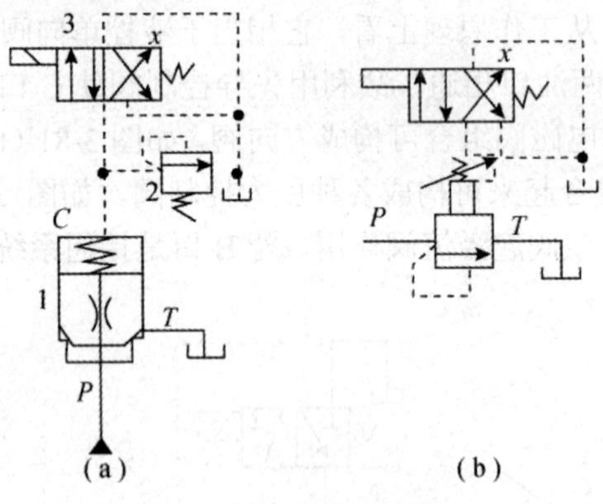


**图 3-83　锥阀式调压回路**

电磁铁通电后，锥阀升起，P 与 T 相通，实现卸荷。对插装阀的控制腔 C 进行压力控制，便可构成压力控制阀。插装阀的 B 口接油箱时，插装阀起溢流阀的作用，若 B 口接另一油口（1-作油口），则插装阀起顺序阀作用。对插装阀上的控制腔 C 与不同的先导阀连接，或改变主阀阀芯的形状，则插装阀还可作电磁溢流阀、减压阀使用。（3）用于调速回路。图 3-84（a）中由于锥阀 2 和 3 有调节螺钉，因此开口量大小可调节。当先导阀 5 处于中位时，锥阀全部关闭，油路不通。当先导阀处于右位时，锥阀 1 和 3 关闭，锥阀 2 和

4 打开，油路 P 与 A 相通，进油速度由锥阀 2 上的调节螺钉调节。

二通插装流量阀上的节流阀手调装置，若用比例电磁铁取代，就可组成二通插装电液比例节流阀。若在二通插装节流阀前串联一个定差减压阀．就可组成二通插装调速阀。

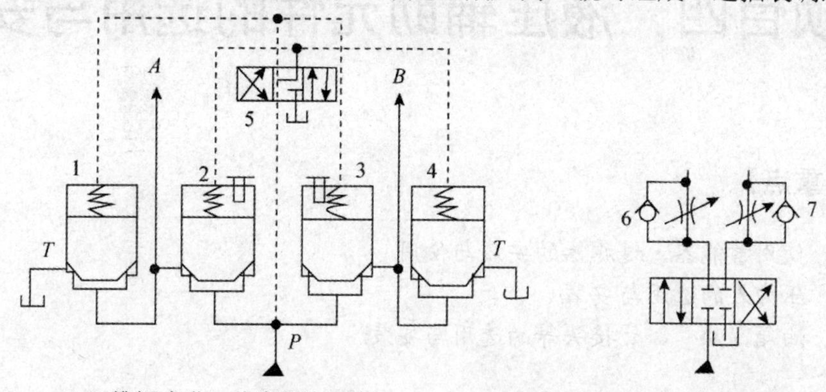


（a）锥阀式进口节流调速回路　　（b）等效进口节流调速回路

**图 3-84　锥阀式调速回路**

3．二通插装阀及其集成系统的特点

（1）插装主阀结构简单，通流能力大，最大流量可达 104L/min。

（2）泄漏小，先导阀功率小，节能效果明显.

（3）不同的阀有相同的主阀，一阀多能，便于实现标准化。

（4）便于无管连接、集成化。

## 【课后总结】

本任务主要讲述了专用刨削设备液压回路的构建。通过本任务的学习，读者应该掌握快速运动回路、速度控制回路的组成和工作原理；熟悉各种液压元件，尤其是流量阀的性能及其图形符号。

## 【考核评价】

1．如何选用快速运动回路？

2．速度换接回路的种类有哪些？各有说明特点及应用？

# 项目四　液压辅助元件的选用与安装

【项目重点】

- 使用蓄能器、过滤器的安装与使用
- 压力表的选用与安装
- 油箱、油管、管接头等的选用与安装

【项目目标】

- 了解蓄能器、过滤器的工作原理、功用
- 了解压力表的工作原理、使用

## 任务1　蓄能器安装与使用

【任务说明】

液压系统中，除动力元件、执行元件和控制元件外，还有不可缺少的一部分就是辅助装置。它包括蓄能器、过滤器、压力计、压力计开关、油箱、交换器、管件及密封件等元件。其中，除油箱通常要自行设计外，其余均为标准件。这些辅助元件对系统的性能、效率、温升、噪声和寿命等都有直接的影响，也是系统正常工作的重要保证，在进行系统设计时，必须予以合理的选用和安装。

液压系统中的蓄能器是一种能量存贮和释放的装置，即在适当的时候把系统中的压力能贮存起来，在系统需要时再重新释放出来，以便更合理地利用能量，保护系统的安全和改善系统的工作性能。

【理论指导】

### 一、蓄能器的种类

根据对液压油的加载方式不同，蓄能器可分为利用惰性气体或空气的压缩性的气体加载式和非气体加载式，常用的是气体加载式。

1．气体加载式蓄能器

（1）气囊式蓄能器。如图 4-1（a）所示为气囊式蓄能器。在压力容器内利用耐油的薄胶囊将气体和油液隔离，皮囊内充入惰性气体（一般为氮气）。其主要由充气阀、壳体、

气囊和进油阀等组成。蓄能器工作前用充气阀为气囊充气，充气完毕后自动关闭。这种蓄能器具有惯性小，反应灵敏，结构紧凑，重量轻，安装维护方便和无噪音等优点，所以在所有蓄能器中应用最为广泛。但其缺点是容量小，胶囊和壳体制造困难等。

（2）隔膜式蓄能器。如图 4-1（b）所示为隔膜式蓄能器。它是以隔膜代替气囊，利用薄膜的弹性来储存和释放压力能。壳体为球形，重量与体积小，主要用于小容量、减震和缓冲等。

（3）活塞式蓄能器。如图 4-1（c）所示为活塞式蓄能器。蓄能器中的气体与油液用带密封件（一般为 O 形密封圈）的浮动活塞隔开，活塞上部为压缩空气，气体由气阀充入，下部经油孔通向系统。活塞随下部压力油的储存和释放而在缸内滑动。它结构简单，工作可靠，寿命长，主要用于大流量的液压系统中。但因活塞有一定的惯性和密封摩擦力，反应不灵敏，不能用于吸收脉动和压力冲击，只用于储存能量。且在密封件磨损后易使气液混合，影响系统工作的稳定性。

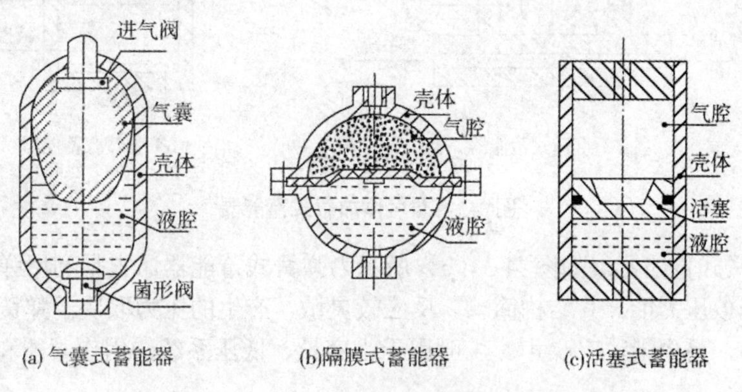


(a) 气囊式蓄能器　(b)隔膜式蓄能器　(c)活塞式蓄能器

图 4-1　气体加载式蓄能器

（4）波纹管式蓄能器。如图 4-2（a）所示波纹管式蓄能器。在压力容器内用金属波纹管取代气囊，把气体和油液隔开。灵敏性好，响应快，波纹管耐油性好，适应温度范围宽，但易疲劳损坏。用于特殊液体及高温、低压和小容量场合。

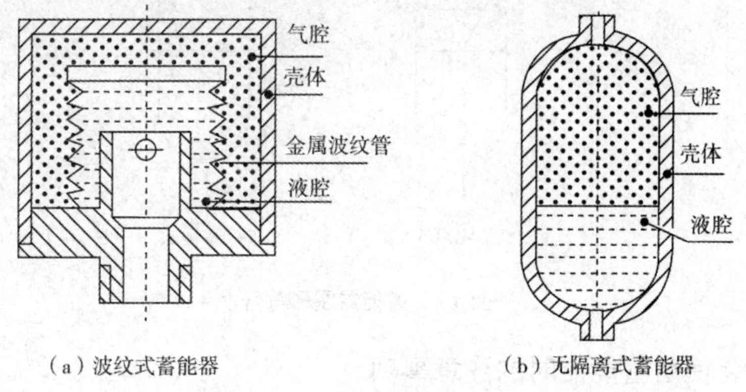


（a）波纹式蓄能器　（b）无隔离式蓄能器

图 4-2　气体加载式蓄能器

（5）无隔离式（气瓶式）蓄能器。如图 4-2（b）所示为无隔离式蓄能器，亦称直接接触式或气瓶式蓄能器。由于气体和液体直接接触，为防止油液气化变质和防火，通常在容器中充氮气而不充压缩空气。油口向下垂直安装，使气体封在壳体上部，避免进入管路。

其优点是结构简单，容量大，惯性小，反应灵敏。但气体易混入油中，使系统的工作平稳性降低，且耗气量大，需经常补气，因此适用于中、低压大流量液压系统。

2．非气体加载式蓄能器

（1）重锤式蓄能器。如图 4-3（a）所示为重锤式蓄能器。它是利用压在液压缸活塞杆上的重物的势能来储存和释放能量。它所输出的压力是恒定的，且取决于重物的重量。

其优点是结构简单，容量大。但其尺寸也大且比较笨重、易漏油、惯性大、有噪声、不灵敏，只能用作蓄能的大型固定设备中。

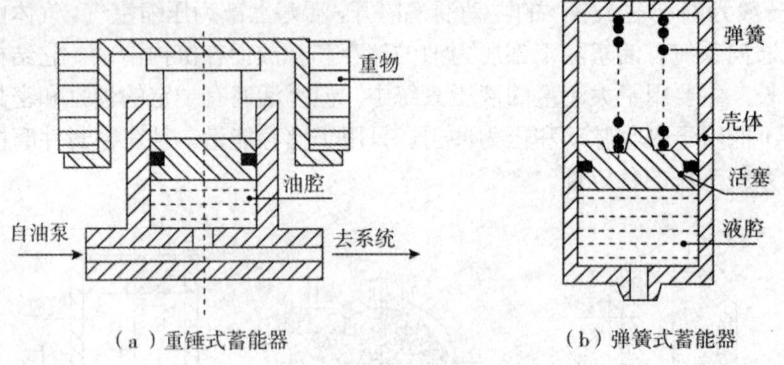


图 4-3　非气体加载式蓄能器

（2）弹簧式蓄能器。如图 4-3（b）所示为弹簧式蓄能器。它是利用弹簧的压缩和伸长来储存和释放压力能。其结构简单，反应较灵敏，产生的压力取决于弹簧的刚度和压缩量。但容量小，易内泄，有噪声。一般用于小容量、低压系统，用作蓄能和缓冲。

## 二、蓄能器的图形符号

蓄能器图形符号如图 4-4 所示。

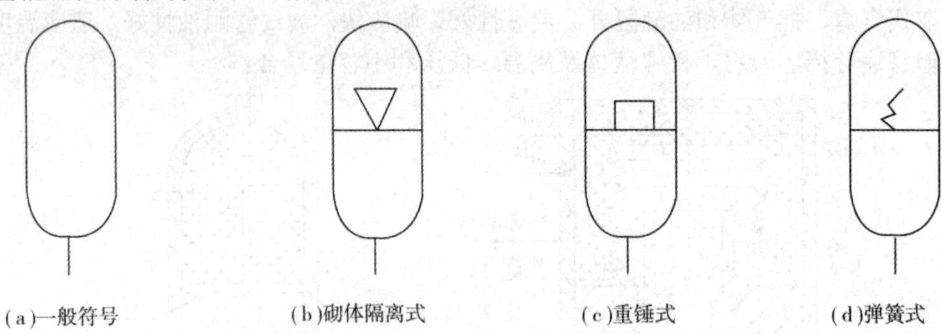


图 4-4　蓄能器图形符号

## 三、安装使用蓄能器时的注意事项

（1）非隔离式气体加载蓄能器需要垂直安装，气体在上部，油液处于下部，以避免气体随油液一起排出。

（2）装在管路上的蓄能器必须用支承架固定。

（3）蓄能器与管路系统之间应安装截止阀，以便在系统长期停止工作以及充气或检

修时，将蓄能器与主油路切断。蓄能器与液压泵之间还应安装单向阀，以防止液压泵停转时蓄能器内的压力油倒流。

（4）充气式蓄能器中应使用惰性气体（一般为氮气）。

（5）蓄能器一般应垂直安装，油口向下。

（6）用作降低噪声、吸收脉动和冲击的蓄能器应尽可能靠近振源。

（7）搬运和拆装时应排出压缩气体以注意安全。

**【课后总结】**

本任务主要介绍了各种蓄能器的结构和工作原理以及蓄能器的安装使用时的注意事项。通过对本任务的学习，要求学生熟练掌握蓄能器的结构和工作原理以及如何安装和使用蓄能器，并能在实践中加以应用。

**【考核评价】**

1．简述安装使用蓄能器时应注意哪些事项？

2．简述气囊式蓄能器性能特点。

# 任务 2　过滤器的安装与使用

**【任务说明】**

*在液压系统故障中，近 80％是由于油液污染引起，故在液压系统中必须使用过滤器。因此过滤器选用、清洗与更换极为重要。*

**【理论指导】**

## 一、过滤器的作用

液压系统约80％的故障是因为液压油的污染造成的，而液压系统中的液压油经常混有杂质。有初始就已进入液压系统中的杂质，如型砂、铁屑、油漆皮和清洗时残留的棉纱屑等；有工作中外界进入液压系统中的杂质，如从加油口和防尘圈等处进入的大气灰尘、水分等；有油液运输中从空气和运输设备中混入的杂质；有工作过程中生成的杂质，如密封圈受液压作用形成的碎片，运动副磨损产生的金属粉尘，油液在高温下经化学反应产生的酸类、胶状物等；还有密封圈、橡胶软管、容器内壁涂料等在油液中溶解而形成的固体杂质等。

这些杂质会使液压元件卡死或堵塞元件的小孔和缝隙，腐蚀元件，寿命降低，影响系统的正常工作，有时会造成事故。过滤器的作用就是使混入液压油中的各种杂质从油液中截离出来，使系统中的液压油经常保持洁净，从而提高液压系统的工作稳定性、可靠性和元件的寿命。

## 二、过滤器的种类

过滤器的主要性能指标是过滤精度。过滤精度就是过滤器能从油液中滤除的杂质颗粒尺寸的大小。

（1）按过滤器能过滤杂质颗粒的大小不同分类

- 粗过滤器（可滤除尺寸≥100μm 粒）
- 普通过滤器（可滤除尺寸 10~00μm 颗粒）
- 精过滤器（可滤除尺寸 5~0μm 颗粒）
- 特精过滤器（可滤除尺寸 1~5μm 颗粒）

一般要求液压系统的过滤精度要小于运动副间隙的一半。此外，压力越高，对过滤精度要求越高，其推荐值如表 4-1 所示。

（2）按滤芯材料和结构分类

按滤芯材料和结构分，过滤器可分为网式、线隙式、纸芯式、烧结式、磁性和复式过滤器等，并且有的还带有差压指示和发讯装置。

表 4-1　过滤精度推荐值表

| 系统类别 | 润滑系统 | 传动系统 | | | 伺服系统 | 特殊要求系统 |
|---|---|---|---|---|---|---|
| 工作压力 | 0~2.5 | ≤7 | >7 | ≥35 | ≤21 | ≤35 |
| 过滤精度/μm | ≤100 | ≤25~50 | ≤25 | ≤5 | ≤5 | ≤1 |

- **网式过滤器：** 结构如图 4-5 所示。它主要由上端盖、下端盖、金属或塑料圆筒骨架（上开有多个圆孔）和铜丝网（一层或两层）组成。其过滤精度由铜丝网的网孔大小和层数决定。此种过滤器一般有三种精度等级：80μm（200 目）、100μm（150 目）和 180μm（100 目）（目即为每英寸长度上的网孔数），压力降为 0.025MPa。其结构简单，通油性能好，压力降低小，可清洗，但过滤精度低，铜质滤网会加剧油的氧化。一般装在油泵的吸油口，用来保护油泵，且要符合油泵吸油口不允许有过大的真空度、阻力小等要求。所以网式过滤器的过油面积要大，网孔要大，应选择过滤通流能力是液压泵的两倍以上，以保证泵能充分吸油，防止气蚀。

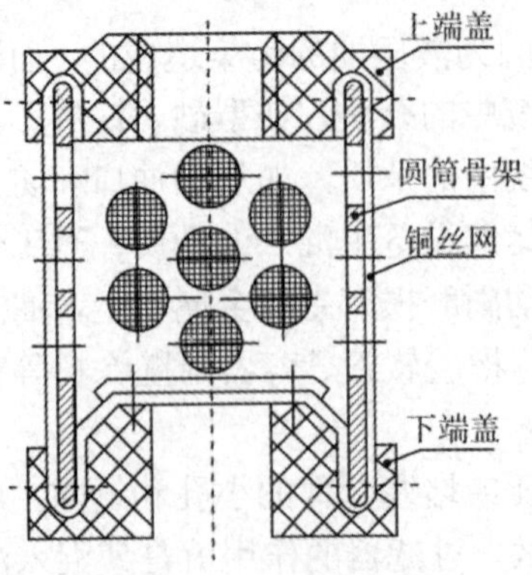


图 4-5　网式过滤器

➢ **线隙式过滤器**：它分为吸油管路用和供油管路用两种。图 4-6（a）所示为吸油管路上用过滤器，主要由上端盖、下端盖、圆筒骨架（上开有多个圆孔）和绕在骨架上的铜线（或铝线）组成，其过滤精度为 30μm 到 80μm，压力降为 0.06MPa；图 4-6（b）所示为用于供油管路上的过滤器。它主要由端盖、壳体、筒形骨架和铜线（或铝线）组成，其过滤精度有 50μm 到 80μm，压力降为 0.02MPa。

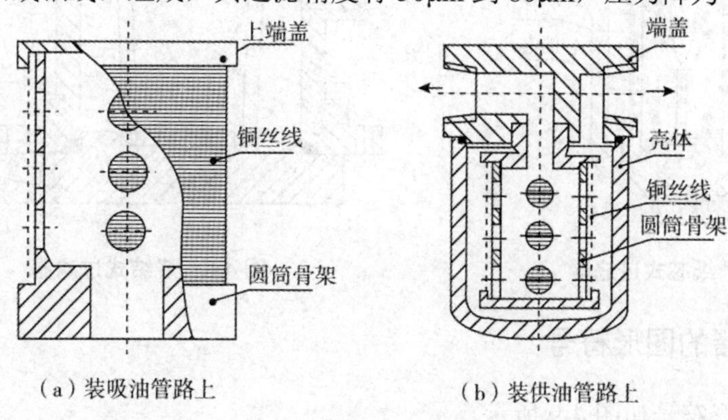


（a）装吸油管路上　　（b）装供油管路上

图 4-6　线隙式过滤器

其结构简单，过滤精度比网式高，通油能力大，压力降低小，但不易清洗。若带有发讯装置，当过滤器堵塞时，发讯装置发出信号，以便清洗或更换滤芯。

➢ **纸芯式过滤器**：结构如图 4-7 所示。主要由发讯装置、端盖、壳体和纸芯等组成。它的结构与线隙式过滤器的结构基本相同，只是滤芯采用了纸芯。滤芯由厚 0.35~0.7mm 的平纹或皱纹的酚醛树脂或木浆的微孔滤纸组成。

为了增大滤芯的强度，一般纸芯由三层组成：外层用粗眼钢板网，中层为折叠成W形的滤纸，里层为金属网与滤纸折叠层，中间有支撑弹簧。此种过滤器的精度等级为 5~3μm，压力降为 0.35MPa。纸芯式过滤器的过滤精度高，过滤效果好，价格低，一般装在管路上。但强度不高，堵塞后无法清洗，须经常更换滤芯。为了保证过滤器能正常工作，不致因杂质聚集在滤芯上引起压差增大而压破纸芯，故过滤器顶部一般装有发讯装置。

➢ **烧结式过滤器**：结构如图 4-8 所示。它由端盖、壳体和滤芯等组成。滤芯一般由青铜粉等金属粉末压制后烧结而成，利用金属颗粒间的微孔过滤杂质。

选择不同粒度的粉末和壁厚可获得不同的过滤精度。此种过滤器的过滤精度等级为 10~100μm，压力降为 0.03~0.2MPa。烧结式过滤器强度高，承受热应力和冲击性能好，耐腐蚀性好，制造简单，但易堵塞，掉砂粒，难清洗，一般用在高温情况下。

➢ **磁性过滤器**：磁性过滤器的工作原理是利用永久磁铁吸附油液中的铁屑、铁粉和其他带磁性的微粒。但一般结构的磁性过滤器对其他污染物不起作用，所以常把它和其他过滤形式复合使用。它对加工钢铁件的机床液压系统特别适用。

➢ **复式过滤器**：上述几类过滤器的组合。如可在纸芯式过滤器的滤芯中间，再套入一组磁环即成为磁性纸芯式过滤器。其结构更为合理，一般都装有发讯装置，性能更完善。

➢ **过滤器发讯装置**：过滤器发讯装置一般与过滤器并联，如图 4-9 所示为一滑阀式指示装置原理图。过滤器所造成的压力损失可推动滑阀芯左右移动，使指针指示出相应的数值。此外，还有磁力式和干簧式发讯装置。

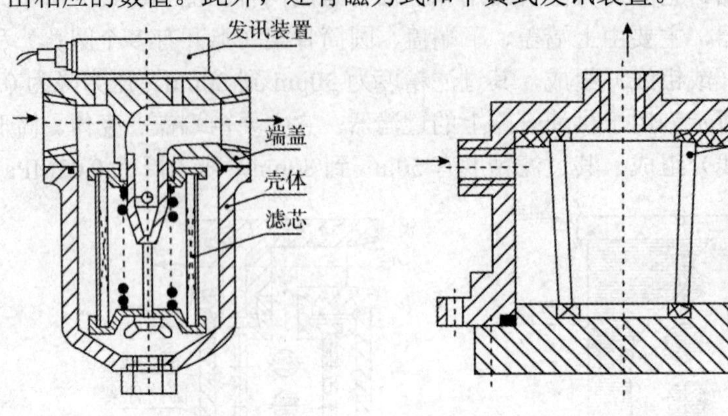


图 4-7　纸芯式过滤器　　　　图 4-8　烧结式过滤器

## 三、过滤器的图形符号

过滤器的图形符号如图 4-9 所示。

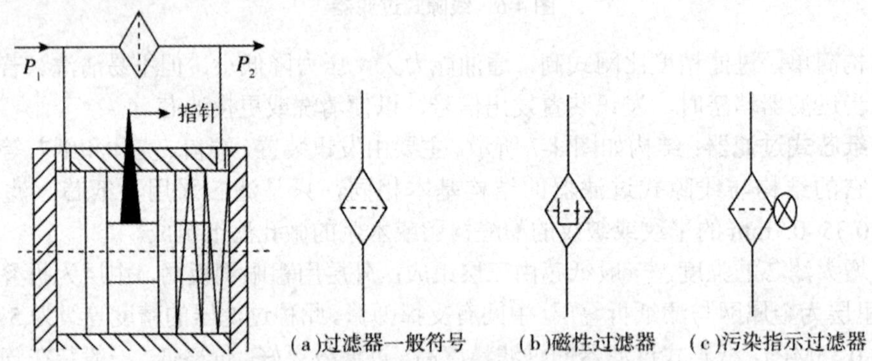


图 4-9　发迅装置图及过滤器的图形符号

## 四、过滤器的选用及其使用位置

1．过滤器的选用

过滤器应满足系统的使用要求、空间要求和经济性。选用时应注意以下几点：

（1）应满足系统的过滤精度要求。

（2）应满足系统的流量要求，能在较长的时间内保持足够的通液能力。

（3）工作可靠，满足承压要求。

（4）滤芯抗腐蚀性能好，能在规定的温度下长期工作。

（5）滤芯清洗、更换简便。

2．过滤器的使用位置

过滤器在液压系统中安装的位置，通常有以下几种情况：

（1）安装在泵的吸油管路上。这种安装位置主要是保护泵不致吸入较大的颗粒杂质。但由于一般泵的吸油口不允许有较大阻力，因此只能安装压力损失较小的粗级或普通精度等级越过滤器。

（2）安装在泵的压油管路上。这种安装位置主要用来保护除泵以外的其他液压元件。油与过滤器在高压下工作时，滤芯及壳体应能承受油路上的工作压力和冲击压力。为防止过滤器堵塞而使液压泵过载或引起滤芯破裂，可以并联安全阀和设堵塞发讯装置。

（3）安装在回油路上。这种安装位置适用于液压执行元件在脏湿环境下工作的系统。可在油液流入油箱以前滤去污染物。由于回油路压力低，可采用强度较低的精过滤器。

（4）装在系统的分支油路上。当泵流量较大时，若仍采用上述各种油路过滤杂质，则要求过滤器的通流面积大，使得过滤器的体积较大。为此，在相当于总流量 20%~30% 左右的支路上安装一小规格过滤器对油液进行过滤，不会在主油路上造成压力损失，但不能保证杂质进入系统。

（5）单独过滤系统。这种设置方式是用一个液压泵和过滤器组成一个独立于液压系统之外的过滤回路，它可以经常清除系统中的杂质，定时运行对油箱的油液进行过滤。

为了获得较好的过滤效果，在液压系统中往往综合运用上述几种安装方法。

3．安装过滤器时注意事项

一般过滤器都只能单向使用（滤芯的外围进油，中心出油），进出油口不能反接，以利于滤芯清洗和安全。因此，过滤器不要安装在液流方向可能变换的油路上。必要时可增设过滤器和单向阀，以保证双向过滤，目前双向过滤器也已问世。

## 【课后总结】

本任务主要介绍了各种过滤器的结构和工作原理以及如何选用和安装过滤器。通过对本任务的学习，要求学生熟练掌握各种过滤器的结构和工作原理以及如何安装和使、选用过滤器，并能在实践中加以应用。

## 【考核评价】

1．名词解释：过滤精度，通油能力。

2．过滤器的安装位置有哪些？如何选用？

# 任务 3　压力表的选用与安装

## 【任务说明】

压力计与压力计开关是液压系统中用于工作压力监测的仪表与保护压力计的装置。合理使用它对保证液压系统的正常工作至关重要。

## 【理论指导】

### 一、压力计工作原理

液压系统和各局部回路的压力大小可通过压力计（也叫压力表）进行观测，以便调整

和控制液压系统各工作点的压力。

压力计的种类较多，常用的压力计是图 4-10 所示结构的弹簧管式。它由弹簧弯管、传动机构、指针和刻度盘等组成。当压力油进入弹簧弯管时，管端产生伸张变形，变形的大小和进入的油液的压力成正比。端部的变形拉动杠杆和扇形齿轮，扇形齿轮使与之啮合的盘中间的齿轮转动，从而带动指针旋转，由表盘读出压力的大小。

## 二、压力计的选用与安装

一般取系统压力为量程的 2/3~3/4，被测压力不应超过压力计量程的 3/4 ，否则将影响压力计的使用寿命。压力计必须直立安装。压力油接入压力计时，应通过阻尼小孔，以防止被测压力突然升高而将表冲坏。一般液压系统用压力计采用 1.5~4 级精度。一只 4 级精度、量程为 10MPa 的压力计，其最大误差为 10×4％＝0.4MPa。在压力稳定的系统中，压力表的量程一般为最高工作压力的 1.5 倍，压力波动较大系统的压力表量程应为最大工作压力的 2 倍。

## 三、压力计开关

压力计开关是用于切断和接通压力表与测量点的通路的元件。压力计应设压力计开关或限压器加以保护，一般压力计应通过阻尼小孔及压力表开关接入压力管道，以防止系统压力突变或压力脉动而损坏压力表。压力计开关按所能测量的测压点数量分为一点、三点和六点等。即用一个压力表可分别和几个被测油路相通，以测量几处的压力。图 4-11 所示结构为六个测压点的压力计开关。图示位置为非测压位置，此时压力计经环形槽、轴向三角槽 a、孔 b 和中心轴上的中间孔与油箱接通。若把手柄向右推，此时的压力计经环形槽、轴向三角槽 c 与上测压点相通，同时切断压力计与油箱的通路，可测量一点的压力。如将手柄旋转到另一个测压点的位置，便可将压力计与另一测压点连通，从而测出下一点的压力。不需测压时，应将手柄拉出，使压力油路与系统油路断开，与油箱接通，以保护压力计，并可延长压力计的使用寿命。

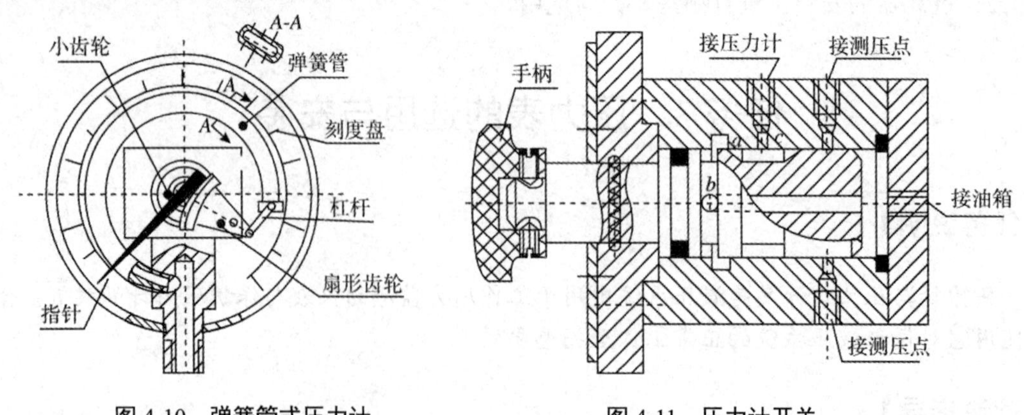


图 4-10　弹簧管式压力计　　　　图 4-11　压力计开关

## 【课后总结】

本任务主要介绍了弹簧管式压力计的结构和工作原理以及如何选用和安装压力计。通

过对本任务的学习，要求学生熟练掌握弹簧管式压力计的结构和工作原理以及如何安装和选用压力计，并能在实践中加以应用。

## 【考核评价】

简述如何选用和安装压力计。

# 任务 4　油箱的设计与使用

## 【任务说明】

油箱是液压系统中用于储存系统所需的液压油；散发热量；逸出溶于油液中的空气、沉淀杂质和分离水分的装置。合理使用它对保证液压系统的正常工作十分重要。

## 【理论指导】

### 一、油箱的功能及结构

1．油箱的功能

液压设备一般都有自制的自用油箱。其功能主要有：储存系统所需的液压油；散发热量；逸出溶于油液中的空气、沉淀杂质和分离水分。

2．油箱的结构及种类

油箱从结构上可分为整体式结构和分离式结构两种。整体式油箱是利用设备中较大的铸件或焊接件的空腔作为油箱，可节省占地面积，设备紧凑、美观，但清洗维修不便，散热性差，液压振动对设备的工作精度会造成不良影响。所以目前液压设备的油箱多数是分离式的，即油箱与主机是分开的，减少了温升和油泵传动装置的振动对机器精度的影响。

按油箱是否与大气相通可分为开式油箱和闭式油箱。油箱中液面与大气直接接触的称为开式油箱，油泵的吸油靠液面上的大气压力的作用，它广泛用于一般的液压系统。闭式油箱是密封结构，箱中液面上充以压缩空气，油泵吸油主要靠箱内的压缩空气的压力，吸油效果较好，且可防止油泵产生气蚀，但结构复杂，应用不是很多。

图 4-12 所示为开式油箱的结构简图。它有吸油管、回油管、隔板、过滤器、空气过滤器、上盖、油面指示器和放油阀等组成。隔板 1 用来阻挡泡沫有加油和通气作用，清洗油箱时可卸掉上盖。

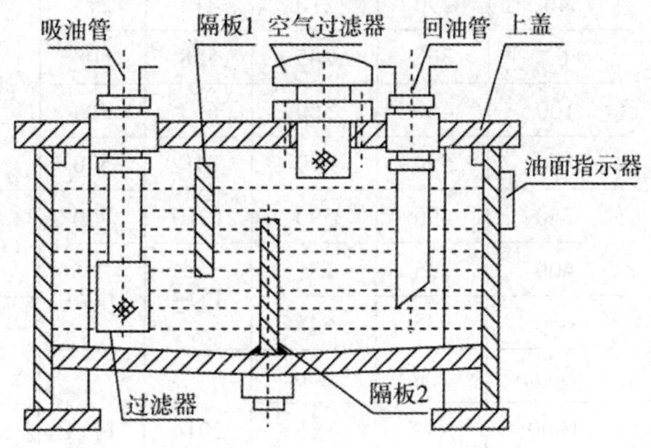


图 4-12　油箱

## 二、设计油箱

设计油箱结构时应注意以下几点：

（1）在相同的容量下为了得到最大的散热面积，油箱外形以立方体或长方体最好，长、宽、高为 1∶1∶1~1∶2∶3。中、小型油箱由钢板直接焊成，大型油箱则用角钢焊成骨架后再焊上钢板。箱体板厚为 3~5mm，底板和顶板厚一般为 5~10mm。油箱底部应高于地面 150mm，以利于通风散热、防锈、放油和搬移方便。油箱底要带有斜度（一般为 1/25~1/20），利于杂质和水分集中在最低处，便于清洗和放油。油箱上要有吊耳，以便吊装用。

（2）油箱的有效容量在系统负载大、长期连续工作时应根据液压系统的发热、散热平衡的原则来计算。一般液压系统只按液压泵的额定流量 $q_p$ 估算，低压系统油箱的有效容量为液压泵每分钟排油量的 2~4 倍，中压系统为 5~7 倍，高压系统为 6~12 倍。最高油面不超过箱高的 80%。在确定了油箱的容量之后，可参考图 4-13 和表 4-2。

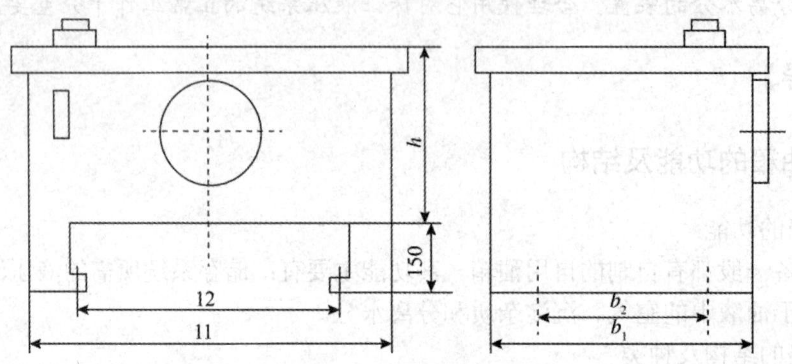


图 4-13　油箱尺寸

表 4-2　标准油箱的外形尺寸

<table>
<tr><th>公称油液容量/L</th><th>$b_1$/mm</th><th>$b_2$/mm</th><th>$l_1$/mm</th><th>$l_2$/mm</th><th>$h$/mm</th><th>近似油液深度/mm</th><th>固定孔 $\varphi d_1$/mm</th><th>最小壁厚（不含象顶）/mm</th></tr>
<tr><td>40</td><td>290</td><td>210</td><td>415</td><td>215</td><td rowspan="4">160</td><td>345</td><td rowspan="6">14</td><td rowspan="6">3</td></tr>
<tr><td>63</td><td>365</td><td>285</td><td>508</td><td>308</td><td rowspan="2">350</td></tr>
<tr><td>100</td><td>460</td><td>360</td><td>633</td><td>393</td></tr>
<tr><td>160</td><td>590</td><td>490</td><td>810</td><td>570</td><td>340</td></tr>
<tr><td>250</td><td>690</td><td>590</td><td>1010</td><td>770</td><td rowspan="2">430</td><td rowspan="2">365</td></tr>
<tr><td>400</td><td>735</td><td>635</td><td rowspan="2">1514</td><td rowspan="2">1274</td></tr>
<tr><td>630</td><td>945</td><td>845</td><td rowspan="2">520</td><td rowspan="2">450</td><td rowspan="4">22</td><td rowspan="4">5</td></tr>
<tr><td>800</td><td>900</td><td>800</td><td rowspan="3">2014</td><td rowspan="3">1774</td></tr>
<tr><td>1000</td><td>1065</td><td>965</td><td rowspan="2">550</td><td>475</td></tr>
<tr><td>1250</td><td>1335</td><td>1235</td><td>470</td></tr>
</table>

（3）油箱的安装。泵、电动机和其他液压元件常与油箱安装在一起。有四种安装方式：图 4-14（a）为卧式安装，油泵、电机水平安装在油箱的顶盖上，其结构紧凑，占地面积小，油泵维修方便，用在中、小功率液压装置上；图 4-14（b）为立式安装，泵、电机垂直安装在油箱顶部，泵在油中，其结构紧凑，占地面积小，外表美观，噪声小，吸油条件好，也用于中、小功率液压装置；图 4-14（c）为下置式安装，泵、电机安装在油箱下部，吸油条件好，传动功率较大；图 4-14（d）为旁置式安装，泵、电机安装在油箱旁边，与油箱共用一个底座，装置高度低，便于维修，传动功率较大。前两种安装方式的顶板厚度为侧板厚度的四倍，以免产生振动，泵、电机等装置与箱顶之间应设隔振垫。

（4）油箱的主要油口的设置。管道的吸油口和回油口尽量远离，且应在最低液面之下，管口上缘要至少在最低液面之下 75mm，以免吸油管吸入空气，回油管产生回油冲击而产生气泡。吸油管口一般装有过滤器，过滤器离箱壁至少有 3 倍管径的距离，离箱底至少 20mm，以便四面进油。回油口做成面向箱壁的 45° 斜度，以增大出油的截面，利于散热，离箱壁至少 3 倍的回油管径的距离，离箱底不少于 2 倍的管径。

当回油的流速过大时，应在回油管口装扩散器（有许多小孔的一小段油管）来降低进入油箱的流速，以免搅动沉淀物。单独接入油箱的泄油管管口应在液面之上，以免产生背压。泵和马达的泄油管管口应引入油面以下，以免吸入空气。如果油管穿箱而过，穿过部分要密封好，并要设置截止阀以便箱外元件的维修。

（5）隔板的设置。为延长油液在油箱中的时间，促进油液的循环，以利于散热、除气、沉淀等，油箱中应用一块或几块隔板把吸油管和回油管隔开，并尽可能使油液沿着油箱壁进行环流，降低油液的循环速度。隔板的高度一般为最低液面高度的 3/4 或 2/3。

（6）在开式油箱的上部的通气孔处要设置空气过滤器，防止大气中的杂质污染工作油液，使油箱始终与大气相通，并可兼作注油口用。取下通气帽可以注油，加上通气帽即成为空气过滤器，目前已经标准化，可进行选用。

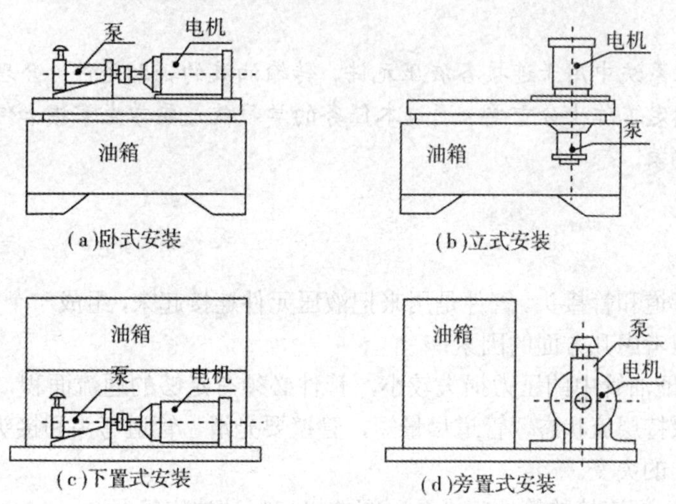


图 4-14　泵组安装方式

（7）当箱盖与箱壁之间为不可拆连接时，应在箱壁上至少设置一个清洗窗口。其数量和位置应便于用手清理箱内表面，以使油箱中的沉淀物定期清理，其尺寸可参考有关手册。清洗窗口平时用密封盖板封闭，清洗时拆下。

（8）放油口应设在油箱斜面的最低处，便于经常排除沉淀在底部的水和带杂质的脏油，或在维修清洗时放油。

（9）为观察向油箱内注油的液位上升情况和在系统工作时能看到液面的高度，必须在注油口附近设置液位计。液位计的下刻线至少要比吸油过滤器或吸油管口上缘高出75mm，以免泵吸入空气。上刻线对应着油箱的油液容量，有的还带有温度计。在液位计与油箱的连接处要有密封。

（10）油箱的内壁在使用前应先进行抛丸或喷砂处理，以清除焊渣或铁锈，然后涂优质耐油防锈涂料（清漆）。

## 【课后总结】

本任务主要介绍了油箱的结构设计和作用以及如何使用。通过对本任务的学习，要求学生掌握油箱的使用，并能在实践中加以应用。

## 【考核评价】

1．简述油箱的作用。

2．设计油箱过程中应注意哪些问题。

# 任务5　油管的选用与安装

## 【任务说明】

油管是液压系统中用于连接各液压元件、传输油液的辅助元件。合理地选用与安装油管对液压系统稳定工作十分重要。通过本任务的学习就是要学生掌握如何合理地选用各种管件并能正确安装。

## 【理论指导】

管件包括管道和管接头。管件是用来把液压元件连接起来，组成一个完整系统的元件。在选择管件时应考虑几方面的因素：

（1）为保证油管中的压力损失较小，管件必须有足够的通流面积，使油流在管中流速不能太大，保持层流状态，管道尽量短，管壁要光滑，管道弯头和接头尽量少，以减少面积及液流方向的突变。

（2）与泵、阀连接的管件应由泵、阀的接口尺寸决定管径。

（3）要根据工作压力、安装位置等来确定管道连接结构，连接必须牢固可靠，且便于调整和维修。

1．管道

管道分硬管和软管，对于具有不同管路长度的刚性连接，一般使用硬管。软管用于连

接两个相对运动部件之间的管路。在选择软管和硬管时，应尽量用硬管，因其成本低、阻力小、安全。

（1）管道的种类、用途及优缺点如表 4-3 所示。

表 4-3　管道的种类、用途及优缺点

| 种类 | | 用途 | 优缺点 |
|---|---|---|---|
| 硬管 | 钢管 | 用在装配部位不受限制，大功率的压力管道。压力小于 2.5Mpa 时用 10 或 15 钢的无缝钢管 | 价格低廉，耐高压、耐油，抗腐蚀，不易氧化，刚性好，但不易弯曲 |
| | 紫铜管 | 用于仪表和装配部位受限制，压力小于 6.5Mpa 的管道 | 易弯曲成形，管壁光滑，流动阻力小，但价高，易使油液氧化，抗振能力差 |
| | 黄铜管 | 可承受比紫铜管高的压力，小于 25Mpa 均可 | 不如紫铜管易弯曲 |
| 软管 | 橡胶管 | 用于连接两个相对运动部件之间的管路。高压橡胶管由夹有钢丝纺织物的耐油橡胶制成，工作压力可达 42MPa，用于压力管道。低压有棉线或麻线织物，压力在 10Mpa 以下，用回油管道 | 安装方便，不怕振动，有助于吸收系统中的液压冲击，但价格贵、寿命短，固定连接时一般不用 |
| | 尼龙管 | 为乳白色半透明体，有硬管和软管，耐压为 2.5Mpa，多用于低压系统代替铜管使用 | 可塑性大，加热后硬管也可随意弯曲、扩口 |
| | 塑料管 | 用于压力小于 0.5Mpa 的回油管道和泄油管 | 价格便宜，装配方便，长期使用会老化 |

（2）管道布置的要求。为减少摩擦损失，管道长度应尽量短；在硬管两固定点之间的管段至少有一个松弯适应热胀冷缩；弯管要有足够的弯曲半径（一般为管径的 3～5 倍），并尽量避免小于90° 的弯曲；所有管道，尤其是高压管道及弯管前后、与软管连接之前应有管夹支撑（管夹间距可参考液压手册）；软管连接不得扭曲、不得接近热源，两固定点间要有适当松弛，弯曲处要有大的曲线半径等。

2．管接头

管道的连接有永久性连接和可拆式连接。永久性连接是不能重复使用的，而管接头的连接是用于油管与油管、油管与液压件的可拆式连接件。对管接头的要求是工作可靠，结构简单，外形尺寸小，液阻小，安装制造方便，在压力冲击和振动下要牢固，密封良好。

液压系统的泄漏问题大部分出现在管接头部位，一定要正确选择类型和安装方式。管接头的种类很多，有直通、二通、三通和四通等。

（1）扩口式管接头如图 4-15 所示，它由接头体、接头螺母和管套组成。安装前，须先用扩口工具把要连接的管子端部扩成喇叭口（74°~90°）。当向右旋紧接头螺母时，它使管套压向管子扩口与接头体的锥面紧密接触而形成密封。其结构简单，可重复使用，加工使用方便，常用于连接薄壁管件，适于中低压系统中。

（2）卡套式管接头如图 4-16 所示，它由接头体、接头螺母和卡套组成。卡套是带有尖锐内刃的金属环，当向右拧紧接头螺母时，卡套在其推力作用下，刃口卡入接头体的锥面内形成密封，同时卡套左边刃口又紧压在管子外壁上形成密封。其结构简单，装配方便，不需另外的密封件即可达到好的密封效果，可用于高压系统。但要求管道的表面和卡套有高的尺寸精度，适用于冷拔钢管而不适用于热轧钢管。

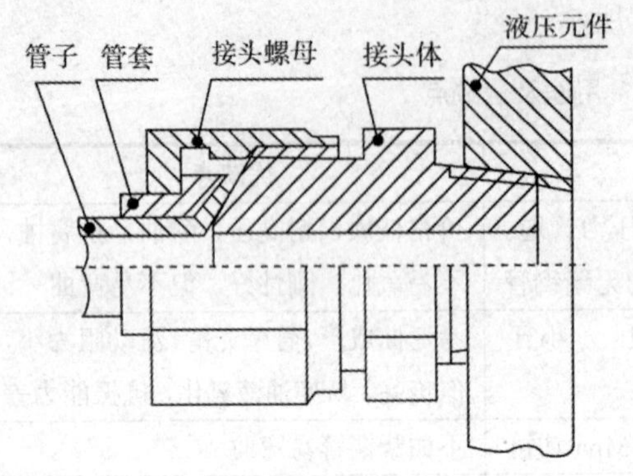


图 4-15　扩口式管接头

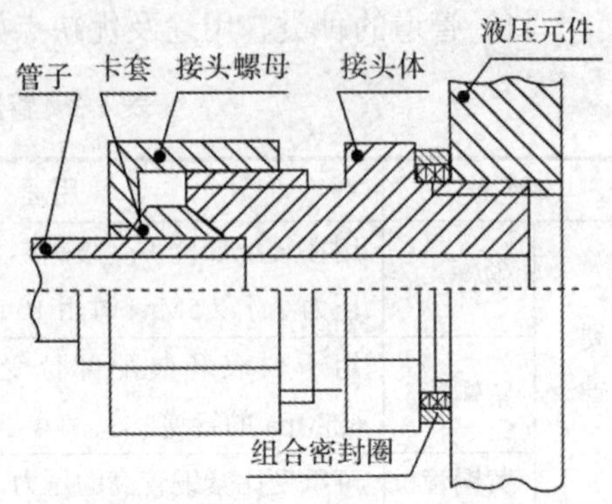


图 4-16　卡式管接头

（3）焊接式管接头。如图 4-17 所示，它由接头体、接头螺母、接管和密封圈组成。接管与系统管子焊接在一起，接管与接头体用接头螺母连接。按照接管和接头体的密封方式不同，焊接式管接头可分两种，如图 4-17 示为 O 型圈端部密封，其工作压力可达 32MPa 以上；如图 4-17（b）所示为接球面与接头体锥面接触密封，适用于工作压力小于 8MPa 的情形；接头体与液压元件是用锥螺纹连接，则在螺纹表面包一层聚四氟乙烯生料带即可；若接头体与液压元件是用圆柱螺纹连接，其本身密封性不好，常常要用组合密封圈进行密封。

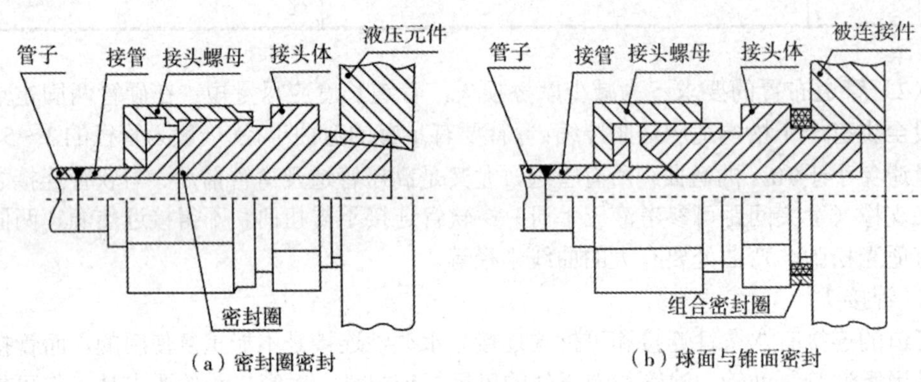


图 4-17　焊接式管接头

（4）扣压式胶管接头。其结构如图 4-18 是一种不可拆一次性使用的管接头，当软管失效时管接头随软管一起废弃。它主要由接头螺母（外套）和接头体组成。接头螺母的外壁为圆柱形，内壁切有环形切槽；接头体的外壁上有径向切槽。将胶管的外层胶剥去装入外套内，再将锥形接头体拧入，并在专用设备上对外套进行挤压收缩，外套变形后与胶管紧紧地连接在一起。其结构紧凑，外径尺寸小，密封可靠，适用于专业和大批量生产。

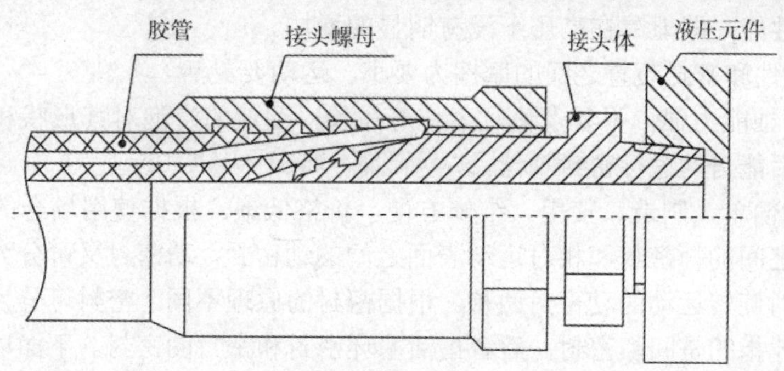


图 4-18 扣压式管接头

（5）快换接头。在需要元件快速连接和分离的场合，可用软管和快换接头。它不需要专用工具，适用于经常装拆的地方。它一般由两个半接头体组成，每个半接头体可以包含（或不包含）一个截止阀，当快换接头分离时截止阀自动关闭以防止管内油液流失，当快换接头连接时截止阀相互顶开使油液通过。如图 4-19 所示，为两接头体连接通油的位置，需要断开油路时，可用力左推外套，钢球从接头体槽中退出，拉出右接头体，两弹簧把单向阀芯弹回关闭，油路断开。其缺点是结构复杂，压力损失大，一般不适用于吸油管路。

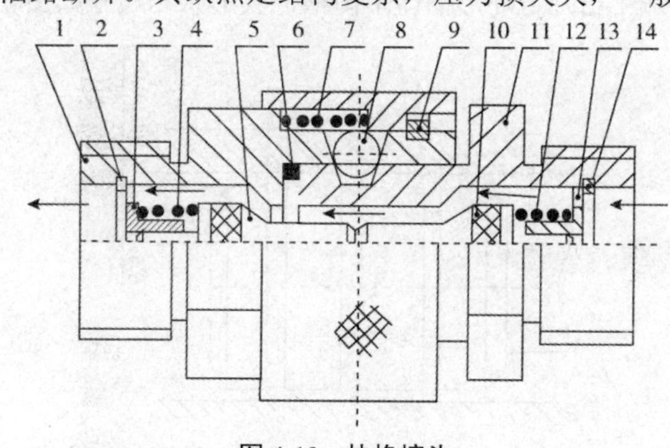


图 4-19 快换接头

1、11-接头体；2、14-挡圈；3、13-弹簧座；4、12、7-弹簧；

5、10-单向阀芯；6-密封圈；5-钢球；9-卡环

## 【知识拓展】

### 一、密封装置

在液压元件和液压系统中，密封装置主要是防止液压油的泄漏并兼有防止灰尘等杂质的进入。如密封不好，油液可能从高压腔泄漏至低压腔，工作机构达不到所需压力，造成容积效率降低，运行不稳，定位不准，不能保压，有时甚至不能进行工作；若泄漏到元件的外部，会造成液压油的浪费，污染环境，甚至引起机械操作失灵及人身事故等。在液压系统中密封装置的好坏直接影响着设备工作的性能，所以，要合理地选用和设计密封装置。

1．液压系统中对密封装置的要求

（1）在工作压力和工作温度范围内应具有良好的密封性能，并随着压力的增加能自

动提高其密封性能，即泄漏在高压下没有明显的增加。

（2）运动件和密封装置之间的摩擦力要小，运动要灵活。

（3）抗腐蚀能力强，不易老化，工作寿命长；油液的浸泡对其形状和尺寸的变化影响要小；磨损后能自动进行密封补偿。

（4）结构简单，制造、使用、维修方便，价格低廉。根据使用场合的不同，密封可分为固定表面之间的静密封和相对运动表面之间的动密封。动密封又可分为直线往复滑动的动密封和相对旋转运动的动密封两种。根据密封的原理不同，密封可分为非接触式和接触式密封。前才指的是间隙密封，后者指活塞环密封和密封圈密封。下面以此分类法对密封装置作一介绍。

2．间隙密封

间隙密封是一种非接触式密封，它是靠相对运动件配合面的微小间隙来防止泄漏、进行密封的，常用于柱塞、活塞或阀的圆柱配合面中。根据圆环缝隙流量公式可知，泄漏量和间隙的三次方成正比，为此必须使两配合的圆柱面加工精度达到很高，以在不妨碍相对运动，又有小间隙的情况下，达到密封的目的。间隙密封的性能不但与间隙有关，而且和压力差、配合面长度、直径和加工质量等因素有关。为了更好地密封，可在一个配合面上（如阀芯、柱塞等）加工出几道环形槽即平衡槽，其形状和尺寸如图 4-20 所示。

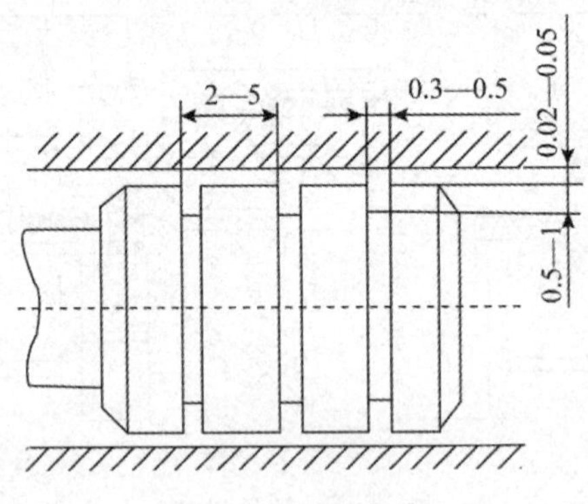


图 4-20　间隙密封

其中平衡槽的作用有：

（1）由于加工条件的限制，运动件配合面的几何形状和同轴度有一定的误差，间隙的大小不对称造成液压油的分布不均，形成一个径向不平衡的液压力，称为卡紧力，它会使摩擦力增大。开平衡槽后，间隙差别减小，各向压力趋于平衡，内部运动件能够自动对中，减小了摩擦力和偏心泄漏量。

（2）油液经过若干平衡槽时，因截面突然变大而造成局部压力损失，从而表现为压力的下降，泄漏减少，提高了密封性能。

（3）平衡槽内可储存油液，使运动部件得到自动润滑。

间隙密封的结构简单，摩擦阻力小，但要求零件的加工精度高，磨损后不能自动补偿，不能完全杜绝泄漏。多用在低压（$p \leqslant 2.5$MPa）、直径小（$d \leqslant 50$mm）、快速运动的圆柱面之间的密封，如滑阀的阀芯与阀体之间、柱塞泵的柱塞和缸体之间的密封。

3．活塞环密封

活塞环密封是靠装在活塞环形槽内的弹性金属环紧贴缸筒内壁而实现密封的，结构如

图 4-21 所示。其密封效果比间隙密封好，适应高速运动，不会因局部过热而使密封圈烧坏，能自动补偿磨损和温度变化的影响，所以其使用寿命长。缺点为制造复杂，有少量泄漏。它一般用于高速、高温和高压的场合。

4．密封圈密封

密封圈密封是通过密封圈受压变形来实现密封的液压系统中最常用的一种密封。它主要有 O 形圈、Y 形圈、V 形圈和组合式等几种密封形式，其使用的材料主要有丁腈橡胶、聚氨酯、氟橡胶等耐油橡胶和尼龙等。

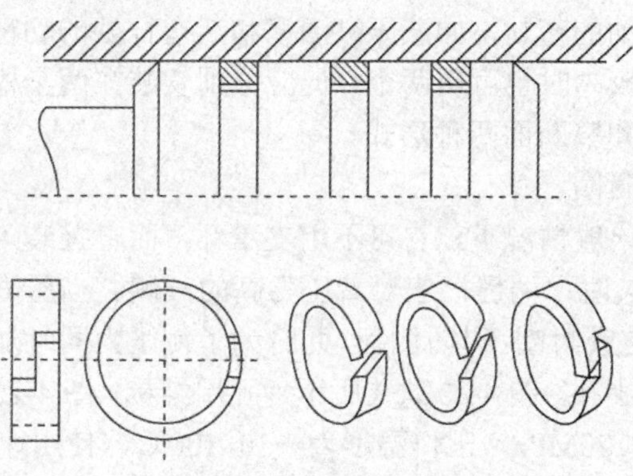

图 4-21　活塞环密封

（1）O 形密封圈。O 形密封圈的截面呈圆形，其形状如图 4-22（a）所示。它是液压系统中用得最多，最普遍的一种密封件，具有良好的密封性能，主要用于静密封和滑动密封，转动密封用得较少。其结构简单，占用空间小，密封性能好，摩擦系数小，容易制造，成本低，可在 40~120℃温度范围内工作等优点。但其寿命较其他密封圈短，启动阻力大，速度很慢时会引起“爬行”现象，使用速度范围在 0.005~0.3m/s。

O 形密封圈的工作原理如图 4-22（b）所示。O 形圈装入密封沟槽后，必须要有一定的预压缩量，当系统中无压力时，靠 O 形圈的弹性变形对接触面产生预压力，实现初始阶段的密封。当压力升高时，压力油把 O 形圈挤向沟槽一侧，密封面上的接触压力上升，缝隙完全被堵塞，提高了密封效果。预压缩量过小时不能密封，过大时摩擦阻力增大，且易损坏。固定密封压缩率应达到 15%~20%、往复运动达 10%~20%、回转运动达 5%~10%，这样密封效果才会好。当滑动密封时的压力达到 10MPa 静密封时的压力达到 32MPa 时，为了避免 O 形圈被挤入间隙，如图 4-22（c），应在沟槽中加挡圈。

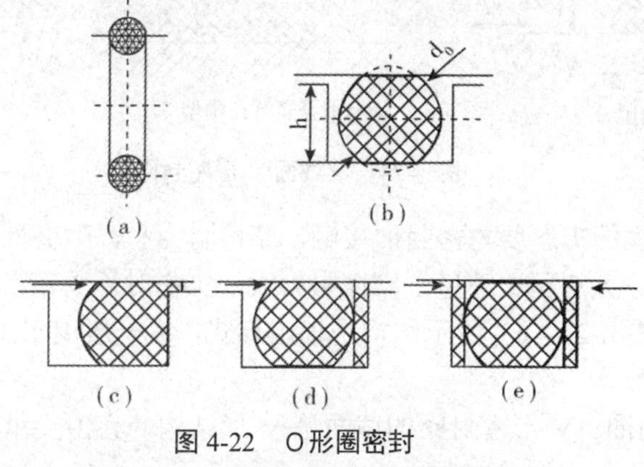


图 4-22　O 形圈密封

单向受压时，可在O形圈承受压力的对面一侧加挡圈，如图4-22（d）；双向受压时，两面均要加挡圈，如图4-22（e）。挡圈为聚四氟乙烯或尼龙材料制成，厚度为1.25~2.5mm。

（2）Y形密封圈。Y形密封圈的截面呈Y字形，属唇形密封圈，在内径和外径上都有弹性的唇边。当装配好之后，内、外唇紧贴在被密封表面上，不需加压紧力。当油压升高后，两唇会更紧密地贴在配合面上，且能自动补偿唇边的磨损。其密封结构简单，成本低，容易安装，稳定性好，摩擦阻力小，寿命较长，密封效果比O形圈好，也是广泛应用的一种密封圈。

它主要用于往复运动的密封，如液压缸活塞和活塞杆处的动密封，一般只需使用一个密封圈，当速度和压力较高时也可用两个，但应分别安装在两个槽中。根据截面长宽比例的不同，可分为宽断面和窄断面两种形式。

➢ 宽断面Y形密封圈

它的长和宽相近，一般情况下，它可不用支承环，而直接装入安装槽中，结构形式如图4-23（a）所示。安装时，两唇口应对着压力高的一侧。当压力变化较大、速度较高时应使用支承环，用以固定密封圈，以防侧翻。此时为了使压力同时加到密封圈的内外唇上，必须在支承环上开几个小孔。图4-23（b）所示为孔用结构，图4-23（c）所示为轴用结构。它一般用于工作压力$p\leqslant 20$MPa，工作温度为－30~100℃，使用速度较高为$v\leqslant 0.5$m/s。

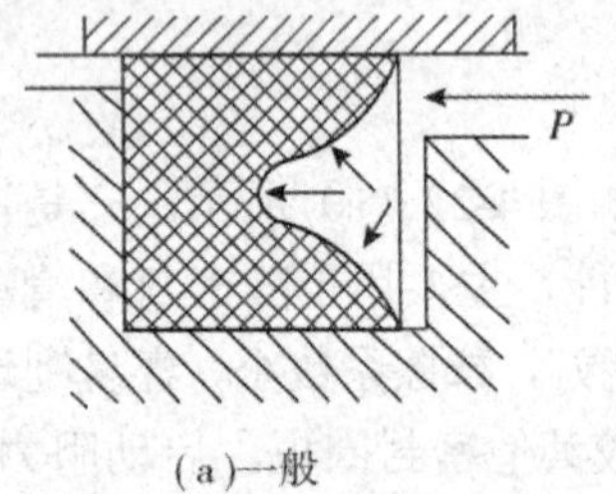

（a）一般

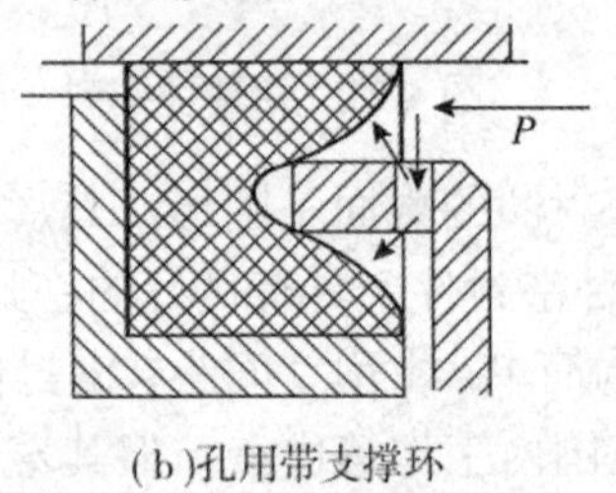

（b）孔用带支撑环

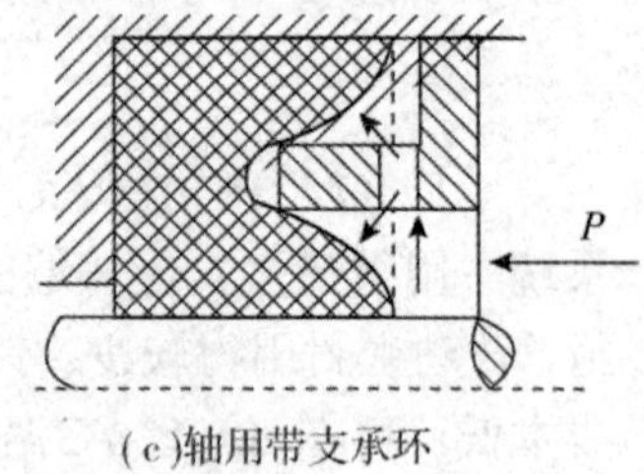

（c）轴用带支承环

图4.23　宽截面Y形密封圈

➢ 窄断面Y形密封圈

它的截面长宽比在2以上，不易翻转，稳定性好，分为等高唇和不等高唇两种形式。等高唇Y形圈的结构如图4-24（a）所示。

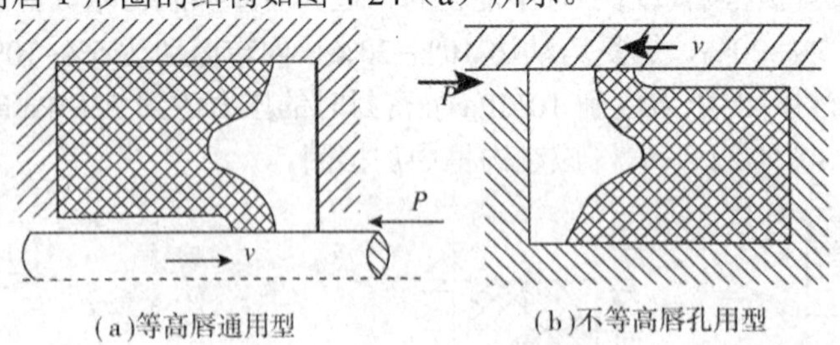

（a）等高唇通用型　（b）不等高唇孔用型

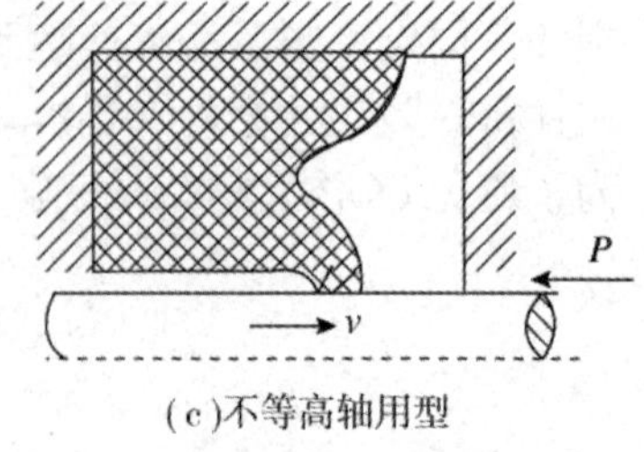

（c）不等高轴用型

图4-24　窄截面Y形密封圈

不等高唇Y形圈的短唇要与密封面接触，摩擦阻力小，耐磨性好，寿命长；长唇与非运动表面接触，有较大的预压缩量，摩擦阻力大，工作时不易窜动，如图4-24（b）所示结构是孔用形式，图4-24（c）所示结构是轴用形式。它一般用于工作压力$p\leqslant 32$MPa，工作温度为－30~100℃。

（3）V形密封圈。V形密封圈的截面呈V形结构，它由支承环、密封环和压环三部

分组成。其结构如图 4-25（a）所示，常用于活塞和活塞杆的往复运动的密封。当用于低压时，采用由三个环组成的一套密封圈即可；压力较高时，可增加中间密封环的数量，环的开口应对着压力油的一侧，其最高压力可达 50MPa。高速和低速都可以使用，滑动速度可达 0.5m/s。

V 形圈密封性能好，耐高压，寿命长，通过调节压紧力可获得很好的密封效果。但它的摩擦阻力大及安装空间大，拆换不便，调整困难等。图 4-25（b）为 V 形密封圈的安装情况。Y 形和 V 形密封圈对于压力都有一定的方向性，在用于双作用缸的活塞密封时必须采用两组密封圈，背靠背地使用。

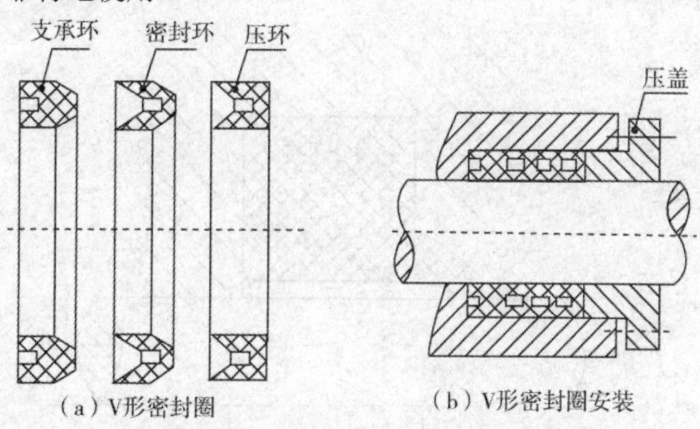


图 4-25　V 形密封圈及安装

5．组合密封

随着现代液压技术对密封要求的进一步提高，单纯用某一种密封圈密封的寿命和可靠性已不能满足性能要求。由包括密封圈在内的两个以上元件组成的组合式密封可达到更好的密封效果。图 4-26（a）和图 4-26（b）所示即是用摩擦系数极低、耐磨性好和弹性差的聚四氟乙烯塑料制成的密封环和弹性好的 O 形圈组成的孔用组合式密封圈。二者互相取长补短，就构成了密封性能很好的组合式密封圈。图 4-26（c）所示为一种组合式垫圈，多用于螺纹油口处液压元件与端接头体之间的静密封，它由里圈的橡胶圈和外圈的金属环黏合而成。其密封性能好，承压高，不需开密封沟槽，但结构尺寸大。

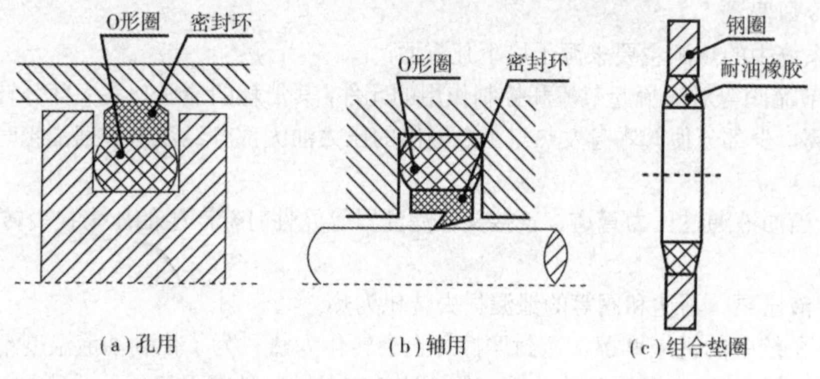


图 4-26　组合密封

6．密封带和密封胶

在管子或管接头的锥螺纹连接中，现在往往用聚四氟乙烯生料带作为螺纹垫料代替传统的麻丝等。使用缠绕时应注意顺着螺纹方向，否则旋紧螺纹时易松脱；包缠时要在接头末端空出两扣，防止脱落而污染油液。密封胶也是用于静密封，如螺塞、油塞、管堵、管接头及阀门结合面等。它是一种液态高分子密封材料，在涂前有流动性，易充满结合面之间的缝隙，所以具有良好的密封效果。

7．防尘圈

为了防止外界灰尘等进入液压缸内部，提高液压元件的使用寿命，防尘圈应放在活塞杆或柱塞密封圈的外部，常用的防尘圈是唇形无骨架形的，其唇部对活塞杆或柱塞要有一定的过盈量，以能够清除掉灰尘，安装如图 4-27 所示。

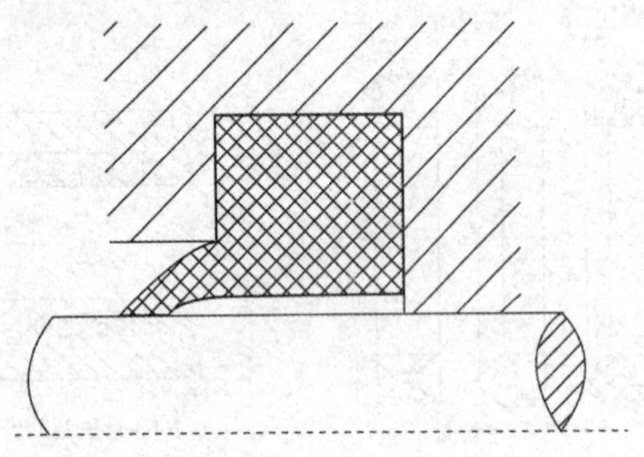

图 4-27　防尘圈

## 二、交换器

液压系统中的交换器分为冷却器和加热器两种，其作用是控制液压系统油液的温度在正常工作范围内，以保证系统的正常工作。一般油液的正常工作温度为 15~65℃，如果系统中油液温度升高，则粘度降低，会使润滑部位油膜破坏缩短元件寿命，使泄漏增加。油液长时间在较高温度下工作，还会氧化变质，析出沉淀物等污染物，引起泵、阀等的堵塞而出现故障。相反，如果油液的温度过低，粘度较大，泵吸油不畅而使系统启动困难，压力损失加大等。由于以上原因,所以在液压系统中常设加热器和冷却器。

1．冷却器

液压系统中的热源主要来源于以下几方面：

（1）节流阀等对液流起节流和控制作用的元件，其消耗的液压功率大部分转化为热，使油温升高，少部分使阀本身发热。当泵输出的压力油大部分经溢流阀回油箱时，油温升高会更快。

（2）当油液通过压力管道、管接头、滤油器等元件时，产生的压力损失转化为热,使油温升高。

（3）液压泵、马达和阀等的泄漏损失转化为热。

（4）系统中的机械摩擦、密封摩擦等也会转化为热。为了控制油液温度不致过高，在设计液压系统时，合理地设计油箱，保证油箱有足够的散热面积，是一种控制油温的有效措施。但这样有时会使油箱设计的很大，成本也会增大，且有些场合不允许油箱过大，这时可用冷却器来控制油液的温度。冷却器根据冷却介质的不同，可分为水冷和风冷两类。

➢　水冷式冷却器。水冷式冷却器如图 4-28 所示。

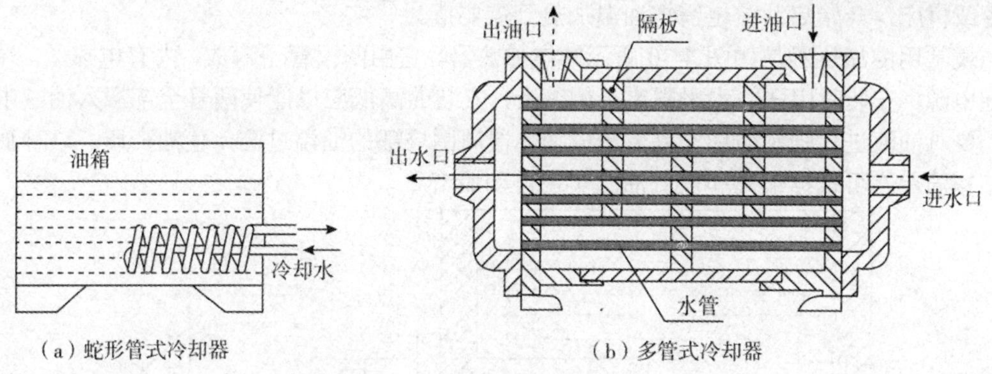


图 4-28　水冷式冷却器

它有蛇形管式、多管式、波纹板式和翅片管式等结构形式。蛇形管式冷却器是最简单的冷却方法，其结构如图 4-28（a）所示。它直接安装在油箱内，冷却水从蛇形管内部通过，带走油液中的热量。

其结构简单，但散热面积小，油的运动速度很低，散热效果差，冷却效率低，耗水量大。多管式冷却器是液压系统中应用较多的冷却器，结构如图 4-28（b）所示。冷却水从进水口流入，经多根水管后由出水口流出。油液从进油口流入，通过水管间的间隙，从出油口流出。中间隔板可增加油的循环路线的长度，提高热交换的效果。

➢ 风冷式冷却器。风冷式冷却器适用于缺水或不便用水的液压系统，如车辆、工程机械等行走机械中。冷却方式可用风扇强制吹风冷却，多采用自然通风冷却。结构简单，价格低廉，但冷却效果却较水冷式差。风冷式冷却器有管式、板式、翅管式和翅片式等形式。

图 4-29 所示为翅片式风冷式冷却器，它在每两层通油板之间设置有波浪形的翅片板，结构简单紧凑，散热面积大，散热效率高，适应性好。冷却器一般安装在回油路上、低压管路中、溢流阀的溢流口等位置，对已经发热的油液在流回油箱之前进行冷却。也可单独设一台泵仅供冷却器换热用。

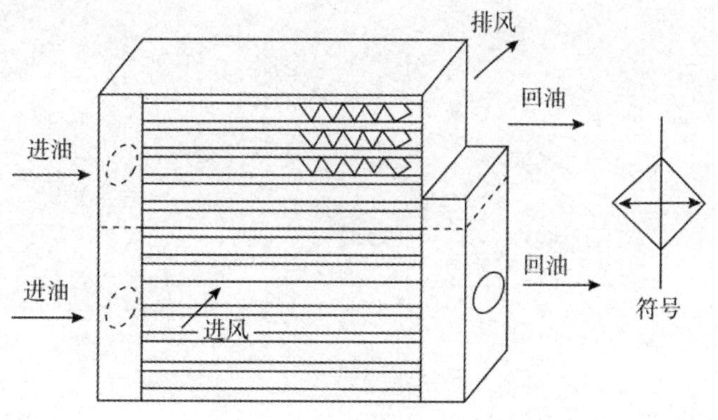


图 4-29　翅片式风冷式冷却器

2．加热器

在严寒地区使用液压设备，因气温很低造成油液的温度也很低，一般低于 10℃时就会造成启动困难，这种情况下必须要对油箱中液压油进行加热。对在工作中需要保持恒温的设备或机床，开始启动前也需把油温加热到需要值。

最常用的加热器是如图 4-30 所示的电加热器。它由两根管子弯成，内有电热丝，端部接通电源。安装时用法兰水平固定于侧壁上，安装的高低应以能使两管全部浸入油液中为准。要对油液进行强制循环，以免造成加热器周围局部的油温过高，使油变质。这种加热器结构简单，可根据最高和最低油温实现自动调节。

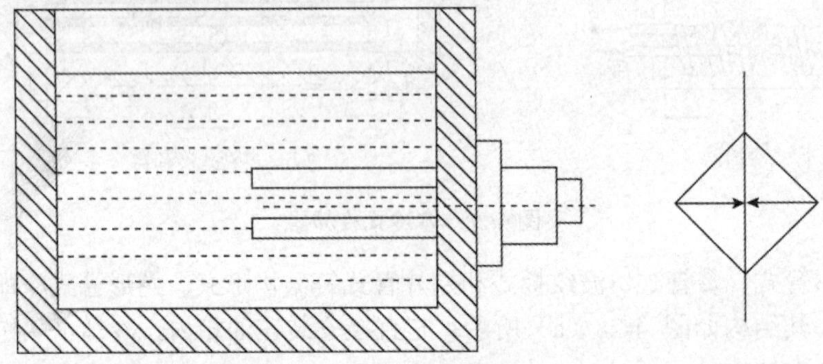

图 4-30　电加热器

## 【课后总结】

本任务主要介绍了各种管件及其选用和安装方法。通过对本任务的学习，要求学生掌握管件的选用和安装方法，并能在实践中加以应用。

## 【考核评价】

1．简述管道在布置时有哪些要求？
2．液压系统对密封装置有哪几点要求？

# 项目五　典型液压系统的组装与调试

【项目重点】

- 能正确组装、调试和维护液压系统
- 能正确绘制液压系统原理图
- 能正确检测和排除液压系统的常见故障

【项目目标】

- 掌握组合机床动力滑合液压系统，以及液压系统的安装于调试
- 理解液压系统的工作原理及其特点

## 任务 1　组合机床动力滑台液压系统的组装与调试

【任务说明】

观察 YT4543 型组合机床动力滑台的工作过程。针对其液压系统进行分析，目的是提高阅读液压系统图的能力，理解基本回路的合理组合，归纳总结该系统的特点。然后，在模拟实验台上对该系统进行组装与调试。

【理论指导】

### 一、组合机床动力滑合液压系统

组合机床液压系统主要由通用滑台和辅助部分(如定位、夹紧)的液压系统组成。滑台本身不带传动装置，可根据加工需要安装不同用途的主轴箱，以完成钻、扩、铰、镗、刮端面、铣削及攻螺纹等工序。

1．液压系统的工作原理

如图 5-1 所示为带有液压夹紧的他驱式动力滑台的液压系统原理图，这个系统采用限压式变量泵供油，并配有二位二通电磁阀卸荷，变量泵与进油路的调速阀组成容积节流调速回路，用电液换向阀控制液压系统的主油路换向，用行程阀实现快进和工进的速度换接。

它可实现多种工作循环，下面以定位夹紧→快进→一工进→二工进→死挡铁停留→快退→原位停止→松开工件的自动工作循环为例，说明其液压系统的工作原理。

（1）夹紧工件。夹紧油路一般所需压力要求小于主油路，故在夹紧油路上装有减压阀 6，以减低夹紧缸的压力。按下启动按钮，泵启动并使电磁铁 4YA 通电，夹紧缸 24 松开以便安装并定位工件。在工件定好位后，发出信号使电磁铁 4YA 断电，夹紧缸活塞夹紧工作，其油路为液压泵→单向阀 5→减压阀 6→单向阀 7→换向阀 11→左位夹紧缸上腔→夹紧缸下腔的回袖→换向阀 11→左位流回油箱。于是夹紧缸活塞下移夹紧工件，单向阀 7 用以保压。

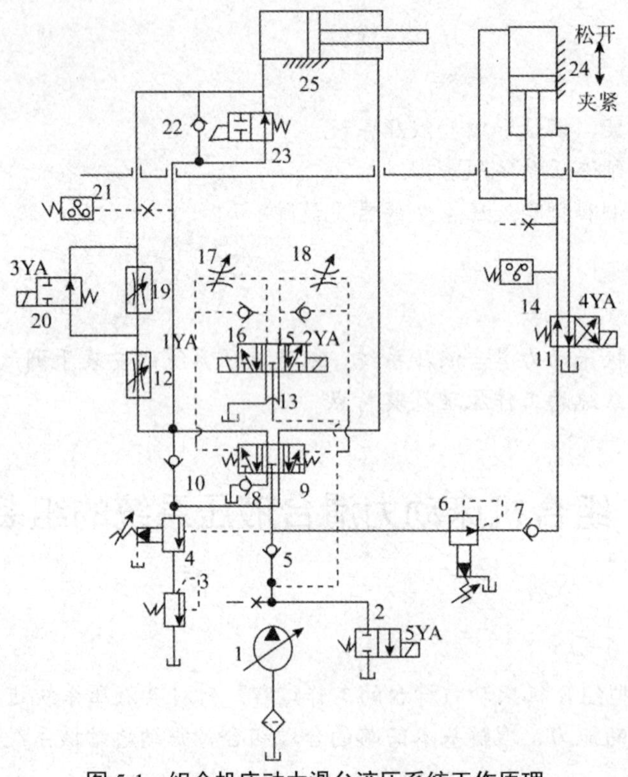


**图 5-1　组合机床动力滑台液压系统工作原理**

1-液压泵；2、9、11、13、20-换向阀；3-背压阀；4-顺序阀；5、7、8、10、15、16、22-单向阀；6-减压阀；12、19-调速阀；17、18-节流阀；14、21-压力继电器，23-行程阀；24-夹紧缸；25-进给缸

（2）进给缸快进。当工件夹紧后，油压升高，压力继电器 14 发出信号使 1YA 通电，电磁换向阀 13 和液动换向阀 9 均处于左位。其主油路为：

➢ **进油路：**液压泵 1→单向阀 5→液动换向阀 9→左位行程阀 23 右位→进给缸 25 左腔。

➢ **回油路：**进给缸 25 右腔→液动换向阀 9 左位→单向阀 l0→行程阀 23 右位→进给缸 25 左腔。于是形成差动连接，进给缸 25 快速前进。因快速前进时负载小，压力低，故液控顺序阀 4 打不开（其调节压力应大于快进压力），变量泵以调节好的最大流量向系统供油。

（3）一工进。当滑台快进到达预定位置（即刀具趋近工件位置）时，挡铁压下行程阀 23，于是调速阀 12 接入油路，压力油必须经调速阀 12 才能进入进给缸左腔，负载增大，泵的压力升高，打开液控顺序阀 4，单向阀 10 被高压油封死，此时油路为：

➢ **进油路：**液压泵 l→单向阀 5→换向阀 9 左位→调速阀 12→换向阀 20 右位→进给

缸 25 左腔。

➢ **回油路**：进给缸 25 右腔→换向阀 9 左位→顺序阀 4→背压阀 3→油箱。

一工进的速度由调速阀 12 调节。由于此压力升高到大于限压式变量泵的限定压力$P_B$，泵的流量便自动减小到与调速阀的节流量相适应。

（4）二工进。当第一工进到位时点台上的另一挡铁压下行程开关放电磁铁 3YA通电，于是换向阀 20 左位接入油路，由液压泵来的压力油须经调速阀 12 和调速阀 19 才能进入进给缸 25 的左腔。其他各阀的状态和油路与一工进相同。二工进速度由调速阀 19 来调节，但调阀 19 的调节流量必须小于调速阀 12 的调节流量，否则调速阀 19 将不起作用。

（5）死挡铁停留。当被加工工件为不通孔且轴向尺寸要求严格，或须刮端面等情况时，则要求实现死挡铁停留。当滑台二工进到位碰上预先调好的死挡铁，活塞不能再前进，停留在死挡铁处，停留时间用压力继电器 21 和时间继电器（装在电路上）来调节和控制。

（6）快速退回。滑台在死挡铁上停留后，泵的供油压力进一步升高，当压力升高至压力继电器 21 的预调动作压力时（这时压力继电器入口压力等于泵的出口压力，其压力增值主要决定于调速阀 19 的压差），压力继电器 21 发出信号，使 1YA 断电，2YA 通电，换向阀 13 和换向阀 9 均处于右位。这时主油路为：

➢ **进油路**：液压泵 1→单向阀 5→换向阀 9 右位→进给缸 25 右腔。

➢ **回油路**：进给缸 25 左腔→单向阀 22→换向阀 9 右位→单向阀 8→油箱。于是进给缸 25 便快速左退。由于快速时负载压力小（小于泵的限定压力$P_B$），限压式变量泵便自动以最大调节流量向系统供油。又由于进给缸为差动缸，所以快退速度基本等于快进速度。

（7）进给缸原位停止，夹紧缸松开。当进给缸左退到原位，挡铁碰行程开关发出信号，使 2YA，3YA 断电，同时使 4YA 通电，于是进给缸 25 停止，夹紧缸 24 松开工件。当工件松开后，夹紧缸活塞上挡铁碰行程开关，使 5YA 通电，液压泵卸荷，一个工作循环结束。当下一个工件安装定位好后，则又位 4YA，5YA 均断电，重复上述步骤。

2．液压系统的特点

（1）本系统采用限压式变量泵和调速阀组成容积节流调速系统，把调速阀装在进油路上而在回油路上加背压阀。这样就获得了较好的低速稳定性、较大的调速范围和较高的效率。而且当滑台遇死挡铁停留时，用压力继电器发出信号实现快退比较方便。

（2）采用限压式变量泵并在快进时采用差动连接，不仅使快进速度和快退速度相同(差动缸)，而且比不采用差动连接的流量可减小一倍，其能量得到合理利用，系统效率进一步得到提高。

（3）采用电液换向阀使换向时间可调，改善和提高了换向性能。采用行程阀和液控顺序阀来实现快进与工进的转换，比采用电磁阀的电路简化，而且使速度转换动作可靠，转换精度比较高。此外，用两个调速阀串联来实现两次工进，使转换速度平稳而无冲击。

（4）夹紧油路中串接减压阀，不仅可使其压力低于主油路压力，而且可根据工件夹紧力的需要来调节并稳定其压力；当主系统快速运动时，即使主油路压力低于减压阀所调压力，因为有单向阀 7 的存在，夹紧系统也能维持其压力（保压）。夹紧油路中采用二位四通换向阀 ll，它的常态位置是夹紧工件，这样即使在加工过程中临时停电，也不至于使工件松开，保证了操仍安全可靠。

（5）本系统可方便地实现多种动作循环，例如可实现多次工进和多级工进。工作进给速度的调速范围可达 6.6~660mm/min，而快进速度可达 7m/min，所以具有较大的通用性。

（6）此外，本系统采用两位两通阀卸荷，比用限压式变量泵在高压小流量下卸荷方式的功率消耗要小。

## 二、液压系统的安装与调试

### （一）液压系统的安装

液压系统的安装包括液压管路、液压元件的安装，其实质就是通过流体连接件（油管与接头的总称），或者液压集成块将系统的各单元或元件连接起来组成回路。

1．管路的选择与检查

在选择管路时，应根据系统的压力、流量以及工 作介质、使用环境和元件及管接头的要求，来选择适当的管径、壁厚、材质。要求管道必须具有足够的强度,内壁光滑、清洁、无砂、无锈蚀、无氧化铁皮等缺陷，并且配管时应考虑管路的整齐美观以及安装、使用和维护工作的方便性。管路的长度应尽可能短，这样可减少压力损失、延时、振动等现象。

检查管路时，若发现管路内外侧已腐蚀或有明显变色，管路被割口，壁内有小孔，管路表面凹入管路直径的 10%~20%以上（不同系统要求不同），管路伤口裂痕深度为管路壁厚的 10%以上等情况时均不能再使用。检查长期存放的管路，若发现内部腐蚀严重时，应用酸彻底冲洗内壁，清洗干净，再检查其耐用程度。合格后，才能进行安装。检查经加工弯曲的管路时，应注意管路的弯曲半径不应太小。弯曲曲率太大，将导致管路应力集中增加，降低管路的疲劳强度，同时也最容易出现锯齿形皱纹。

2．管路连接件的安装

（1）吸油管路的安装及要求：吸油管路要尽量短，弯曲少，管径选择适当，不能过细。吸油管应连接严密，不得漏气，以免使泵在工作时吸进空气，导致系统产生噪音，以致无法吸油，因此，建议在泵吸油口处采用密封胶与吸油管路连接。除柱塞泵以外，一般在液压泵吸油管路上应安装过滤器，滤油精度通常为 100~200 目，过滤器的通流能力至少相当于泵的额定流量的两倍.

（2）回油管路的安装及要求：执行机构的主回油管及溢流阀的回油管应伸到油箱液面以下，以防止油飞溅而产生气泡，同时回油管应切出朝向油箱壁的 45° 斜口。具有外部泄漏的减压阀、顺序阀、电磁阀等的泄油口与回油管连通时不允许有背压，否则应将泄油口单独接回油箱，以免影响阀的正常工作。安装成水平面的油管，应有 3/1000~5/1000 的坡度。管路过长时，每 500mm 应固定一个夹持油管的管夹。

（3）压力油管的安装及要求：压力油管的安装位置应尽量靠近设备和基础，同时又要便于支管的连接和检修，为了防止压力油管振动，应将管路安装在牢固的地方，在振动的地方要加阻尼来消除振动，或将木块、硬橡胶的衬垫装在管夹上，使金属件不直接接触管路。

（4）橡胶软管的安装及要求：橡胶软管用于两个有相对运动部件之间的连接。安装橡胶软管时要避免急转弯，其弯曲半径应大于 9~10 倍外径，至少应在离接头 6 倍直径处弯曲。软管弯曲时同软管接头的安装应在同一运动平面上，以防扭转。软管不能工作在受拉状态下，应有一定余量。软管过长或承受急剧振动的情况下宜用管夹夹牢，但在高压下

使用的软管应尽量少用夹子，因软管受压变形，在夹子处会产生摩擦能量损失。尽可能使软管安装在远离热源的地方，不得已时要装隔热板或隔热套。必须保证软管、接头与所处的环境条件相容。

3．液压阀的安装及要求

通常，安装液压阀时应注意以下几点：

（1）安装时应注意各阀类元件进油口和回油口的方位。

（2）安装的位置无规定时应安装在便于使用、维修的位置上。一般方向控制阀应保持轴线水平安装，注意安装换向阀时，四个螺钉要均匀拧紧，一般以对角线为一组逐渐拧紧。

（3）用法兰安装的阀件，螺钉不能拧得过紧，因过紧有时会造成密封不良，但必须拧紧。原密封件或材料不能满足密封要求时，应更换密封件的形式或材料。

（4）有些阀件为了制造、安装方便，往往开有相同作用的两个孔，安装后不用的一个要堵死。

（5）需要调整的阀类，通常按顺时针方向旋转，增加流量、压力；逆时针方向旋转，减少流量或压力。

4．液压缸的安装

液压缸的安装要可靠。配管连接不得有松驰现象，缸的安装面与活塞的滑动面，应保持足够的平行度和垂直度。安装液压缸时应注意：

（1）对于脚座固定式的移动缸其中心轴线应与负载作用力的轴线同心，以避免引起侧向力，侧向力容易使密封件磨损及活塞损坏。

（2）安装液压缸体的密封压盖螺钉，其拧紧程度以保证活塞在全行程上移动灵活，无阻滞和轻重不均匀的现象为宜。螺钉拧得过紧，会增加阻力，加速磨损；过松会引起外泄漏。

（3）在行程较大和工作油温较高的场合。液压缸的一端必须保持浮动以防止热膨胀的影响。

5．液压泵的安装

液压泵布置在单独油箱上时，有两种安装方式:卧式和立式。立式安装，管道和泵等均在油箱内部，便于收集漏油，外形整齐。卧式安装，管道露在外面，安装和维修比较方便。液压泵一般不允许承受径向负载，因此常用电动机直接通过弹性联轴节来传动。安装时要求电动机与液压泵的轴应有较高的同心度，其偏差应在0.1mm以下，倾斜角不得大于1°，以避免增加泵轴的额外负载并引起噪声。必须用皮带或齿轮传动时，应使液压泵卸掉径向和轴向负荷。液压马达与泵相似，某些马达允许承受一定径向或轴向负荷，但不应超过规定允许数值。

6．辅助元件安装

（1）应严格按照设计要求的位置进行安装并注意整齐、美观。

（2）安装前应用煤油进行清洗、检查。

（3）在符合设计要求情况下，尽可能考虑使用、维护方便。

（二）液压系统的调试

液压设备调试的主要内容，就是液压系统的运转调试，即不仅要检查系统是否完成设计要求的工作运动循环，而且还应该把组成工作循环的各个动作的力（力矩、速度、加速度、行程的起点和终点），各动作的时间和整个工作循环的总时间等调整到设计时所规定的数值，通过调试应测定系统的功率损失和油温升高是否有碍于设备的正常运转，并采取措施加以解决。液压系统的调试主要包括：

1．液压系统调试前的准备

液压系统调试前应当做好熟悉情况，确定调试项目和外观检查准备工作以及机械、电气、气动等方面与液压系统的联系，认真研究液压系统各元件的作用，读懂液压原理图，搞清楚液压元件在设备上的实际安装位置及其结构、性能和调整部位，仔细分析液压系统各工作循环的压力变化、速度变化以及系统的功率利用情况，熟悉液压系统用油的牌号和要求。

在掌握上述情况的基础上，确定调试的内容、方法及步骤，准备好调试工具、测量仪表和补接测试管路，制订安全技术措施，以避免人身安全和设备事故的发生。

2．外观检查

新设备和经过修理的设备均需进行外观检查，其目的是检查影响液压系统正常工作的相关因素。有效的外观检查可以避免许多故障的发生，外观检查主要包括：

（1）检查各个液压元件的安装及其管道连接是否正确可靠。

（2）检查各个液压部件的防护装置是否具备和完好可靠。

（3）检查油箱中的油液牌号和过滤精度是否符合要求，液面高度是否合适。

（4）检查系统中各液压部件、管道和管接头位置是否便于安装、调节、检查和修理。

（5）检查观察用的压力表等仪表是否安装在便于观察的地方。

（6）检查液压泵电动机的转动是否轻松、均匀。外观检查发现的问题，应改正后才能进行调整试车。

3．空载试车

空载试车是指在不带负载运转的条件下，全面检查液压系统的各液压元件，各种辅助装置和系统内各回路的工作是否正常；工作循环或各种动作的自动换接是否符合要求。空载试车及调整的方法与步骤：

（1）间歇启动液压泵，使整个系统滑动部分得到充分的润滑，使液压泵在卸荷状况下运转（如将溢流阀旋松或使换向阀处于中位等），检查液压泵卸荷压力大小是否在允许故值内；观察运转是否正常，有无刺耳的噪声；油箱中液面是否有过多的泡沫，液位高度是否在规定范围内。

（2）使系统在无负载状况下运转，先令液压缸活塞顶在缸盖上或使运动部件顶死在挡铁上（若为液压马达则固定输出轴），或用其它方法使运动部件停止，将溢流阀逐渐调节到规定压力值，检查溢流阀在调节过程中有无异常现象。其次让液压缸以最大行程多次往复运动或使液压马达转动，打开系统的排气阀排出积存的空气。

（3）检查安全防护装置（如安全阀、压力继电器等）工作的正确性和可靠性，从压力表上观察各油路的压力，并调整安全防护装置的压力值在规定范围内。

（4）检查各液压元件及管道的外泄漏、内泄漏是否在允许范围内。

（5）空载运转一定时间后，检查油箱的液面下降是否在规定高度范围内。由于油液进入了管道和液压缸中，使油面下降，甚至会使吸油管上的过滤网露出液面，或使液压系统和机械传动润滑不充分而发出噪音，所以必须及时给油箱补充油液。

（6）与电器配合调整自动工作循环或动作顺序，检查各动作的协调和顺序是否正确。

（7）检查启动、换向和速度换接时运动的平稳性，不应有爬行、跳动和冲击现象。

（）*液压系统连续运转一段时间后，检查油液的温升是否应在允许规定值内（一般工作油温为 35~60℃空载试车结束后，方可进行负载试车）。

4．负载试车

负载试车是使液压系统按设计要求在预定的负载下工作。通过负载试车检查系统能否实现预定的工作要求，如工作部件的力、力矩或运动特性等；检查噪音和振动是否在允许范围内；检查工作部件运动换向和速度换接时的平稳性，不应有爬行、跳动和冲击现象；检查功率损耗情况及连续工作一段时间后的温升情况。负载试车，一般是先在低于最大负载的情况下试车，如一切正常，则可进行最大负载试车，这样可避免出现设备损坏等事故。

（三）液压系统的试压

液压系统试压的目的主要是检查系统、回路的漏油和耐压强度。系统的试压一般都采取分级试验，每升一级，检查一次，逐步升到规定的试验压力。这样可避免事故发生。试验压力的选择：中、低压应为系统常用工作压力的 1.5~2 倍，高压系统为系统最大工作压力的 1.2~1.5 倍；在冲击大或压力变化剧烈的回路中，其试验压力应大于尖峰压力；对于橡胶软管，在 1.5~2 倍的常用工作压力下应无异常变形，在 2~3 倍的常用工作压力下不应破坏。系统试压时，应注意以下事项：

（1）试压时，系统的安全阀应调到所选定的试验压力值。

（2）在向系统供油时，应将系统放气阀打开，待其空气排除干净后，方可关闭。同时将节流阀打开。

（3）系统中出现不正常声响时，应立即停止试验，待查出原因并排除后再进行试验。

（4）试验时必须注意安全措施。一般的液压系统最合适温度为 40~50℃，在此温度下工作时液压元件的效率最高，油液的抗氧化性处于最佳状态。如果工作温度超过 80℃以上，油液将早期劣化（每增加 10℃，油的劣化速度增加 2 倍），还将引起粘度降低，润滑性能变差，油膜容易破坏，液压件容易烧伤等。因此液压油的工作温度不宜超过 70~80℃，当超过这一温度时，应停机冷却或采取强制冷却措施。

在环境温度较低的情况下，运转调试时，由于油的粘度增大，压力损失和泵的噪音增加，效率降低，同时也容易损伤元件，当环境温度在 10℃以下时，属于危险温度，为此要采取预热措施，并降低溢流阀的设定压力，使液压泵负荷降低，当油温升到 10℃以上时再进行正常运行。

## 【任务实施】

### 一、YT4543 型组合机床动力滑台液压系统安装

（1）根据液压回路原理图选择所需液压元件。

（2）在实验板上将元件大致地布置好。

（3）安装液压管路。

（4）安装液压元件。

（5）对照回路原理图，检查连接是否正确。确认无误后，进入下一步。

### 二、YT4543 型组合机床动力滑台液压系统调试

1．进行液压系统调试

先松开溢流阀，启动油泵，让泵空转 1~2min；再将溢流阀的开度逐渐减小，使泵的出口压力调至适当（QCS014 型液压教学实验台，压力调至 2MPa；YY-18 型透明液压传动演示系统，压力调至 1MPa）；调节节流阀至适当开度。

2．操纵控制面板，检验

“快进—工进—快退”工作循环能否实现？若不能达到预定动作，检查：管子是否接好，各液压元件连接是否正确，各液压元件的调节是否合理，电气线路是否存在故障等。更正后重新开始试车，直至工作循环顺利实现。

### 【课后总结】

本任务主要讲述了组合机床动力滑台液压系统工作原理，以及对该系统进行组装和调试。通过本任务的学习，读者掌握阅读液压系统原理图的能力；并通过系统的组装和调试，归纳总结出系统组装与调试的步骤，提高实际动手能力。

### 【考核评价】

1．简述组合机床动力滑台液压系统的工作原理及特点？

2．如何从典型的液压系统中拆分出基本回路？

3．简述液压系统的安装与调试步骤。

## 任务 2　数控车床液压系统安装与调试

### 【任务说明】

观察 MJ-50 型数控车床液压系统的工作过程。针对其液压系统进行分析，目的是提高阅读液压系统图的能力，理解基本回路的合理组合，归纳总结出该系统的特点。然后，在模拟实验台上对该系统进行组装与调试。

### 【理论指导】

### 一、概述

目前，在数控车床上，大多都使用了液压技术。这里介绍 MJ-50 型数控车床的液压系

统，如图 5-2 所示为该系统的原理图。

数控车床由液压系统实现的动作有：卡盘的夹紧与松开、刀架的夹紧与松开、刀架的正转与反转、尾座套筒的伸出与缩回。液压系统中各电磁阀的电磁铁动作由数控系统的可编程序控制器控制，各电磁铁动作如表 5-1 所示。

表 5-1　MJ-50 数控车床电磁铁动作表

| 动作 \ 电磁铁 | | | 1YA | 2YA | 3YA | 4YA | 5YA | 6YA | 7YA | 8YA |
|---|---|---|---|---|---|---|---|---|---|---|
| 卡盘正转 | 高压 | 加紧 | + | - | - | | | | | |
| | | 松开 | - | + | - | | | | | |
| | 低压 | 加紧 | + | - | + | | | | | |
| | | 松开 | - | + | + | | | | | |
| 卡盘反转 | 高压 | 加紧 | - | + | - | | | | | |
| | | 松开 | + | - | - | | | | | |
| | 低压 | 加紧 | - | + | + | | | | | |
| | | 松开 | + | - | + | | | | | |
| 刀架 | 正转 | | | | | | | | - | + |
| | 反转 | | | | | | | | + | - |
| | 松开 | | | | | + | | | | |
| | 加紧 | | | | | - | | | | |
| 尾座 | 套筒伸出 | | | | | | - | + | | |
| | 套筒缩回 | | | | | | + | - | | |

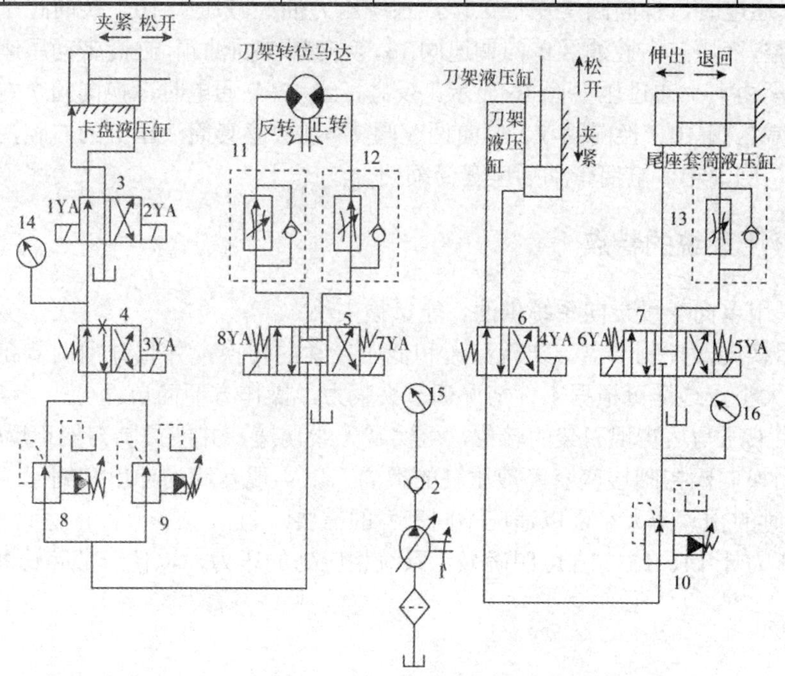


图 5-2　数控车床液压系统

1-液压泵；2-单向阀；3、4、5、6、7-换向阀；8、9、10-减压阀；

11、12、13-调速阀；14、15、16-压力计

## 二、液压系统的工作原理

机床的液压系统采用由单向变量泵供油，系统压力调至*4MPa*，压力由压力计15显示。泵输出的压力油经过单向阀进入系统，其工作原理如下：

1．卡盘的夹紧与松开

当卡盘处于正卡（或称外卡）且在高压夹紧状态下时，夹紧力的大小由减压阀8来调整，夹紧压力由压力计14来显示。当1YA通电时，换向阀3左位工作，系统压力油经减压阀8、换向阀4、换向阀3到液压缸右腔，液压缸左腔的油液经换向阀3直接回油箱。这时，活塞杆左移，卡盘夹紧。反之，当2YA通电时，换向阀3右位工作，系统压力油经阀8、4、3到液压缸左腔，液压缸右腔的油液经换向阀3直接回油箱。这时，活塞杆右移，卡盘松开。

当卡盘处于正卡且在低压夹紧状态下时，夹紧力的大小由减压阀9来调整。这时，3YA通电，换向阀4右位工作。换向阀3的工作情况与高压夹紧时相同。卡盘反卡时的工作情况与正卡相似。

2．回转刀架的回转

回转刀架换刀时，首先是刀架松开，然后刀架转位到指定位置，最后刀架复位夹紧。

当4YA通电时，换向阀6开始工作，刀架松开，当8YA通电时，液压马达带动刀架正转，转速由单向调速阀11控制。若7YA通电，则液压马达带动刀架反转，转速由单向调速阀12控制，当4YA断电时，换向阀6左位工作，液压缸使刀架夹紧。

3．层座套筒缸的伸缩运动

当6YA通电时，换向阀7左位工作，系统压力油经减压阀10、换向阀7到尾座套筒液压缸的左腔，液压缸右腔油经单向调速阀13，换向阀7回油箱，缸筒带动尾座套筒伸出，伸出时的预紧力大小通过压力计16显示。反之，当5YA通电时，换向阀7右位工作，系统压力油经减压阀10、换向阀7、单向调速阀13到层座套筒液压缸的右腔，液压缸左腔油经换向阀7回油箱，缸筒带动后座套筒缩回。

## 三、液压系统的特点

（1）采用单向变量泵向系统供油，能量损失小。

（2）用换向阀控制卡盘，实现高压和低压夹紧的转换，并且分别调节高压夹紧或低压夹紧力的大小，这样可根据工件情况调节夹紧力，操作方便简单。

（3）用液压马达实现刀架的转位，可实现无级调速，并能控制刀架正反转。

（4）用换向阀控制层座套筒液压缸的换向，以实现套筒的伸出和缩回，并能调节层座套筒伸出时的预紧力大小，以适应不同工件的需要。

（5）压力计14、15、16可明确显示系统相应处的压力，以便于故障诊断和调试。

## 【任务实施】

### 一、MJ-50 型数控车床液压系统安装

（1）根据液压回路原理图正确选择所需元件。

（2）在实验板上将元件大致地布置好。

（3）安装液压管路。

（4）安装液压元件。

（5）对照回路原理图，检查连接是否正确。确认无误后，进入下一步。

### 二、MJ-50 型数控车床液压系统调试

1．进行液压系统调试

先松开溢流阀，启动油泵，让泵空转 1~2min；再将溢流阀的开度逐渐减小，使泵的出口压力调至适当（QCS014 型液压教学实验台，压力调至 2MPa；YY-18 型透明液压传动演示系统，压力调至 1MPa）；调节节流阀至适当开度。

2．操纵控制面板并检验

观察卡盘的夹紧与松开、刀架的夹紧与松开、刀架的正转与反转、尾座套筒的伸出与缩回等工作过程能否实现。若不能达到预定动作，检查：管子是否接好，各液压元件连接是否正确，各液压元件的调节是否合理，电气线路是否存在故障等。更正后重新开始试车，直至工作循环顺利实现。

## 【课后总结】

本任务主要针对 MJ-50 型数控车床液压系统工作原理进行分析并对该系统进行组装和调试。通过本任务的学习可提高学生阅读液压系统原理图的能力。通过系统的组装和调试，归纳总结出系统组装与调试的步骤，提高学生实际动手能力。

## 【考核评价】

1．简述 MJ-50 型数控车床液压系统的工作原理及特点。

2．简述 MJ-50 型数控车床液压系统的安装与调试步骤。

# 项目六 液压系统预防性维护及常见故障诊断与维修

【项目重点】

- 海天天翔系列注塑机液压系统的预防性维修
- 淬火轨收集装置液压系统故障诊断与维修

【项目目标】

- 了解液压系统日常检查的方法及步骤
- 掌握液压系统常见故障的处理方法
- 掌握液压故障的诊断方法和排除方法

## 任务 1 海天天翔系列注塑机液压系统的预防性维修

【任务说明】

### 一、任务引入

注塑机是塑料加工业中普遍使用的设备之一，由机械、液压、电器、专用配套件等按照注塑加工工艺技术的需要，有机地组合在一起，自动化程度高，相互之间关联紧密。注塑机可 3 班 24h 连续运转，如图 6-1 所示即为注塑机。

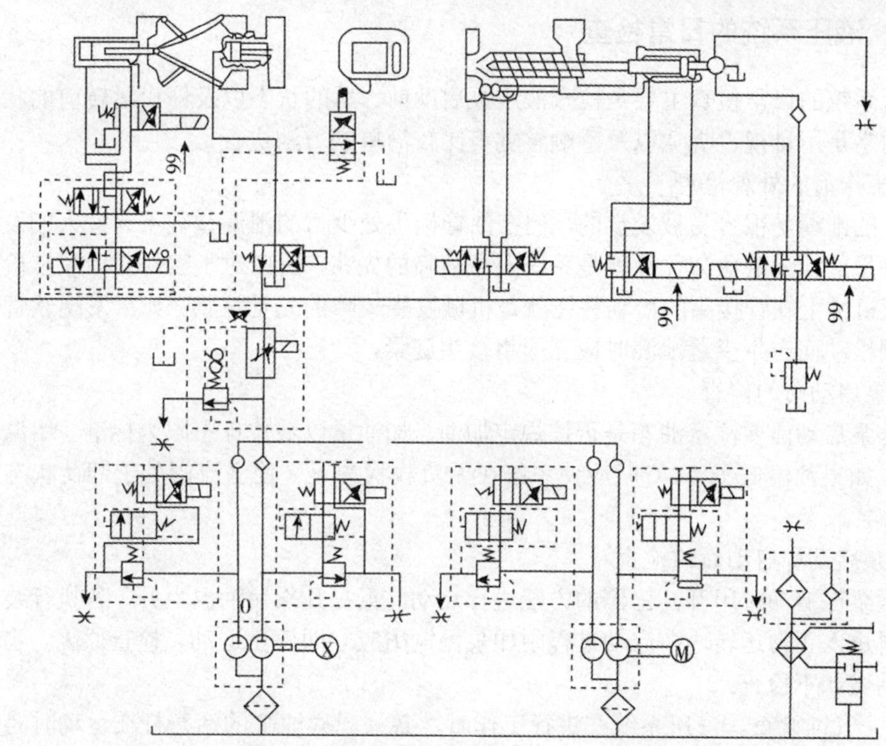

图 6-1　注塑机液压传动及控制系统原理图

为保证注塑机处于完好状态，严格控制注塑机因故障造成的停机，延长它的使用寿命，减少维修费用，要求定期对设备进行日常维护。

本任务要求针对海天天翔系列注塑机液压系统，制定合理的预防性维护方案，并加以实施。

## 二、任务分析

设备是现场人员战斗的“武器”，“武器”的状态直接影响到现场人员的生产效率与产品质量。而作为使用、设备维修和管理部门，是等“武器”坏了再停工抢修，还是随时监测与预防，以达到零非计划停机、零速度损失、零废品的目标呢?显然应当选择后者。

预防性维护是指为了防止系统发生故障，在故障发生前有计划地进行一系列的维护工作。进行预防性维护的出发点是降低企业成本，通过进行预防性维护的低成本投入，减少停机时间，从而节省维修成本以及因维修造成的其他生产成本支出。

## 【理论指导】

## 一、概述

液压传动设备应用面越来越广，有很多种常年露天作业，受自然条件的影响较大。为了充分保障和发挥这些设备的工作效能，减少故障发生次数，延长使用寿命，就必须加强日常的维护保养。实践经验表明，预防故障发生的最好办法是加强设备的定期检查。

## 二、液压系统的日常检查

液压系统的日常检查主要是检查液压泵启动前、后的状态以及停止运转前的状态。日常检查通常是用目视、听觉以及手触感觉等比较简单的方法进行。

1．工作前的外观检查

大量的泄漏是很容易被发觉的，但在油管接头处少量的泄漏往往不易被人们发现，然而这种少量的泄漏现象却往往就是系统发生故障的先兆，所以对于密封必须经常检查和清理，液压机械上软管接头的松动往往就是机械发生故障的先觉症状。如果发现软管和管道的接头因松动而产生少量泄漏时应立即将接头旋紧。

2．泵启动前的检查

液压泵启动前要注意油箱是否按规定加油，加油量以液位计上限为标准。用温度计测量油温，如果油温低于 10℃时应使系统在无负载状态下（使溢流阀处于卸荷状态）运转 20min 以上。

3．泵启动和启动后的检查

液压泵在启动时用开开停停的方法进行启动，重复几次使油温上升，各执行装置运转灵活后再进入正常运转。在启动过程中如泵无输出应立即停止运动，检查原因，当泵启动后，还需做如下检查：

（1）气蚀检查。液压系统在进行工作时，必须观察油缸的活塞杆在运动时是否有跳动现象，在油缸全部外伸时有无泄漏，在重载时油泵和溢流阀有无异常噪音，如果噪音很大，这时是检查气蚀最为理想的时候。

（2）过热的检查。液压泵发生故障的另一个症状是过热，气蚀会产生过热，因为液压泵热到某一温度时，会压缩油液空穴中的气体而产生过热。如果发现因气蚀造成过热应立即停车进行检查。

（3）气泡的检查。如果液压泵的吸油侧漏入空气，这些空气就会进入系统并在油箱内形成气泡。液压系统内存在气泡将产生三个问题：一是造成执行元件运动不平稳；二是加速液压油的氧化；三是产生气蚀现象，所以要特别防止空气进入液压系统。有时空气也可能从油箱渗入液压系统，所以要经常检查油箱中液压油的油面高度是否符合规定要求，吸油管的管口是否浸没在油面以下，并保持足够的浸没深度。

4．液压油污染防控

液压传动系统中是以油液作为传递能量的工作介质，在正确选用油液以后还必须使油液保持清洁，防止油液中混入杂质和污物。经验证明：液压系统的故障 75%以上是由于液压油污染造成的，因此液压油的污染控制十分重要。

液压油中的污染物，金属颗粒约占 75%，尘埃约占 150%，其它杂质如氧化物、纤维、树脂等约占 10%。这些污染物中危害最大的是固体颗粒，它使元件有相对运动的表面加速磨损，堵塞元件中的小孔和缝隙。有时甚至使阀芯卡住，造成元件的动作失灵，它还会堵塞液压泵吸油口的过滤器，造成吸油阻力过大，使液压泵不能正常工作，产生振动和噪声。总之，油液中的污染物越多，系统中元件的工作性能下降得越快，因此经常保持油液的清洁是维护液压传动系统的一个重要方面。控制液压油污染的措施有：

（1）液压油的油库要设在干净的地方，所用的器具如油桶、漏斗、抹布等都应保持

干净。

（2）液压油必须经过严格的过滤，以防止固体杂质损害系统。

（3）油箱应加盖密封，防止灰尘进入，在油箱上面应设有空气过滤器。

（4）系统中的油液应经常检查并根据工作情况定期更换。

（5）如果采用钢管输油应把钢管在油中浸泡 24h，　生成不活泼的薄膜后再使用。

（6）装拆元件一定要清洗干净，防止污物进入。

（7）发现油液污染严重时应查明原因及时消除。

5. 防止空气进入系统

液压系统中所用的油液可压缩性很小，在一般的情况下它的影响可以忽略不计，但低压空气的可压缩性很大，大约为油液的 10000 倍，所以即使系统中含有少量的空气，它的影响也是很大的。

溶解在油液中的空气，在压力低时就会从油中逸出，产生气泡，形成空穴现象，到了高压区在压力油的作用下这些气泡又很快被击碎，急剧受到压缩，使系统中产生噪音，同时当气体突然受到压缩时会放出大量热量，因而引起局部过热，使液压元件和液压油受到损坏。

空气的可压缩性大，还使执行元件产生爬行，破坏工作平稳性，有时甚至引起振动，这些都影响到系统的正常工作。油液中混入大量气泡还容易使油液变质，降低油液的使用寿命，因此必须注意防止空气进入液体内。

根据空气进入系统的不同原因，在使用维护中应当注意：

（1）经常检查油箱中的液面高度，其高度应保持在液位计的最低液位和最高液位之间。在最低液位时吸油管口和回油管口，也应保持在液面以下，同时须用隔板隔开。

（2）应尽量防止系统内各处的压力低于大气压力，同时应使用良好的密封装置，失效的要及时更换，管接头及各接合面处的螺钉都应拧紧，及时清洗入口过滤器。

（3）在油缸上部设置排气阀，以便排出油缸及系统中的空气。

6. 防止油温过高

液压机械油液的工作温度一般在 30~65℃的范围内较好，如果油温超过这个范围将给液压系统带来许多不良的影响。油温升高后的主要影响有以下几点：

（1）油温升高使油的粘度降低，因而元件及系统内油的泄漏量将增多，这样就会使液压泵的容积效率降低。

（2）油温升高使油的粘度降低，这样将使油液经过节流小孔或隙缝式阀口的流量增大，这就使原来调节好的工作速度发生变化，特别对液压随动系统，将影响工作的稳定性，降低工作精度。

（3）油温升高粘度降低后相对运动表面的润滑油膜将变薄，这样就会增加机械磨损，在油液不太干净时容易发生故障。

（4）油温升高将使油液的氧化加快，导致油液变质，降低油的使用寿命。沉淀物还会堵塞小孔和缝隙，影响系统正常工作。

（5）油温升高将使机械产生热变形，液压阀类元件受热后膨胀，可能使配合间隙减小，因而影响阀芯的移动，增加磨损，甚至被卡。

引起油温过高的原因主要有油箱容量太小，散热面积不够；系统中没有卸荷回路，在停止工作时液压泵仍在高压溢流；油管太细太长，弯曲过多，或者液压元件选择不当，使压力损失太大等。还有些是由元件加工装配精度不高，相对运动件间摩擦发热过多，或者泄漏严重，容积损失太大等引起的。

从使用维护的角度来看，防止油温过高应注意：

（1）注意保持油箱中的正确液位，使系统中的油液有足够的循环冷却条件。

（2）正确选择系统所用油液的粘度。粘度过高，增加油液流动时的能量损失，粘度过低，泄漏就会增加，两者都会使油温升高。

（3）在系统不工作时油泵必须卸荷。经常注意保持冷却器内水量充足，管路通畅。

7．检修液压系统的注意事项

液压系统使用一定时期后，由于各种原因产生异常现象或发生故障。此时用调整的方法不能排除时，可进行分解修理或更换元件。除了清洗后再装配和更换密封件或弹簧这类简单修理之外，重大的分解修理要十分小心，最好到制造厂或有关大修厂检修。

在检修和修理时，一定要做好记录。这种记录对以后发生故障时查找原因有实用价值。同时也可作为判断该设备常用那些备件的有关依据。

在修理时，要备齐如下常用备件：液压缸的密封，泵轴密封，各种O形密封圈，电磁阀和溢流阀的弹簧，压力表，管路过滤元件，管路用的各种管接头、软管、电磁铁以及蓄能器用的隔膜等。此外，还必须备好检修时所需的有关资料；液压设备使用说明书、液压系统原理图、各种液压元件的产品目录、密封填料的产品目录以及液压油的性能表等。

## 【任务实施】

海天天翔系列注塑机是海天通用液压机系列之一，具有性价比高，性能稳定的特点，现已成为国内外最畅销的机型之一。其液压系统的主要液压单元有：低噪音变量泵系统、高精度旁路滤油器、油温偏差报警功能、油箱液位计、油箱滤芯阻塞报警功能（≥2500kN），液压油冷却装置、自封式油箱滤油器（≥2500kN）。

对海天天翔系列注塑机液压系统的预防性维修主要从以下几个方面进行。

### 一、维持适当的液压油量

日常可通过油箱液位计，检查油箱的油量，当液面高度低于一定值时，及时补油。同时，留意检查是否有泄露的部位，及早更换磨损的密封件，收紧松动的接头等。

### 二、保持合适的液压油温度

密切注意液压油的工作温度，液压系统的理想工作温度应介于45~50℃之间。该液压系统具有油温偏差报警功能，当油温过高会自动报警。油温过高的原因多样，但多归于油路故障或冷却系统的失效等。

### 三、保证液压油油质

要使用合适的液压油，推荐使用抗磨液压油，并定期检查油的污染程度。液压油污染程度的测定有条件的情况下，可用各种仪器测试；但在生产现场，往往没有专门的仪器，

大多用眼看、鼻闻的方法直接观察液压油的污染程度。如表 6-1 所列为液压油污染的目测项目及判断、处理措施。海天天翔系列注塑机采用超细高精度旁路滤油器，可提高换油周期 3~10 倍，使液压油具有超长的使用寿命，但超过一定数量的工作小时后主动换油是绝对必要的。

表 6-1　液压油污染的目测项目及判断、处理措施

| 外观颜色 | 气味 | 污染情况 | 处理措施 |
|---|---|---|---|
| 颜色透明 | 正常 | 良好 | 继续使用 |
| 透明 | 但已变淡 | 正常 | 混入别种油液，检查粘度，如符合要求，继续使用 |
| 变成乳白色 | 正常 | 混入空气和水分 | 分离水分，部分换油或全部换油 |
| 变成黑褐色 | 有臭味 | 氧化变质 | 全部换油 |
| 透明有小黑点 | 正常 | 混入杂质 | 过滤后使用或换油 |
| 透明而闪光 | 正常 | 混入金属粉末 | 过滤或换油，并检查原因 |

## 四、清洗滤油器

该系统采用自封式油箱滤油器，滤油器内设置自封阀等装置，当更换、清洗滤芯或维修系统时，只需旋开过滤器端盖，此时自封阀会自动开闭，隔绝油箱油路，使油箱油液不会外流，从而使清洗、更换滤芯或维修系统非常方便。

## 五、清洗冷却器

冷却器应定期或依据工作能力是否降低而清洗，冷却器内部堵塞或积垢均将影响冷却效率，冷却用水选择软性的（无矿物质）为佳。

## 六、定期更换易损零件

及时更换已老化或磨损的元件，适当的调整和润滑以及适当的环境条件都可以延长零件的寿命。如油缸油封磨损，会造成注塑机射胶量不稳定，此时应及时更换油封。

## 七、严格执行日常点检制度

为提高设备的完好率，使设备发挥最大效率，需要建立、健全相应的日点检、日巡检、定期检查、定期静态检查等一系列管理措施及制度，并严格执行日常的点检制度。

## 【课后总结】

本任务针对海天天翔系列注塑机液压系统，制定合理的预防性维护方案。通过本任务的实施，可引导学生总结归纳出一般液压系统日常维护包括哪些内容，及实施步骤。

【考核评价】

1．液压系统的日常检查包括哪些？

2．控制液压油污染的措施有哪些？

# 任务2　淬火轨收集装置液压系统故障诊断与维修

【任务说明】

## 一、任务引入

如图6-2所示为淬火轨收集装置液压系统回路图。淬火轨收集装置液压系统在运行过程中出现以下故障：

（1）液压缸出现“停顿—滑行—停顿”的爬行现象。

（2）开机生产一段时间后，油泵异响。

（3）液压缸无法自锁。即系统在运行过程中，液压缸3、4锁不住。当换向阀8置中位，停止加压后，在“台架”自重作用下，出现液压缸3、4的活塞杆慢慢伸出的故障现象（即“台架”慢慢下降的现象）。要求根据故障的现象，分析故障原因，提出维修方案并加以实施。

## 二、任务分析

液压缸出现爬行现象，故障主要原因是在液压缸上。开机生产一段时间后，油泵异响，故障的主要原因是在泵上。而液压缸无法自锁，故障的原因主要是在液压回路。以上故障如不及时排除，都将会影响到生产。

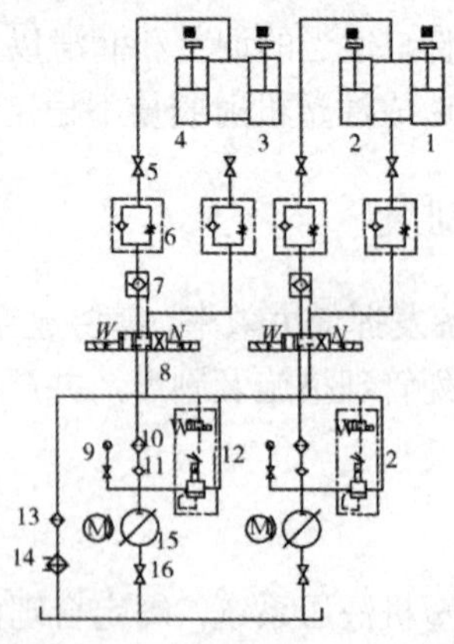


图6-2　淬火轨收集装置液压系统回路图

1、2、3、4-液压缸；5-截止阀；6-单向节流阀；7-液控单向阀；8-换向阀；9-压力表；10、13-过滤器；11-单向阀；12 溢流阀；14-冷却器；15-液压泵

## 【理论指导】

### 一、液压系统的常见故障

1．液压油的故障

据统计，液压装置的故障，70%与液压油有关，而且这70%中约90%是由于杂质所造成的。液压油的检查内容主要有以下几点：液压油的清洁度、颜色、粘度和稠度，此外还有气味。液压油从高压侧流向低压侧而没有作机械功时，液压系统内就会产生热。液压油温度过高，会使很贵的密封件变质和油液氧化至失效，会引起腐蚀和形成沉积物，以至堵塞阻尼孔和加速阀的磨损，过高的温度将使阀、泵卡死，高温还会带来安全问题。借助对油箱内油温的检查，有时可以在严重的危害未发生前使系统故障得以消除。借助于液压图对系统进行故障诊断，工作要简单的多。

在大多数系统里，溢流阀是主要的发热源，减压阀通过的流量太大也是引起发热的另一个主要原因。由于效率低与能量损失有关，因此，检查工作温度就可知道是否存在效率低的问题。对液压系统而言，油液中污染物的控制是一个主要工作，污染物的清除与控制需要使用过滤器，液压系统可能装有很好的过滤器，安装位置也很合适，但如果不精心保养和及时维护，过滤器不能起到应有的作用，浪费了所花的费用，因此应做好下列工作：

（1）制定一个过滤器的维护日程表并严格执行。

（2）检查从系统中更换下来的滤芯，找出系统失效及潜在问题的预兆。

（3）不要把泄漏出来的任何油液倒回系统中。

2．泵、阀的故障

泵如果正确的安装使用，液压泵可连续使用多年而不需要维修。一但发现问题，应该及早找出原因并尽快排除。液压阀的制造精度高，只要合理装配并保持良好的工作状态，一般很少泄漏，并可精确地控制系统内的油液压力、方向和流量。油中的污染物是阀失效的主要原因，少量的纤维、脏物、氧化物或淤渣都会引起故障或阀的损坏。引起泵、阀的故障的主要有以下几方面原因：

（1）外界条件

- 紧固螺栓的松动，由于紧固过度造成的变形与破损。
- 负荷的剧烈变化。
- 振动、冲击。
- 组装、拆卸、修补做业和顺序的错误，工具的好坏，零件的破损、变形以及产生伤痕和丢失。
- 配管扭曲造成的变形与破损，或配管错误等。

（2）液压油条件

- 混入杂质、水、空气及劣化。
- 粘度、温度是否合适。
- 润滑性。
- 吸入条件是否良好（防止气穴、过大的正压或负压）。
- 异常的高压、压力波动。

（3）元件本身的好坏

- 结构、强度。
- 零部件（轴承、油封、螺栓、轴）的品质。
- 滑动部分的磨损、划伤、粘滞。
- 零部件的磨损、划伤、变形、劣化。
- 漏油（内泄漏、外泄漏）。

为使阀的维修工作安全可靠，应遵循下列原则：

- 在拆卸液压阀之前要切断电源，以免系统意外启动或使工具飞出。
- 在拆卸液压阀之前，要将阀的手柄向各个方向移动，以便将系统内的压力释放。
- 在拆卸液压阀之前，要将液压传动的所有工作机构锁紧或将其置于较低位置。

3．蓄能器的故障

蓄能器是贮存高压油的装置，当泵处于正常的无负荷状态或空转状态，就可给蓄能器充油。蓄能器贮存的高压油在需要时可以释放出来，补充泵的流量，或在停泵时给系统供油。我们现使用的蓄能器大多为隔膜式和气囊式；蓄能器靠压缩惰性气体来贮存能量，通常采用氮气，实际充气压力不能高于临界值，大多数场合，充气压力值应在系统最高压力值的 1/3 到 1/2 的范围内，这样效果最好，回路工作特性很少变化。特别强调的是，不要使用氧气或含氧气的混合气体。

## 二、液压故障的诊断方法

1．直观检查法

对于一些较为简单的故障，可以通过眼看、手模、访问现场操作人员、耳听和嗅闻等手段进行检查。

例如，通过视觉检查能发现诸如破裂、漏油、松脱和变形等故障现象，从而可及时地维修或更换配件；用手握住油管（特别是胶管），当有压力油流过时会有振动感觉。另外，手模还可以用于判断带有机械传动部件的液压元件润滑情况是否良好，用手感觉原件壳体温度变化，若壳体过热，则说明润滑不良；耳听可以判断机械零件损坏造成的故障点和损坏程度，如液压泵吸空、溢流阀开启、元件发卡等故障都会发出如水的冲击声或“水锤声”等异常响声；有些部件会由于过热、润滑不良和气蚀等原因而发出异味，通过嗅闻可以判断出故障点。

2．对换诊断法

在维修现场缺乏诊断仪器或被查元件比较精密不易拆开时，可采用此法。先将怀疑出现故障的元件拆下，换上新件或其它机器上工作正常、同型号的元件进行试验。即可作出诊断。对换诊断法可以避免因盲目拆卸而导致液压元件的性能的降低。

3．仪表测量检查法

仪表测量检查法就是借助对液压系统各部分的压力、流量和温度的测量来判断系统的故障点的一种方法。在一般的现场检测中，由于液压系统的故障往往表现为压力不足，容易察觉；而流量的检测则比较困难，流量的大小只可通过执行元件的快慢做出判断。因此，在现场检测中，更多地采用检测系统压力的方法。

例如，一台日立型挖掘机，工作中发现行走向右跑偏，怀疑是行走系统左、右压力不

均匀。用仪表检测发现，左边为32Mp，右边26Mp，经调整右侧行走安全阀的压力后，故障排除。

4．原理推理法

液压系统的基本原理都是利用不同的液压元件、按照液压系统回路组合匹配而成，当出现故障现象时可据此进行分析推理，初步诊断出故障部位和原因，对症下药，迅速排除。

总之，通过对液压系统更加深入的了解和掌握，不断提高技术和工作能力，才能更好的解决好液压设备使用者面临的主要问题，管理好液压系统。当系统出现问题时能找出引起系统故障真正的原因，更多的工作是从平时的日常点检开始，注重设备检查和维修工作的细节，在故障早期就将引起故障的各种因素消除，通过对工作循环不断的改进与提高，从而使预知维修工作能在不断变化的工作环境中更进一步，确保设备发挥更大的效益，实现设备事故为零的目标。

## 【维修方案】

### 一、故障现象一：液压缸爬行

故障原因及处理方法：

（1）润滑条件不良。处理方法：加大润滑量。

（2）液压系统中浸入空气。处理方法：排出系统中空气，紧固接头检查和更换密封。

（3）机械刚性原因。零件磨损变形，引起摩擦力变化而产生爬行。处理方法：修理或更换零件。

### 二、故障现象二：油泵异响

故障原因及处理方法：

（1）吸油管质量不好或喉码未收紧。处理方法：拆滤网检查是否变形，更换滤网。

（2）滤网不干净。液压油杂质过多。处理方法：清洗或更换滤网。

（3）油泵磨损:检查油泵配油盘及转子端面磨损情况。处理方法：修理或更换油泵。

### 三、故障现象三：液压缸无法自锁

故障分析：

第一步：在正常情况下，当换向阀 8 置中位时，液压缸 3、4 不应动作。现在出现的故障是液压缸 3、4 的活塞杆向左慢慢伸出，即工作台架要慢慢下降。因此属于方向错误。

第二步：根据其液压系统原理图分析可以得出，造成该故障的原因可能是液控单向阀 7 内漏以及液压缸 3 或 4 内漏。液控单向阀 7，在系统中起锁定作用。其发生内泄漏，有这样两种原因造成：一是由于本身存在质量问题，内泄漏过大。二是因回油背压过高，液控单向阀 7 的控制油路有一定的压力，导致液控单向阀 7 处于一定的开启状态，关闭不严。

第三步：根据以上分析，主要的可能故障元件是液压缸 3 或液压缸 4，液控单向阀 7，换向阀 8，以及回油管路，过滤器 13，冷却器 14。

第四步：综合分析。由于换向阀阀芯与阀套配合间隙小，容易卡紧，导致换向不灵，换向不到位，造成回油背压过高。换向阀 8 出现故障的可能性比较大；液控单向阀 7 本身存在质量问题的可能性亦较大。至于回油管路、冷却装置、过滤装置堵塞而造成回油背压过高、液压缸 3、4 出现内泄漏可能性较小。液压缸 1、2 部分的回油亦经过这些元件，而液压缸 1、2 没有类似的故障。因此，可以将回油管路、冷却装置、过滤装置出现故障的情况排除在外。由此列出元件的检查顺序是：液控单向阀 7→换向阀 8→液压缸 3、4。

第五步：对重点元件进行初步检查。通过仔细观察，液控单向阀内部好像有油液流动的声音；换向阀的外部电信号正常，换向声音亦正常，也无发热等异常现象;液压缸没有明显的异常情况。

第六步：初步可以断定，故障部位很有可能在液控单向阀。将液控单向阀拆下，在检测试验台上进行检测试验，测得其内泄漏严重超标。

第七步：将液控单向阀进行拆开检查，发现其阀体上有砂眼，导致内泄漏。处理方式:更换合格的液控单向阀，再将其安装好。开车试验系统故障是否消除。

## 【课后总结】

本任务主要讲述了针对淬火轨收集装置液压系统一些常见的故障，分析了故障原因，提出了维修方案并加以实施。通过本任务的学习，可引导学生总结归纳如何诊断液压系统故障，并在以后工作中加以应用。

## 【考核评价】

1．液压故障的诊断方法有哪些？

2．液压系统的常见故障有哪些？

# 项目七　气源装置与气动执行元件选用

【项目重点】

➢ 气源装置及其附件的选用
➢ 气动执行元件的选用

【项目目标】

➢ 掌握气源装置的组成和工作原理
➢ 掌握气缸和气马达的结构组成和工作原理

## 任务 1　气源装置及其附件的选用

【任务引入】

### 一、任务说明

气压传动系统中的气源装置为气动系统提供满足一定质量要求的压缩空气，它是气压传动系统的重要组成部分。由空气压缩机产生的压缩空气，必须经过降温、净化、减压、稳压等一系列处理后，才可供给控制元件和执行元件使用。

### 二、任务分析

气源装置是为气动系统提供满足一定质量要求的压缩空气的能源装置，是每个气动系统不可缺少的核心装备。合理地选择气源装置及其附件对于降低气动系统的能耗、提高系统的效率、降低噪声、改善工作性能和保障系统可靠地工作都十分重要。气动系统中的气源装置的作用类似液压传动中的液压泵，在学习中，前面的液压传动知识有很强的可参考性。

【理论指导】

### 一、对压缩空气的要求

1．要求压缩空气具有一定的压力和足够的流量

压缩空气是气动装置的动力源，没有一定压力不但不能保证执行机构产生足够的推力，

而且连控制机构都难以正确地动作；没有足够流量，就不能满足对执行机构运动速度和程序的要求等。总之，压缩空气如果没有一定压力和流量，气动装置的一切功能均无法实现。

2. 要求压缩空气有一定的清洁度和干燥度

清洁度是指气源中含油量、含灰尘杂质的质量及颗粒大小所控制的范围。干燥度是指压缩空气中含水量的多少，气动装置要求压缩空气的含水量越低越好。由空气压缩机排出的压缩空气，虽然能满足一定的压力和流量的要求，但不能为气动装置所使用。因为一般气动设备所使用的空气压缩机都是属于工作压力较低（小于 1MPa），用油润滑的活塞式空气压缩机。它从大气中吸入含有水分和灰尘的空气，经压缩后，空气温度均提高到140~180℃，这时空气压缩机气缸中的润滑油也部分成为气态，这样油分、水分以及灰尘便形成混合的胶体微尘与杂质混在压缩空气中一同排出。如果将此压缩空气直接输送给气动装置使用，将会产生下列不良影响：

- 混在压缩空气中的油蒸气可能聚集在贮气罐、管道、气动系统的容器中形成易燃物，有引起爆炸的危险；另外，润滑油被气化后，会形成一种有机酸，对金属设备、气动装置有腐蚀作用，影响设备的寿命。
- 混在压缩空气中的杂质能沉积在管道和气动元件的通道内，减少了通道面积，增加了管道阻力。特别是对内径只有 0.2~0.5mm 的某些气动元件会造成阻塞，使压力信号不能正确传递，整个气动系统不能稳定工作甚至失灵。
- 压缩空气中含有的饱和水分，在一定的条件下会凝结成水，并聚集在个别管道中，在寒冷的冬季，凝结的水会使管道及附件结冰而损坏，影响气动装置的正常工作。
- 压缩空气中的灰尘等杂质，对气动系统中作往复运动或转动的气动元件的运动会产生研磨作用，使这些元件因漏气而降低效率，影响它的使用寿命。

因此气源装置必须设置一些除油、除水、除尘，并使压缩空气干燥，提高压缩空气质量，进行气源净化处理的辅助设备。

## 二、压缩空气站的设备组成及布置

压缩空气站的设备一般包括产生压缩空气的空气压缩机和使气源净化的辅助设备。图7-l 是压缩空气站设备组成及布置示意图。

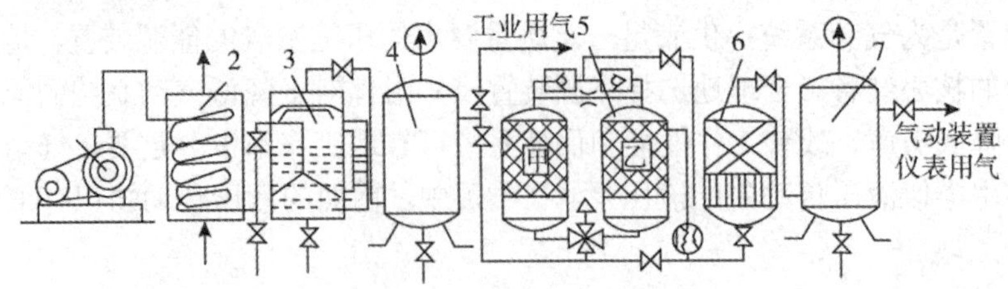


图 7-1　一般压缩空气站设备组成和流程示意图

1-压缩机；2-冷却器；3-分离器；4-储气罐；5-干燥器；6-过滤器；7-储气罐

在图 7-l 中，1 为空气压缩机，用以产生压缩空气，一般由电动机带动。其吸气口装有空气过滤器以减少进入空气压缩机的杂质。2 为后冷却器，用以降温冷却压缩空气，使净化的水凝结出来。3 为油水分离器，用以分离并排出降温冷却的水滴、油滴、杂质等。4

为储气罐，用以贮存压缩空气，稳定压缩空气的压力并除去部分油分和水分。5为干燥器，用以进一步吸收或排除压缩空气中的水分和油分，使之成为干燥空气。6为过滤器，用以进一步过滤压缩空气中的灰尘、杂质颗粒。7为储气罐。储气罐4输出的压缩空气可用于一般要求的气压传动系统储气罐7输出的压缩空气可用于要求较高的气动系统（如气动仪表及射流元件组成的控制回路等）。

（一）空气压缩机的分类及选用原则

1．空气压缩机分类

空气压缩机是一种气压发生装置，它是将机械能转化成气体压力能的能量转换装置，其种类很多，分类形式也有数种。如按其工作原理可分为容积型压缩机和速度型压缩机。按输出力可分为低压空压机（0.2MPa$<p<$1.0MPa）、中压空压机（1.0MPa$<p<$10MPa）、高压空压机（10MPa$<p<$100MPa）和超高压空压机（$p>$100MPa）。按输出的流量可分为微型（$q<1\text{m}^3/\text{min}$）、小型（$1\text{m}^3/\text{min}<q<10\text{m}^3/\text{min}$）、中型（$10\text{m}^3/\text{min}<q<100\text{m}^3/\text{min}$）和大型（$q>10\text{m}^3/\text{min}$）四种空压机。

2．空气压缩机的选用

多数气动装置是断续工作的，且负载波动较大，因此，首先应按空压机的特性要求，选择空压机类型；再依据气压传动系统所需的工作压力和流量两个主要参数确定空压机的输出压力$P$和吸入流量$q$，最终选取空压机的型号。

在确定空压机的额定压力时，应使额定压力略高于使用的工作压力，一般气压传动系统工作压力为0.5~0.6MPa，选用额定输出压力0.7~0.8MPa的低压空气压缩机。特殊需要时也可依公式计算空压机的输出压力$P$而选用中压、高压或超高压的空气压缩机。考虑气动系统的总压力损失除了管路的沿程阻力损失和局部阻力损失外，还要考虑为了保证减压阀的稳定性能所必需的最低输入压力，以及气动元件工作时的压降损失。

在确定空压机的额定排气量时，应以各种气动设备所需的最大耗气量之和为基础，并考虑到气动设备和气动系统管路阀门的泄漏量，以及各种气动设备是否连续工作等因素，将各元件和装置在其不同压力下压缩空气流量转换为大气压下的自由空气流量。由于空压机标牌上的排气量是自由空气（标准大气压下）排气量，选用时可参考下式：

$$q=\psi K_1 K_2 \sum_{i=1}^{n} q_{zi}$$

式中　$q$—空气压缩机的排气量，单位为$\text{m}^3/\text{s}$。

$\psi$—利用系数，同类气动设备较多时，有的设备在耗气，而有的还没有使用，故要考虑利用系数$\psi$，由图7-2选取。

$K_1$—漏损系数，考虑各气动元件、管件、接头的泄漏，尤其风动工具的磨损泄漏，供气量应增加15%~50%，即有漏损系数$K_1$=1.15~1.5，风动工具多取大值。

$K_2$—备用系数，由于系统各工作时间用气量可能不等，考虑其最大用量，再考虑到有时会增设新的气动装置，即有备用系数$K_2$＝1.3～1.6。

$n$—气动设备台数（包括所有的气缸和气马达）。

$q_{zi}$—一台设备需要的平均自由空气耗气量（$\text{m}^3/\text{s}$）。

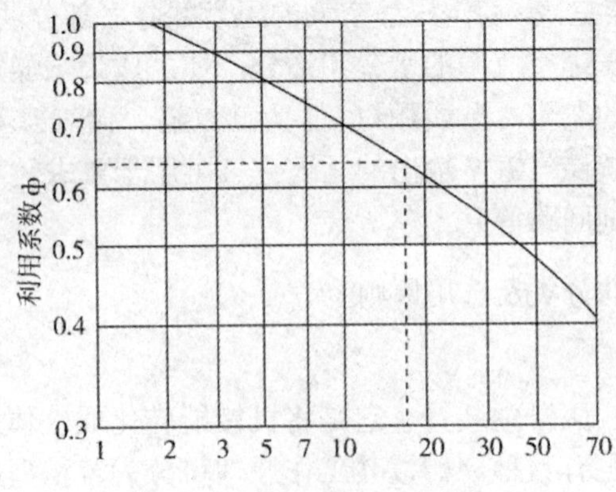


图 7-2 气动设备利用系数

（二）空气压缩机的工作原理

气压传动系统中最常用的空气压缩机是往复活塞式，其工作原理如图 7-3 所示。

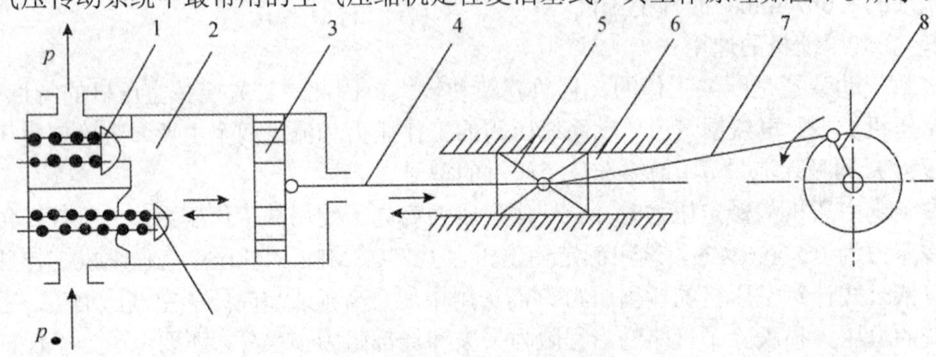


图 7-3 往复活塞式空压机

1-排气阀；2-气缸；3-活塞；4-活塞杆；5-滑块；6-滑道；7-连杆；8-曲柄；9-吸气阀

当活塞 3 向右运动时，气缸 2 内活塞左腔的压力低于大气压力，吸气阀 9 被打开，空气在大气压力作用下进入气缸 2 内，这个过程称为“吸气过程”。当活塞向左移动时，吸气阀 9 在缸内压缩气体的作用下而关闭，缸内气体被压缩，这个过程称为压缩过程。当气缸内空气压力增高到略高于输气管内压力后，排气阀 1 被打开，压缩空气进入输气管道，这个过程称为“排气过程”。活塞 3 的往复运动是由电动机带动曲柄转动，通过连杆、滑块、活塞杆转化为直线往复运动而产生的。图中只表示了一个活塞一个缸的空气压缩机，大多数空气压缩机是多缸多活塞的组合。

（三）气动辅助元件

气动辅助元件分为气源净化装置和其他辅助元件两大类。

1．气源净化装置

压缩空气净化装置一般包括：后冷却器、油水分离器、贮气罐、干燥器、过滤器等。

（1）后冷却器。后冷却器安装在空气压缩机出口处的管道上。它的作用是将空气压缩机排出的压缩空气温度由 140~170℃降至 40~50℃。这样就可使压缩空气中的油雾和水汽迅速达到饱和，使其大部分析出并凝结成油滴和水滴，以便经油水分离器排出。后冷却

器的结构形式有蛇形管式、列管式、散热片式、管套式。冷却方式有水冷和气冷两种方式，蛇形管和列管式后冷却器的结构如图 7-4 所示。

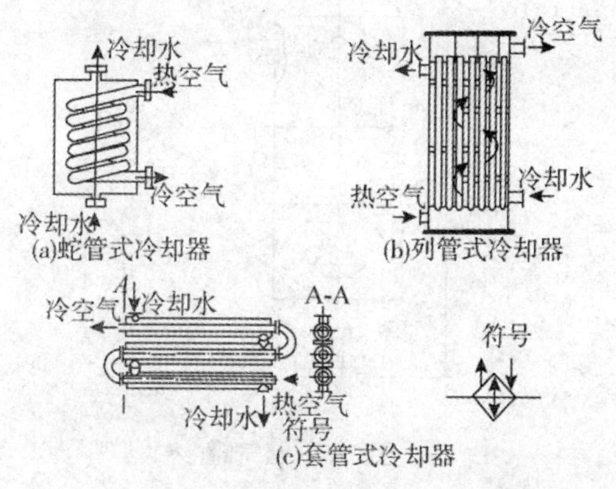


图 7-4 几种常见冷却器

（2）油水分离器。油水分离器安装在后冷却器出口管道上，它的作用是分离并排出压缩空气中凝聚的油分、水分和灰尘杂质等，使压缩空气得到初步净化。油水分离器的结构形式有环形回转式、撞击折回式、离心旋转式、水浴式以及以上形式的组合使用等。如图 7-5 所示是撞击折回并回转式油水分离器的结构形式。

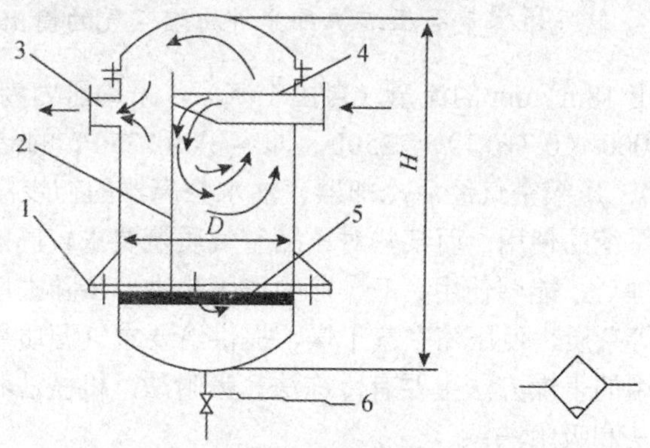


图 7-5　撞击折回式油水分离器

1-支架；2-隔板；3-输出管；4-进气管；5-栅板；6-放油水阀

它的工作原理是当压缩空气由入口进入分离器壳体后，气流先受到隔板阻挡而被撞击折回向下（见图中箭头所示流向）；之后又上升产生环形回转，这样凝聚在压缩空气中的油滴、水滴等杂质受惯性力作用而分离析出，沉降于壳体底部，由放水阀定期排出。为提高油水分离效果，应控制气流在回转后上升的速度不超过 0.3~0.5m/s。

（3）储气罐。储气罐有卧式和立式之分，它是钢板焊接制成的压力容器，水平或垂直地直接安装在后冷却器后面来储存压缩生气，因此，可以减少交气流的脉动。

储气罐的作用是贮存一定数量的压缩空气平衡，同时也是应急动力源，以解决空压机的输出气量和气动设备的耗气之间的不平衡。尽可能减少压缩机经常发生的“满载”与“空载”现象；消除空压机排气的压力脉动，保证输出气流的连续性和平稳性；进一步分离压缩空气中的油、水等杂质。

储气罐结构：储气罐一般多采用焊接结构，以立式居多，其结构形式如图 7-6 所示。

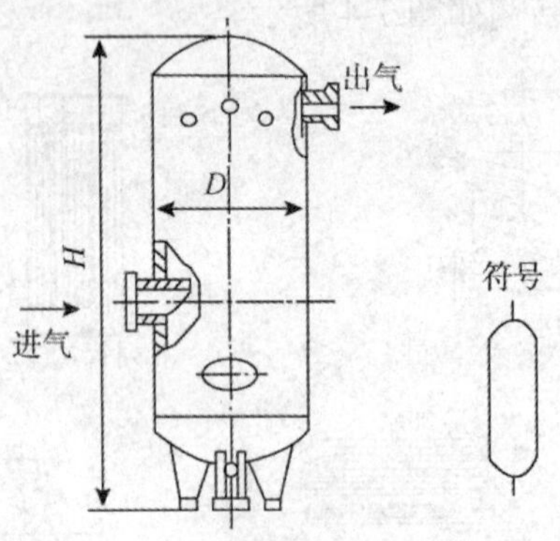


图 7-6　储气罐

罐的高度一般为其内径的 2~3 倍。进气口在下，出气口在上，并尽可能加大两管口之间的距离，以利于充分分离空气小的杂质。罐上设安全阀，其调整压力为工作压力的110%；装设压力表指示罐内压力；底部设排放油、水的接管和阀门。最好将储气罐放在阴凉处。

计算选择储气罐的大小：储气罐的尺寸大小根据对压缩机的输出量及未来需求量的变化的预测来确定。对工厂来说，计算储气罐尺寸的原则是如下：

储气罐容量≈压缩机每分钟压缩空气的输出量

例如，压缩机输出 $18m^3/min$ 的流量（自由空气），平均压力为 0.7MPa，因此压缩空气每分钟输出量为 18000/（0.7+0.1）≈2250L，即容积为 2250 L 的储气罐是合适的。

（4）空气干燥器。压缩空气经后冷却器、油水分离器的初步净化后，可进入到储气罐中以满足一般气动系统的使用；而某些对压缩空气质量要求较高的气动设备的用气，还需经过进一步净化处理后才能够使用。干燥器的作用是进一步除去压缩空气中含有的少量的水分、油分、粉尘等杂质，使压缩空气干燥，提供给要求气源质量较高的系统及精密气动装置使用。目前使用的干燥方法主要有冷冻法、吸附法、机械法和离心法等。在工业上常用的干燥器是冷冻法和吸附法。

- 冷冻式干燥器。它是使压缩空气冷却到一定的露点温度，然后析出空气中超过饱和汽压部分的水分，降低其含湿量，增加空气的干燥程度。此方法适用于处理低压大流量，并对干燥度要求不高的压缩空气。压缩空气的冷却除用冷冻设备外，也可采用制冷剂直接蒸发，或用冷却液间接冷却的方法。
- 吸附式干燥器。它主要是利用具有吸附性能的吸附剂（如硅胶、活性氧化铝、焦炭、分子筛等物质）表面能够吸附水分的特性来清除水分的，从而达到干燥、过滤的目的。吸附法应用较为普遍。当干燥器使用后，吸附剂吸水达到饱和状态而失去吸水能力，因此需设法除去吸附剂中的水分，使其恢复干燥状态，以便继续使用，这就是吸附剂的再生。

如图 7-7 所示为吸附式干燥器。

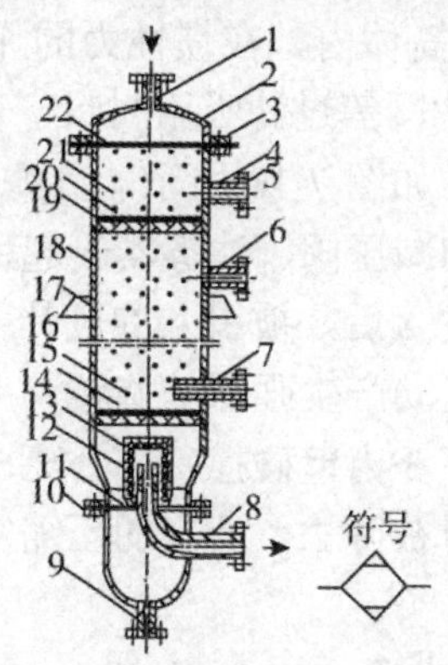


图 7-7　吸附式干燥器

1-湿空气进气管府；2-顶盖；3、4、10-法兰；4、6-再生空气排气管；7-再生空气进气管；
8-干燥空气输出管；9-排水管；11、22-密封垫；12、15、20-铜丝过滤网；13-毛毡；
14-下栅板；16、21-吸附层；17-支撑板；18-外壳；19-上栅板

压缩空气从管道 1 进入干燥器内，通过上吸附层 21、铜丝过滤网 20、上栅板 19、下吸附层 16 之后，湿空气中的水分被吸附剂吸附而干燥，再经过铜丝过滤网 15、下栅板 14、毛毡层 13、铜丝过滤网 12 滤去空气中的粉尘杂质，最后干燥、洁净的压缩空气从输出管输出。吸附法是干燥处理方法中应用最普遍的一种方法。

如图 7-8 所示为不加热再生式干燥器，它有两个填满吸附剂的容器 1、2。当空气从容器 1 的下部流到上部，空气中的水分被吸附剂吸收而得到干燥，一部分干燥后的空气又从容器 2 的上部流到下部，把吸附在吸附剂中的水分带走并放入大气。即实现了不需外加热源而使吸附剂再生，两容器定期（5~10min）的交换工作使吸附剂产生吸附和再生，这样可得到连续输出的干燥压缩空气。

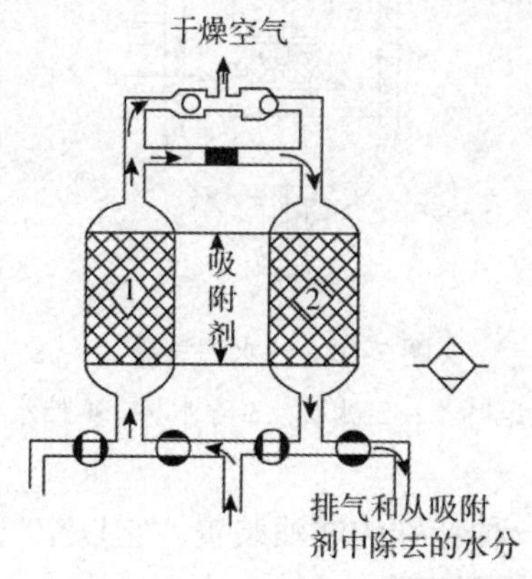


图 7-8　不加热再生式干燥器

（5）空气过滤器。过滤器的作用是滤去压缩空气中的油分、水分和粉尘等杂质。不同的使用场合对过滤器的要求不尽相同。过滤器的形式较多，常用的过滤器可分为一次过滤器和二次过滤器。

一次过滤器又称为简易过滤器，如图 7-9 所示。一般置于干燥器之后，其滤灰效率为

50%~70%。气流由切线方向进入筒体内，在惯性力的作用下分离出液体，然后气体由下而上通过多孔钢板、毛毡、硅胶、滤网等过滤吸附材料，干燥洁净的压缩空气从筒顶输出。

二次过滤器又称分水滤气器，如图 7-10 所示，其滤灰效率为 70%~90%。分水滤气器在气动系统中应用非常普遍，它和减压阀、油雾器一起称为气动三联件，一般置于气动系统的入口处。压缩空气从输入口进入后，被引入旋风叶子 1，旋风叶子上有很多成一定角度的缺口，迫使空气沿切线方向运动产生强烈的旋转。夹杂在气体中较大的水滴、油滴粉尘等杂质，在惯性作用下与存水杯 3 内壁碰撞，并分离出来沉淀到杯底部；而微颗粒粉尘和雾状水汽则在气体通过滤芯 4 时被除去，洁净的压缩空气便从输出口输出。沉淀于杯底部的杂质通过排污法及时放掉。

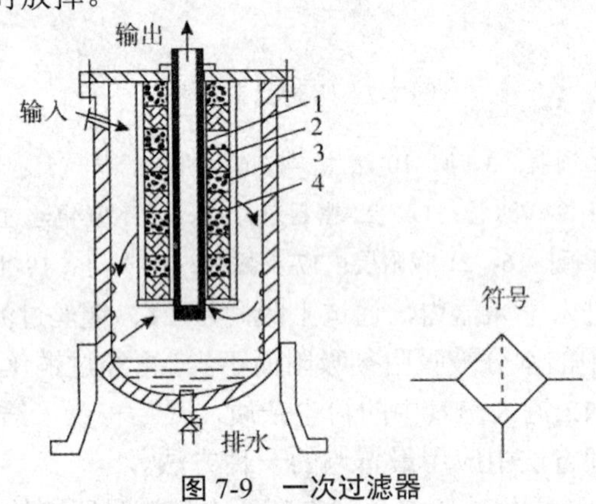

图 7-9　一次过滤器

1-10mm 密孔管；2-280 目细铜丝网；3-焦炭；4-硅胶

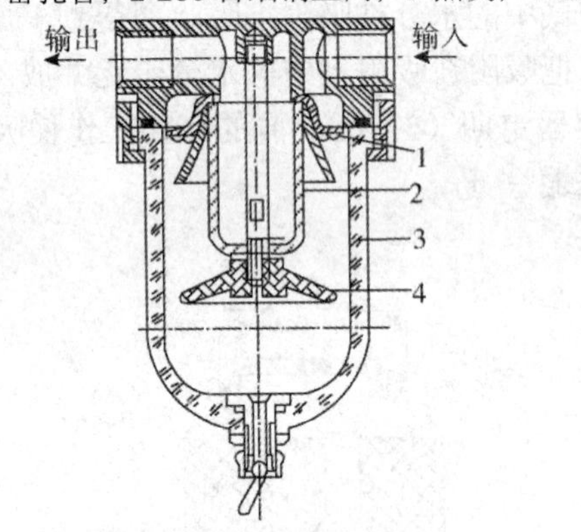

图 7-10　分水滤气器

1-旋风叶子；2-滤芯；3-存水杯；4-挡水板

2．其他辅助元件

（1）油雾器。油雾器是一种特殊的注油装置。它以空气为动力，使润滑油雾化后，注入空气流中，并随空气进入需要润滑的部件，达到润滑的目的。

图 7-11 是普通油雾器（也称一次油雾器）的结构简图。当压缩空气由输入口进入后，通过喷嘴 1 下端的小孔进入阀座 4 的腔室内，在截止阀的钢球 2 上下表面形成压差。由于泄漏和弹簧 3 的作用，而使钢球处于中间位置，压缩空气进入存油杯 5 的上腔使油面受压，压力油经吸油管 6 将单向阀 7 的钢球顶起。钢球上部管道有一个方形小孔，钢球不能将上部管道封死，压力油不断流入视油器 9 内，再滴入喷嘴 1 中，被主管气流从上面小孔引射

出来，雾化后从输出口输出。节流阀 8 可以调节流量。使滴油量在每分钟 0~120 滴内变化。

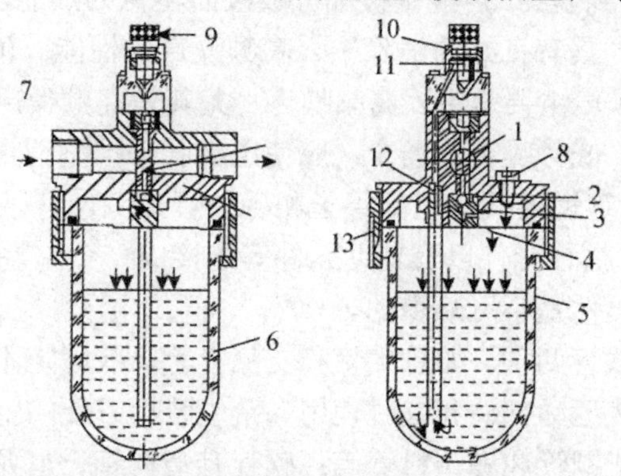


图 7-11　普通油雾器（一次油雾器）结构简图

1-喷嘴；2-钢球；3-弹簧 14-阀座；5-存油杯；6-吸油管；7-单向阀；
8-节流 W；9-视油器；10、12-密封垫；11-油塞；13-螺母、螺钉

二次油雾器能使油滴在雾化器内进行两次雾化，使油雾粒度更小、更均匀，输送距离更远。二次雾化粒径可达 50μm。

油雾器的选择主要是根据气压传动系统所需额定流量及油雾粒径大小来进行。所需油雾粒径在 50μm 左右选用一次油雾器；若须油雾粒径很小可选用二次油雾器。油雾器一般应配置在滤气器和减压阀之后，用在设备之前较近处。

（2）消声器。在气压传动系统之中，气缸、气阀等元件工作时，排气速度较高，气体体积急剧膨胀，会产生刺耳的噪声。噪声的强弱随排气的速度、排量和空气通道的形状而变化。排气速度和功率越大，噪声也越大，一般可达 100~120dB，为了降低噪声可以在排气口装消声器。消声器就是通过阻尼或增加排气面积来降低排气速度和功率，从而降低噪声的。

气动元件使用的消声器一般有三种类型：吸收型消声器、膨胀干涉型消声器和膨胀干涉吸收型消声器。常用的是吸收型消声器。图 7-12 是吸收型消声器的结构简图。

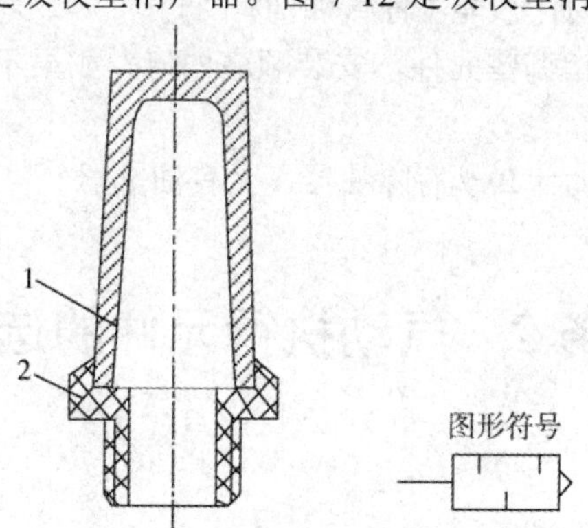


图 7-12　吸收型消声器结构简图

1-接螺丝；2-声罩

这种消声器主要依靠吸音材料消声。消声罩 2 为多孔的吸音材料，一般用聚苯乙烯或钢珠烧结而成。当消声器的通径小于 20mm 时，多用聚苯乙烯作消音材料制成消声罩，当消声器的通径大于 20mm 时，消声罩多用钢珠烧结，以增加强度。其消声原理：当有压气

体通过消声罩时，气流受到阻力，声能量被部分吸收而转化为热能，从而降低了噪声强度。吸收型消声器结构简单，具有良好的消除中、高频噪声的性能。消声效果大于 20dB。在气压传动系统中，排气噪声主要是中、高频噪声，尤其是高频噪声，所以采用这种消声器是合适的。在主要是中、低频噪声的场合，应使用膨胀干涉型消声器。

（3）管道连接件。管道连接件包括管子和各种管接头。有了管子和各种管接头，才能把气动控制元件、气动执行元件以及辅助元件等连接成一个完整的气动控制系统，因此，在实际应用中，管道连接件是不可缺少的。

管子可分为硬管和软管两种。如总气管和支气管等一些固定不动的、不需要经常装拆的地方应使用硬管。连接运动部件和临时使用、希望装拆方便的管路应使用软管。硬管有铁管、铜管、黄铜管、紫铜管和硬塑料管等；软管有塑料管、尼龙管、橡胶管、金属编织塑料管以及挠性金属导管等等。常用的是紫铜管和尼龙管。

气动系统中使用的管接头的结构及工作原理与液压管接头基本相似，分为卡套式、扩口螺纹式、卡箍式、插入快换式等。

### 【课后总结】

本任务主要讲述了气源装置及其附件的结构和工作原理，以及气源装置的选用原则及方法。通过对本任务的学习，要求读者熟练掌握气源装置及其附件的结构、工作原理以及气源装置的选用原则及方法，并能在实践中加以应用。

### 【考核评价】

1．简述空气压缩机的工作原理。

2．简述压缩空气净化的原因。

3．气源净化装置主要由哪些元件组成？并简述各部分的作用。

4．油雾器有何作用？为什么能不停气加油？

5．常用气源三联件是指哪些元件，安装顺序如何？如果不按顺序安装，会出现什么问题？

6．在压缩空气站中，为什么既有除油器，又有油雾器？

## 任务 2　气动执行元件的选用

### 【任务引入】

#### 一、任务说明

气缸是气动系统的执行元件之一。除几种特殊气缸外，普通气缸的种类及结构形式与液压缸基本相同。目前最常用的是标准气缸，其结构和参数都已系列化、标准化、通用化。

## 二、任务分析

气动执行元件是气动系统将压缩空气的压力能转化为机械能的元件，气动执行元件分为气缸和气马达。气缸可实现直线往复运动或摆动，输出为力或转矩，气动马达可实现连续的回转运动，输出为转矩。是每个气动系统不可缺少的核心元件，合理地选择气动执行元件对于降低气动系统的能耗、提高系统的效率、改善工作性能和保障系统可靠工作十分重要。

## 【理论指导】

### 一、气缸

气缸是将压缩空气的压力能转化为机械能的元件，气缸可实现直线往复运动而输出力。气压传动与液压传动相比，压力低、工作介质粘度小；相应地在执行元件上就有要求密封性能更好，可用薄膜结构，标准化程度相对较高等。

气缸的优点是结构简单、成本低、工作可靠；在有可能发生火灾和爆炸的危险场合使用安全；气缸的运动速度可达到 1~2m/s，应用在自动化生产线中可以缩短辅助动作（例如传输、夹紧等）的时间，提高劳动生产率。但是气缸主要的缺点是由于空气的压缩性使速度和位置控制的精度不高，输出功率小。

（一）气缸的分类

气缸是气动系统中使用最多的一种执行元件，根据不同的用途和使用条件，其结构、形状、连接方式也有多种形式。常用的分类方法主要有以下几种：

（1）按压缩空气对活塞端面作用力的方向，可分为单作用气缸和双作用气缸。

（2）按气缸的结构特征可分为活塞式、柱塞式、膜片式、叶片摆动式及气－液阻尼缸等。

（3）按气缸的功能可分为普通气缸和特殊气缸。普通气缸用于一般无特殊要求的场合。特殊气缸常用于有某种特殊要求的场合，如缓冲气缸、步进气缸、增压气缸等。

（4）按气缸的安装方式可分为固定式气缸、轴销式气缸、回转式气缸、嵌入式气缸等。固定式气缸的缸体安装在机架上不动，其连接方式又有耳座式、凸缘式和法兰式。轴销式气缸的缸体绕一固定轴，缸体可作一定角度的摆动。回转式气缸的缸体可随机床主轴作高速旋转运动，常用在机床的气动夹具上。

（二）几种常用气缸的工作原理

1．普通气缸

常用的普通气缸有单杆单作用气缸和单杆双作用气缸两种。

（1）单杆单作用气缸。是指压缩空气仅在气缸的一端进气并推动活塞（或柱塞）运动，而活塞（或柱塞）的返回复位则是借助于其他外力，如弹簧力、重力等。单杆单作用气缸多用于短行程及对活塞杆推力、运动速度要求不高的场合。如图 7-13 所示为单杆单作用气缸的结构原理图。

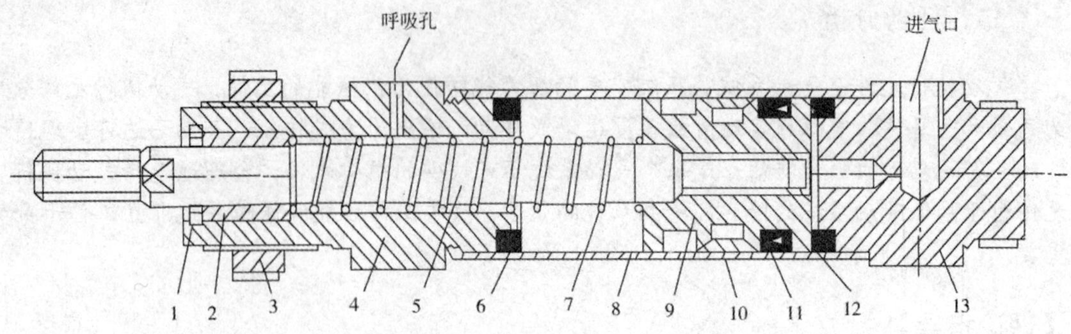


图 7-13　普通型单活塞杆单作用气缸

1-卡环；2-导向套；3-螺母；4-前缸盖；5-活塞杆；6-弹性垫；7-弹簧；
8-缸筒；9-活塞；10-导向环；11-密封圈；12-弹性垫；13-后缸盖

（2）单杆双作用气缸。是指活塞的往复运动靠压缩空气来完成的，是应用最为广泛的一种普通气缸，如图 7-14 所示为其结构原理图。

它主要由缸筒、端盖、活塞、活塞杆和密封件、紧固件等组成。缸筒前后用端盖及密封垫圈等固定连接。有活塞杆侧的缸盖为前缸盖，无活塞杆侧的缸盖为后缸盖，一般在缸盖上开设有进排气通口，当活塞运动速度较高时（一般为 1m/s 左右），可在行程的末端装设缓冲装置。前缸盖上设有密封圈、防尘圈和导向套，以此提高气缸的导向精度。活塞杆和活塞紧固相接，活塞上有防止左、右两腔互通窜气的密封圈，以及耐磨环；带磁性开关的气缸，活塞上装有永久性磁环，它可触发安装在气缸上的磁性开关来检测气缸活塞的运动位置。活塞两侧一般装有缓冲垫，如为气缓冲，则活塞两侧沿轴线方向设有缓冲柱塞，前、后两缸盖上有缓冲节流阀和缓冲套。当气缸运动到端头时，缓冲柱进入到缓冲套内，气缸排气需经缓冲节流阀，排气阻力增加，产生排气背压，形成缓冲气垫，起到缓冲作用。

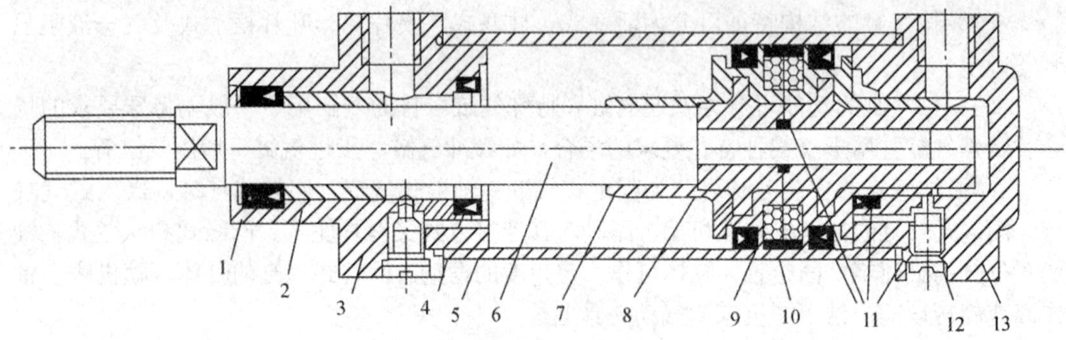


图 7-14　普通型单活塞杆双作用气缸

1-防尘组合密封圈；2-导向套；3-前缸盖；4-缓冲密封圈；5-缸筒；6-活塞环；
7-缓冲柱塞；8-活塞；9-磁性环；10-导向环；11-密封圈；12-缓冲节流阀；13-后缸盖

2．特殊气缸

（1）膜片式气缸。膜片式气缸是以薄膜取代活塞带动活塞杆运动的一种气缸，它利用压缩空气通过膜片推动活塞杆作往复运动，具有结构简单、紧凑，制造容易，成本低，维修方便，寿命长，泄漏少，效率高等优点，适用于气动夹具、自动调节阀及短行程场合。

按其结构可分单作用式和双作用式两种。如图 7-15（a）所示为单作用膜片式气缸，此气缸只有一个气口。当气口输入压缩空气时，推动膜片 2、膜盘 3、活塞杆 4 向下运动，活塞杆的上行需依靠弹簧力的作用。如图 7-15（b）所示为双作用膜片式气缸，有两个气口，活塞杆的上下运动依靠压缩空气来推动。

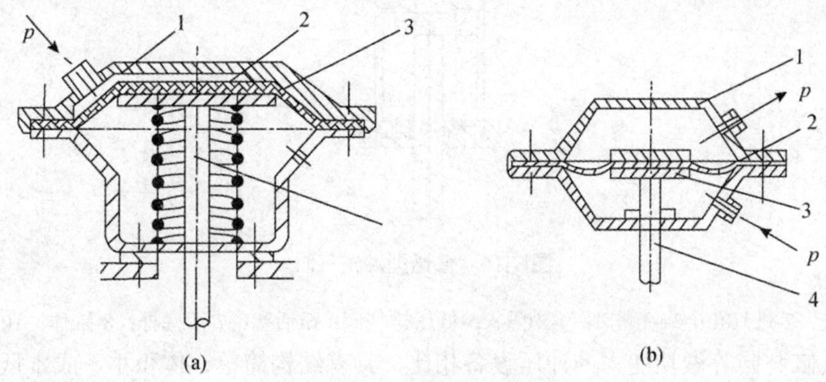


图 7-15　膜片式气缸

1-缸体；2-膜片；3-膜盘；4-活塞杆

膜片式气缸与活塞式气缸相比，因膜片的变形量有限，故气缸的行程较短，一般不超过 40~50mm。其最大行程 $L_{max}$ 缸径 D 的关系为：

$$L_{max}=（0.12\sim 0.25）D$$

因变形要吸收能量，所以活塞杆上的输出力随着行程的增大而减小。膜片式气缸的膜片材料一般为夹织物橡胶、钢片或磷青铜片，膜片的结构有平膜片和碟形膜片及滚动膜片。根据活塞杆的行程来选择不同的膜片结构：平膜片气缸的行程仅为膜片直径的 0.1 倍，碟形膜片行程可达 0.25 倍，滚动膜片气缸的行程可以更长些。

（2）冲击式气缸。冲击式气缸是将压缩空气的能量转换为动能，使活塞高速运动，输出能量，产生较大的冲击力，击打工件做功的一种气缸。如图 7-16 所示，冲击气缸主要由缸体、中盖、活塞和活塞杆等组成。冲击气缸与普通气缸相比增加了蓄能腔 B 以及带有喷嘴和具有排气小孔的中盖 4。

其工作原理是：压缩空气由气孔 2 进入 A 腔，其压力只能通过喷嘴口 3 的面积作用在活塞 6 上，还不能克服 C 腔的排气压力所产生的向上的推力以及活塞与缸体间的摩擦力，喷嘴处于关闭状态，从而使 A 腔的充气压力逐渐升高。当充气压力升高到能使活塞向下移动时，活塞的下移使喷嘴口开启，聚集在 A 腔中的压缩空气通过喷嘴口突然作用于活塞的全面积上，喷嘴口处的气流速度可达声速。高速气流进入 B 腔进一步膨胀并产生冲击波，其压力可高达气源压力的几倍到几十倍，给予活塞很大的向下的推力。此时 C 腔内的压力很低，活塞在很大的压差作用下迅速加速，在很短的时间（为 0.25~1.25s）以极高的速度（最大速度可达 10m/s）向下冲击，从而获得很大的动能，利用此能量做功，可完成锻造、冲压等多种作业。当气孔 10 进气，气孔 2 与大气相通时，作用在活塞下端的压力，使活塞上升，封住喷嘴口，B 腔残余气体，经低压排气阀 5 排向大气。

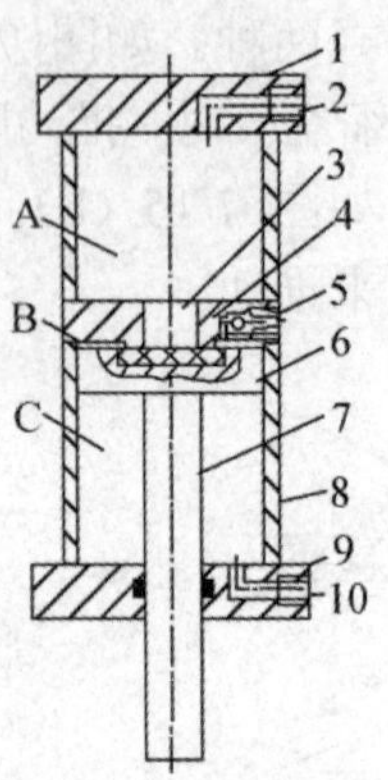


图 7-16　普通型冲击气缸

1、9-端盖；2-进气孔；3-喷嘴口；4-中盖；5-低压排气阀；6-活塞；7-活塞杆；8-缸体；10-出气孔

冲击气缸与同等做功能力的冲压设备相比，具有结构简单、体积小、成本低、使用可靠、易维修、冲裁质量好等优点，在生产上得到日益广泛的应用。其缺点是噪声较大，能量消耗大，冲击效率较低。故在加工数量大时，不能代替冲床。

（3）气－液阻尼气缸。一般普通气缸在工作时，由于气体具有很大的压缩性，气缸会产生“爬行”或“自走”现象，输出推力和速度就有波动，气缸的平稳性较差，且不易使活塞获得准确的停止位置。为了克服这些缺点，通常采用气－液阻尼缸，它是由气缸和液压缸组合而成，以压缩空气为能源，以油液作为控制和调节气缸运动速度的介质，利用油液的不可压缩性控制流量来获得气缸的平稳运动和调节活塞的运动速度，以达到活塞的平稳运动。与普通气缸相比，它传动平稳，停位准确、噪声小；与液压缸相比，它不需要液压源，经济性好，同时具有气动和液压的优点，因此得到了广泛的应用。

气－液阻尼缸按其组合方式不同可分为串联式和并联式两种。如图 7-17 所示为串联式气－液阻尼缸，它是将气缸和液压缸串接成一个主体，两个活塞固定在一个活塞杆上，在液压缸进、出口之间装有单向节流阀。当气缸右腔进气时，活塞克服外载并带动液压缸活塞向左运动。此时液压缸左腔排油，由于单向阀关闭，油液只能经节流阀 1 缓慢流回右腔，因此对整个活塞的运动起到阻尼作用。调节节流阀即可达到调节活塞运动速度的目的。当压缩空气进入气缸左腔时，液压缸右腔排油，此时单向阀 3 开启，活塞能快速返回。

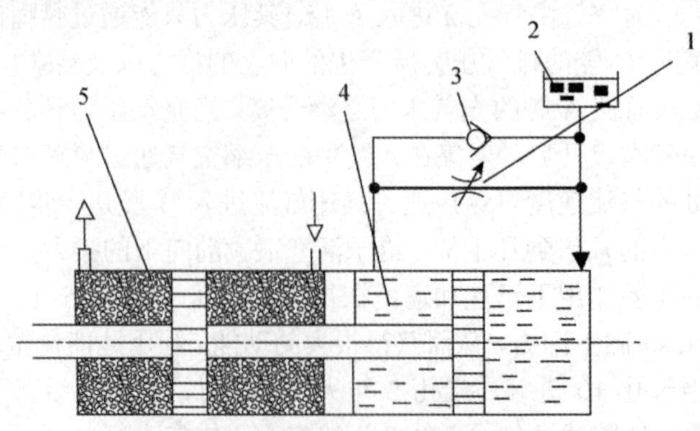


图 7-17　串联式气－液阻尼缸

1-节流阀；2-油箱；3-单向阀；4-液压缸；5-气缸

串联式气－液阻尼缸的缸体较长，加工与装配的工艺要求高，且气缸和液压缸之间容易产生窜油窜气现象。为此，可将气缸与液压缸并联组合。如图 7-18 所示为并联式气－液阻尼缸。

其工作原理与串联式气—液阻尼缸相同。这种气－液阻尼缸的缸体较短，结构紧凑，消除了油气互窜现象。但这种组合方式，两个缸不在同一轴线上，安装时对其平行度要求较高。

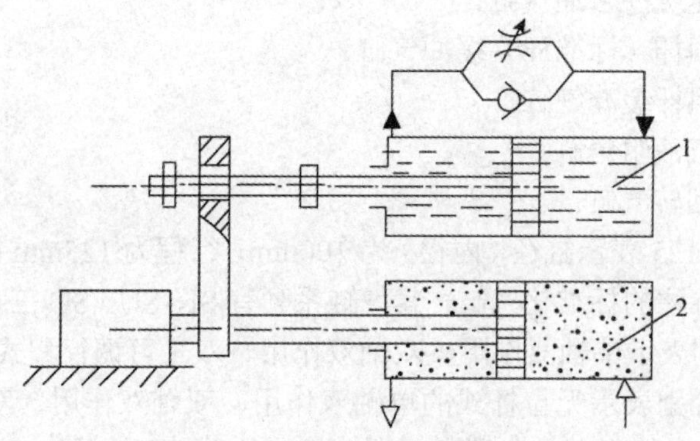


**图 7-18　并联式气－液阻尼缸**

1-液压缸；2-气缸

（4）摆动式气缸。摆动式气缸是将压缩空气的压力能转变成气缸输出轴的有限回转的机械能，多用于安装在位置受到限制，或转动角度小于 360° 的回转工作部件上，例如夹具的回转、阀门的开启及转位装置等机构。

如图 7-19 所示为单叶片式摆动气缸，定子 3 与缸体 4 固定在一起，叶片 1 和转子 2（输出轴）连接在一起。当左腔进气时，转子顺时针转动；反之，转子则逆时针转动。转子可做成单叶片式，也可做成双叶片式。这种气缸的耗气量一般较大。

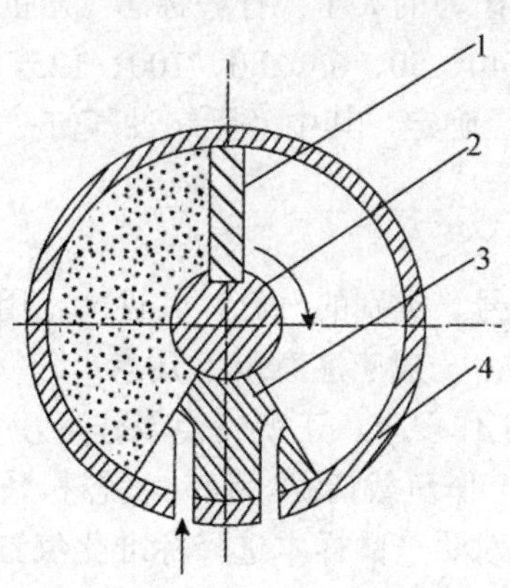


**图 7-19　单叶片式摆动气缸**

1-叶片；2-转子；3-定子；4-缸体

（三）气缸的选择及使用

气缸可自行设计，但一般都采用标准化的气缸。

1．标准化气缸的标记和系列

“QG”表示标准化气缸，它还分别用“A、B、C、D、H”表示其五种系列，具体的标注方法是：

| QG | A（B、C、D、H） | 缸径×行程 |
|---|---|---|

五种系列气缸分别为：

- QGA 表示无缓冲普通气缸；
- QGB 表示细杆（标准杆）缓冲气缸；
- QGC 表示粗杆缓冲气缸；
- QGD 表示气液阻尼缸；
- QGH 表示回转气缸。

例如 QHA100×125 表示缸径（内径）为 100mm，行程为 125mm 的无缓冲普通气缸。其他还有用“ISO”标注的标准化气缸，其气缸系列有 SI、SU、SC 三种。SI 系列又有 SI、SID、SIJ 之分，分别表示单轴双作用、双轴双作用、双轴可调行程式；SU 系列又有 SU、SUD、SUJ 之分，分别表示无拉杆式的单轴双作用、双轴双作用、双轴可调行程式；SC 系列又有 SC、SCD、SCJ 之分，分别表示有拉杆式的单轴双作用、双轴双作用、双轴可调行程式。其中，S 表示附磁环，若空白，则不附磁。其标注方式举例如下：SIJ—缸径×行程—可调整行程。

例如：SIJ-50×50-25-S-LB 表示缸径（内径）为 50mm，行程为 50mm，且行程可在 25~50mm 之间调整的附磁环的、两端支座固定的双轴可调行程式标准气缸。LB 表示固定方式。

2．标准化气缸的主要参数

标准化气缸的主要参数有缸筒内径 D 和行程 L。在一定的气源压力下，缸筒内径的大小标志着气缸活塞杆的理论输出力的大小；行程标志气缸的作用范围。标准化气缸的缸径 D（单位 mm）有 11 种规格：40、50、63、80、100、125、160、200、250、320、400

行程 L（mm）则依气缸径确定，其中，无缓冲气缸：L＝（0.5~2）D；有缓冲气缸：L＝（1~10）D。

3．气缸的选择

气缸的品种繁多，各种型号、类别的气缸，其性能、用途及适应的工况不尽相同，在选择气缸时要考虑的因素很多，一般应注意以下几点：

（1）气缸的类型。根据工作要求、工况特点及作环境条件选择气缸的类型。

（2）气缸的规格。根据工作负载情况、运动状态和系统工作压力分别确定气缸的轴向负载、负载率和工作压力，对照产品样本选择标准化气缸的缸径和行程。一般应在保证工作要求的前提下适当留出一定的行程余量（为 10~20ram），防止活塞和缸盖相碰。

（3）气缸的安装方式。由安装的位置、使用目的、气缸结构等因素决定。一般用途多采用固定式气缸。气缸的常见安装方式可参见相关设计手册。

4．气缸的使用

（1）正常工作压力的范围一般为 0.4~0.6MPa，环境温度在-35~+80℃之间。

（2）安装注意事项：安装前要用 1.5 倍工作压力进行测压实验，以防止泄漏；安装时注意动作方向，防止活塞杆偏心；检查所有密封件的密封性能；调整好活塞行程，以避免

活塞和缸体的撞击。

## 二、气马达

气马达也是气动执行元件的一种。它的作用相当于电动机或液压马达，即输出力矩，拖动机构作旋转运动。

1．气马达的特点

与液压马达相比，气马达具有以下特点：

（1）工作安全。可以在易燃易爆场所工作，同时不受高温和振动的影响；

（2）可以长时间满载工作而温升较小；

（3）可以无级调速。控制进气流量，就能调节马达的转速和功率。额定转速以每分钟几十转到几十万转；

（4）具有较高的启动力矩。可以直接带负载运动；

（5）结构简单，操纵方便，维护容易，成本低；

（6）输出功率相对较小，最大只有 20kw 左右；

（7）耗气量大，效率低，噪声大。

2．气动马达的分类及工作原理

气动马达可分为叶片式、活塞式、膜片式等多种类型，应用最广的是叶片式和活塞式气动马达。如图 7-20 所示为叶片式气动马达。

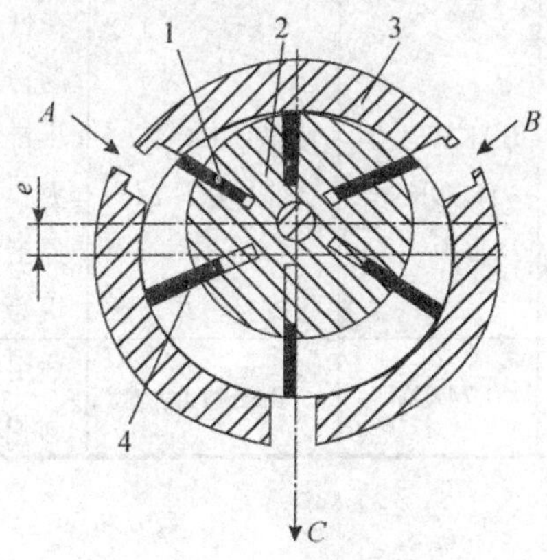


**图 7-20　叶片式气动马达**

1、4-叶片；2-转子；3-定子

叶片式气动马达有 3~10 个叶片安装在一个偏心转子的径向沟槽中，其工作原理与液压马达相同，当压缩空气从进气口 A 进入气室后立即喷向叶片 1、4，作用在叶片的外伸部分，通过叶片带动转子 2 作逆时针转动，输出转矩和转速，做完功的气体从排气口 C 排出，残余气体则经 B 排出（二次排气）；若进、排气口互换，则转子反转，输出相反方向的转矩和转速。

转子转动的离心力和叶片底部的气压力、弹簧力使得叶片紧密地与定子 3 的内壁相接触，以保证可靠密封，提高容积效率。叶片式气动马达一般在中、小容量，高速旋转的范围内使用，其输出功率为 0.1~20kKW，转速为 500~25000r/min。叶片式气动马达启动及低速时的特性不好，在转速 500r/min 以下场合使用时，必须使用减速机构。叶片式气动马达主要用于风动工具如风钻、风扳手、风砂轮，高速旋转机械及矿山机械等。

3．气动马达的选择及使用

（1）气动马达的选择。不同类型的气动马达具有不同的特点和适用范围，故主要从负载的状态要求来选择适当的马达。须注意的是产品样本中给出的额定转速一般是最大转速的一半，而额定功率则是在额定转速时的功率（一般为该种马达的最大功率）。

（2）气动马达的使用要求。气动马达工作的适应性很强，因此，应用广泛。在使用中应特别注意气动马达的润滑状况，润滑是气动马达正常工作不可缺少的一个环节。气动马达在得到正确、良好润滑情况下，可在两次检修之间至少运转2500~3000h。一般应在气动马达的换向阀前装油雾器，以进行不间断的润滑。

表7-1列出了各种气马达的特点及应用范围，可供选择和作用时参考。

**表7-1　各种气马达的特点及应用范围**

| 形式 | 转矩 | 速度 | 功率 | 每千瓦耗气量<br>Q（$m^3$/KW） | 特点及应用范围 |
|---|---|---|---|---|---|
| 叶片式 | 低转矩 | 高速度 | 0.1KW~<br>13.24KW | 小型：1.3~1.7<br>大型：0.7~1.0 | 制造简单，结构紧凑。但低速启动转矩小，低速性能不好。适用于要求低或中功率的机械，如手提工具，复合工具传送带，升降机、泵、拖拉机等 |
| 活塞式 | 中高转矩 | 低速和中速 | 0.1KW<br>~18.39KW | 小型：1.4~1.7<br>大型：0.7~1.0 | 在低速时有较大的功率输出和较好的转矩特性。启动准确，且启动和停止特性均较叶片式好，适用于载荷较大和要求低速转矩较高的机械，如手提工具、起重机、绞车、绞盘、拉管机等 |
| 薄膜式 | 高转矩 | 低速度 | <0.74KW | 0.85~1.0 | 适用于控制要求很精确、启动转矩极高和速度低的机械 |

## 【课后总结】

本任务主要讲述了气缸与气马达的结构和工作原理以及它们的选用原则及方法。通过对本任务的学习，要求读者熟练掌握气缸与气马达的结构和工作原理以及二者的选用原则及方法，并能在实践中加以应用。

## 【考核评价】

1．简述冲击式气缸的工作原理。

2．简述气—液阻尼气缸的工作原理。

3．标准化气缸的哪一个参数直接影响气缸的承压能力？

# 项目八　气动控制阀及气动控制回路构建

【项目重点】

- 机械手抓取机构气压回路、剪切装置气压回路的构建
- 压膜机气压传动回路、压印机气压传动回路、剪板机气压传动回路的构建

【项目目标】

- 掌握方向控制阀、气压控制换向阀、磁控制换向阀、时间控制换向阀等的种类、结构、工作原理
- 掌握压力控制阀、流量控制阀的种类、结构、工作原理及其应用

## 任务 1　机械手抓取机构气压回路的构建（1）

【任务引入】

### 一、任务说明

机械手抓取机构示意图如图 8-1 所示，工作要求为：按下按钮气缸活塞杆伸出，机械手将工件抓紧，松开按钮，活塞杆收回，机械手将工件松开。气缸动作要求采用直接控制。

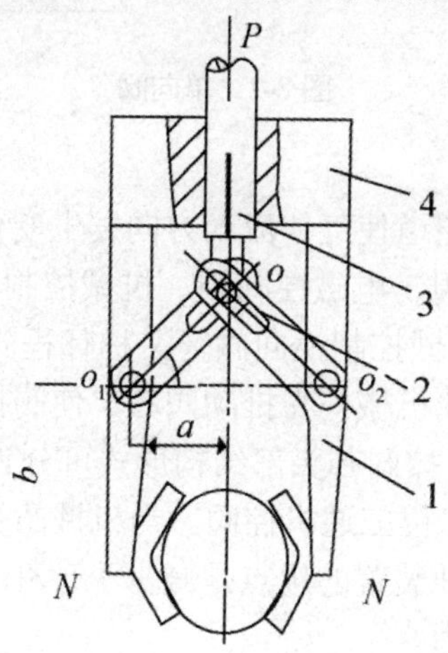


图 8-1　气动机械手结构示意图

## 二、任务分析

机械手的抓取和松开，是通过气缸伸出和缩回，推动铰链机构来实现的。要实现任务所要求的控制，只要实现气缸的往复动作即可。

## 【理论指导】

## 一、方向控制阀种类及工作原理

方向控制阀是气压传动系统中通过改变压缩空气的流动方向和气流的通断，来控制执行元件的启动、停止及运动方向的气动元件，它也是气动系统中应用最多的一种控制元件。

气动换向阀和液压换向阀相似分类方法也大致相同。按气流在阀内的流动方向，方向阀可分为：单向型控制阀和换向型控制阀；按操纵方式可分为：电磁换向阀、气动换向阀、机动换向阀和手动换向阀，其中后三类换向阀的工作原理和结构与液压换向阀中相应的阀类基本相同；按阀的工作位数及通路数可分为：二位三通、二位五通、三位五通等。

1．单向阀

单向阀是指气流只能向一个方向流动而不能反向流动的阀。单向阀的工作原理结构和图形符号与液压阀中的单向阀基本相同，只不过在气动单向阀中，阀芯和阀座之间有一层胶垫（密封垫），如图 8-2 所示。

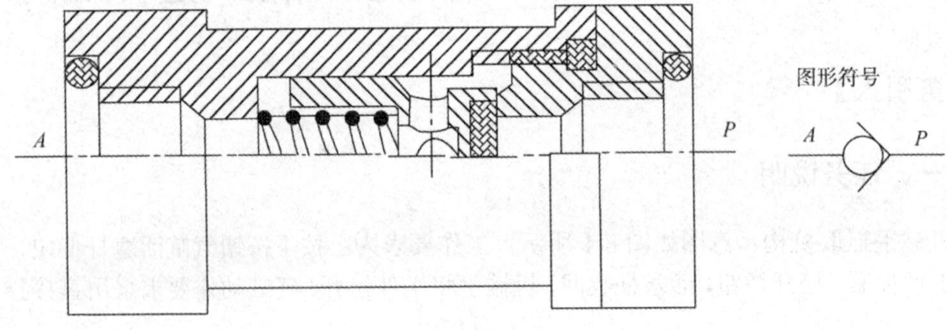


图 8-2　单向阀

2．换向阀

换向阀的功用是改变气体通道使气体流动方向发生变化，从而改变气动执行元件的运动方向。换向阀包括气压控制阀、电磁控制阀、机械控制阀、人力控制阀和时间控制阀。

（1）机械控制换向阀。机械控制换向阀（又称行程阀）多用于行程程序控制系统的信号阀。常依靠凸轮撞块或其他机械外力推动阀芯，使阀换向。按阀的切换位置和接口数目可分为二位三通和二位五通；按阀芯头部结构形式可分为直动式、杠杆滚轮式和可通式。图 8-3 为一常用的杠杆滚轮式二位三通机控阀。当机械凸轮或挡块直接与滚轮 1 接触后，通过杠杆 2 使阀芯 5 换向。这种装置的优点是减少了顶杆 3 所受的侧向力；同时，通过杠杆传力也减少了外部的机械压力。

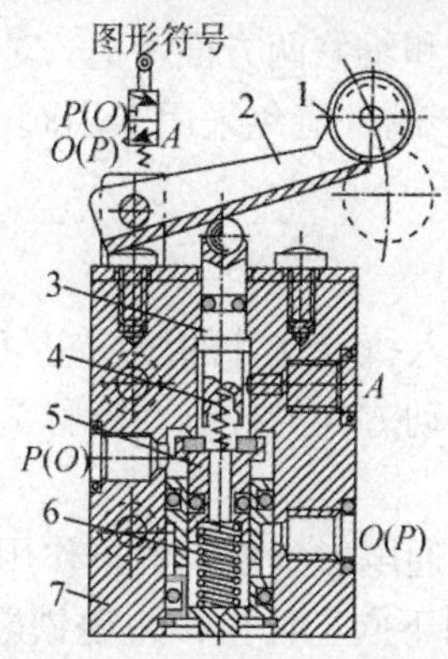


图 8-3　杠杆滚轮式机控阀

1-滚轮；2-杠杆；3-顶杆；4-缓冲弹簧；5-阀芯；6-密封弹簧；7-阀体

（2）力控制换向阀。此类阀有手动或脚踏两种操纵方式。手动阀的主体部分与气控阀相似，有按钮式、旋钮式、锁式及推拉式等不同的操纵方式。

图 8-4 为推拉式手动阀的工作原理图。若用手把阀芯压下，则 P 与 A、B 与$O_2$相通，如图 8-4（a）所示。手放开由于定位装置的作用，使阀保持原来状态。若用手把阀芯拉出，则 P 与 B、A 与$O_1$相通，如图 8-4（b）所示，气路改变，也能保持其状态不变。

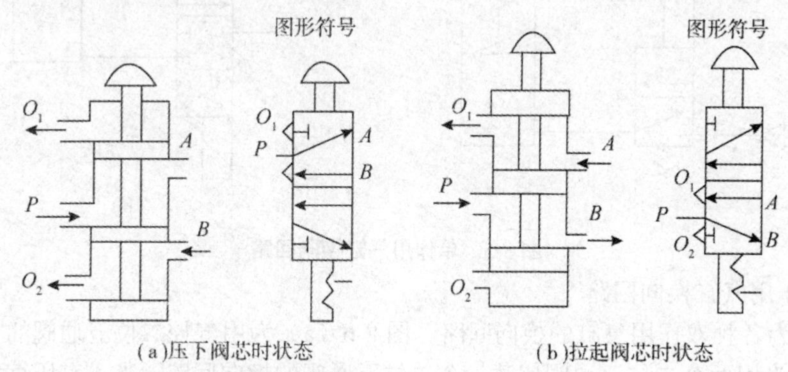


(a)压下阀芯时状态　　(b)拉起阀芯时状态

图 8-4　推拉式手动阀的工作原理图

## 二、方向控制阀的选用

（1）根据所需流量选择阀的通流能力（公称通径，额定流量，有效截面积）。一般来说，主控阀应根据略大于工作压力状态下的最大流量来选，并注意样本上给出的额定流量是有压还是无压状态下的流量数值；信号阀则根据它所控制阀的远近、被控制阀的数量和动作时间来选，一般选公称通径 3~6mm 的阀即可。

（2）根据工作需要确定阀的功能。若选不到合适的二通、三通或四通阀时可用同通径五通阀改造后代用。

（3）根据适用场合的条件选择阀的技术条件。如压力、电源条件、介质、环境温度及湿度和粉尘等情况。

（4）根据使用条件和要求来选择阀的结构形式。如对密封性要求高，应选软质密封；要求换向力小、有记忆性，应选滑阀式阀芯；气源过滤条件差，则选截止式阀芯较好。

（5）安装方式选择。从安装和维修两方面考虑，对集中控制系统推荐采用板式连接。

（6）尽量采用标准化系列产品，避免采用专用阀，阀的生产厂家最好是同一厂家。

## 三、换向回路

在气压系统中，通过控制进入执行元件的压缩空气的通、断或方向的改变，来实现对执行元件的启动、停止或改变运动方向的控制回路称为换向回路。

1．单作用气缸换向回路

图 8-5（a）所示为用二位三通电磁阀控制的单作用气缸换向回路。在该回路中，若电磁铁通电，气缸在气压力的作用下向上伸出；电磁铁断电时，气缸在弹簧的作用下返回。该回路比较简单，但对有气缸驱动的部件有较高要求，以保证气缸活塞可靠退回。

图 8-5（b）所示为用三位四通电磁阀控制的单作用气缸换向和停止回路。该回路在两电磁铁断电时均能自动对中，使气缸在任意位置可以停留，其缺点是存在泄漏、定位精度不高。

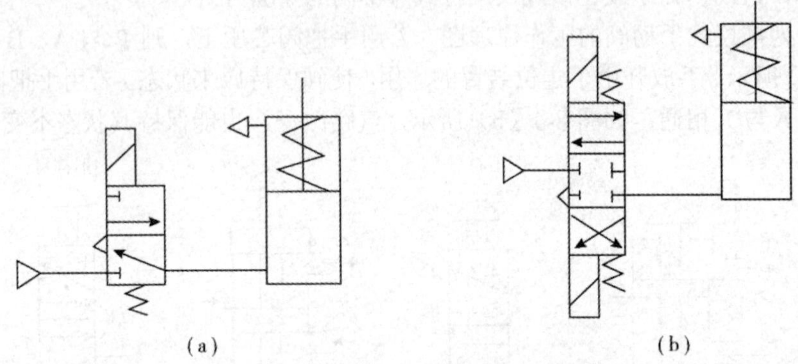


图 8-5　单作用气缸换向回路

2．双作用气缸换向回路

图 8-6 为各种双作用气缸的换向回路。图 8-6（a）为用气控二位五通阀的换向回路。图 8-6（b）为用两个二位三通阀代替一个二位五通阀的换向回路。当 A 有压缩空气时气缸被推出，反之，气缸缩回。图 8-6（c）为用小通径的手动阀作为先导阀来控制主阀的换向回路。图 8-6（d）、（e）、（f）的两端控制电磁铁线圈或按钮不能同时操作，否则将出现误动作，其回路相当于双稳的逻辑功能。

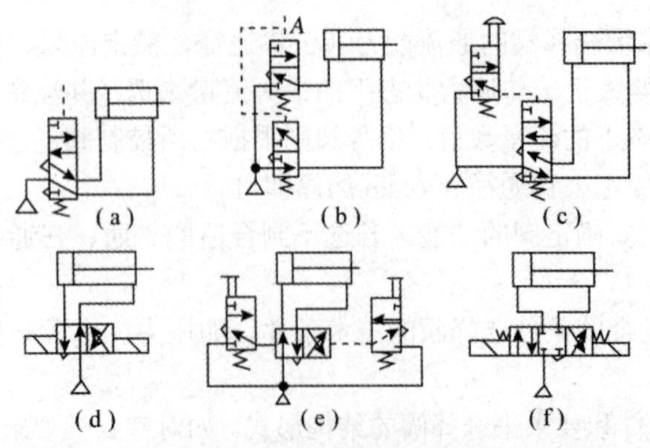


图 8-6　双作用气缸换向回路

由以上分析可知，双作用气缸的换向，可用二位阀，也可用三位阀，换向阀的控制方式可以是气控、电控、机控或手控。

## 【任务实施】

### 一、参考方案

参考方案 1：回路图如图 8-7 所示。

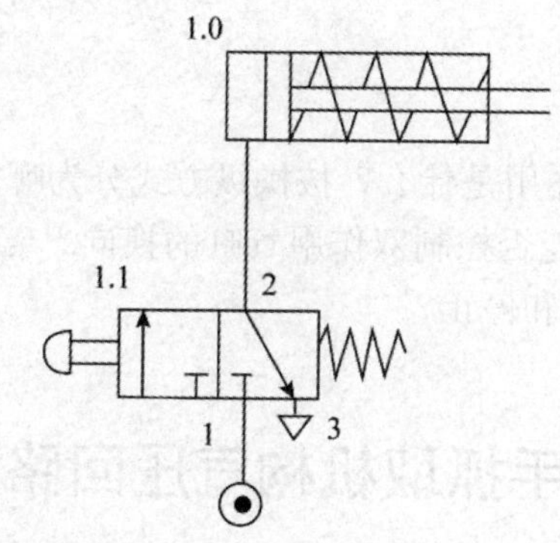


图 8-7　参考方案 1

参考方案 2：回路图如图 8-8 所示。

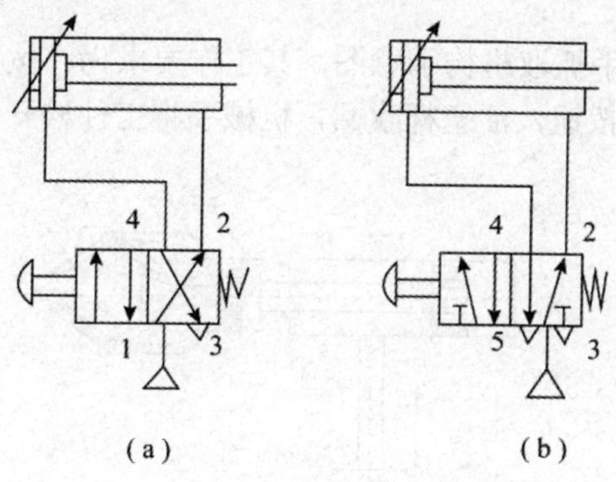


图 8-8　参考方案 2

### 二、回路分析

该项目可以用上面提供的两种方案来解决。如图 8-7 所示，行程较小时可采用单作用气缸的方案 1；行程较大时可采用双作用气缸的方案 2。

采用单作用气缸，由于气缸活塞的伸出需压缩空气驱动，靠内部弹簧返回，所以选用的换向阀为只有一个输出口的二位三通阀。对于双作用气缸，活塞伸出和返回均由空气驱动，所以应选用有两个输出口的换向阀。

另外考虑气缸活塞在松开按钮后应自动返回，所以换向阀选用手动按钮操作、弹簧自动复位的操纵方式。在对二位五通阀或二位四通阀进行接线时，应注意两个输出口哪个与气缸左腔连，哪个与右腔连，一旦接错将造成活塞动作方向与控制要求相反。

### 【课后总结】

本任务主要讲述了方向控制阀中手动换向阀和机动换向阀的结构、工作原理，以及方向控制阀选用及应用。通过对本任务的学习，要求读者熟练掌握这两种方向控制阀的结构和工作原理。并能在实践中合理地使用他们。

### 【考核评价】

（1）方向控制阀的主要作用是什么？按操纵方式分为哪几种？

（2）用一个二位三通阀能否控制双作用气缸的换向？若用两个二位三通阀控制双作用气缸，能否实现气缸的启动和停止？

## 任务 2　机械手抓取机构气压回路的构建（2）

### 【任务引入】

#### 一、任务说明

如图 8-9 所示为机械手抓取机构示意图，其工作要求为：按下按钮气缸活塞杆伸出，机械手将工件抓紧，松开按钮，活塞杆收回，机械手将工件松开。气缸动作要求采用间接控制。

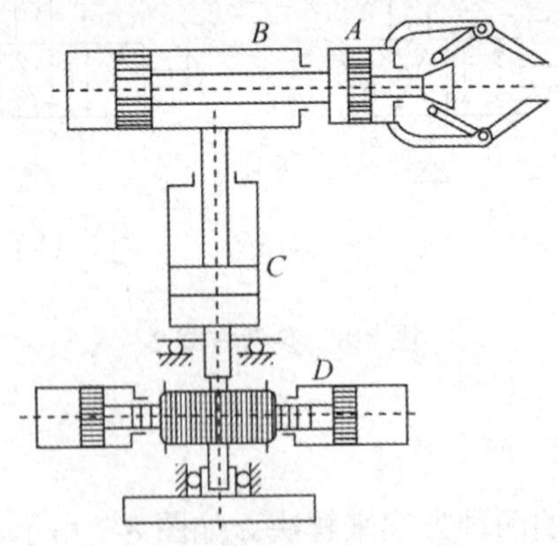


图 8-9　气动机械手结构示意图

#### 二、任务分析

本任务的动作要求与上个任务所要求的一致，但在实现方式上要求采用间接控制的方式来实现。直接控制采用人力或机械外力直接控制换向阀来实现。间接控制则需要气控换

向阀来控制动作，需要人力、机械等换向阀来作为先导阀输入信号控制气控换向阀的换向。

## 【理论指导】

### 一、气压控制换向阀

气压控制换向阀是以压缩空气为动力切换，使气路换向或通断的阀类。气压控制换向阀的用途很广，多用于组成全气阀控制的气压传动系统或易燃、易爆以及高净化等场合。

气压控制换向阀按施加压力的方式可分为加压控制、卸压控制、差压控制和时间控制。加压控制是指施加在阀芯控制端的压力逐渐升到一定值时，使阀芯迅速移动换向的控制，阀芯沿着加压方向移动。卸压控制是指施加在阀芯控制端的压力逐渐降到一定值时，阀芯迅速换向的控制，常用作三位阀的控制。差压控制是指阀芯采用气压复位或弹簧复位的情况下，利用阀芯两端受气压作用的面积不等（或两端气压不等）而产生的轴向力之差值，使阀芯迅速移动换向的控制。时间控制是指利用气流向由气阻（节流孔）和气容构成的阻容环节充气，经过一段时间后，当气容内压力升至一定值时，阀芯在压差力作用下迅速移动的控制。常用的是加压控制和差压控制。

1．单气控加压式换向阀

利用空气的压力与弹簧力相平衡的原理来进行控制。图 8-10 为单气控加压截至式换向阀的工作原理图。

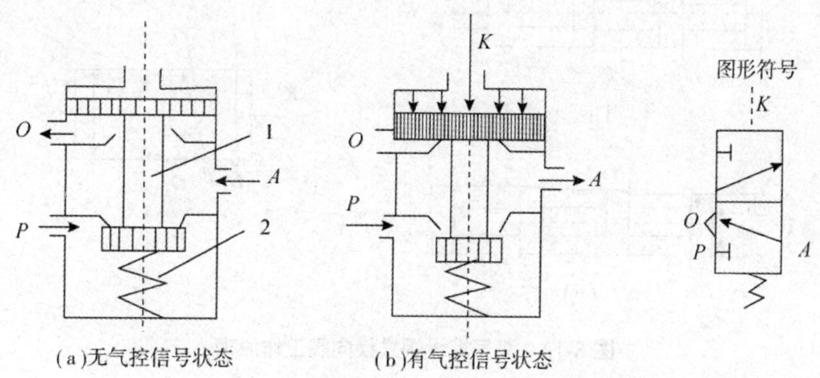


**图 8-10　单气控加压截至式换向阀工作原理图**

1-阀芯；2-弹簧

图 8-10（a）是无气控信号 K 时的状态（即常态），此时，阀芯 1 在弹簧 2 的作用下处于上端位置，使阀 A 与 O 相通。图 8-10（b）是在有气控信号 K 时阀的状态（即动力阀状态），由于气压力的作用，阀芯 1 压缩弹簧 2 下移，使阀口 A 与 O 断开，P 与 A 接通，气体从 A 口输出。

图 8-11 为二位三通单气控截止式换向阀的结构图。这种结构简单、紧凑、密封可靠、换向行程短，但换向力较大，抗粉尘及污染能力强，对过滤精度要求不高。

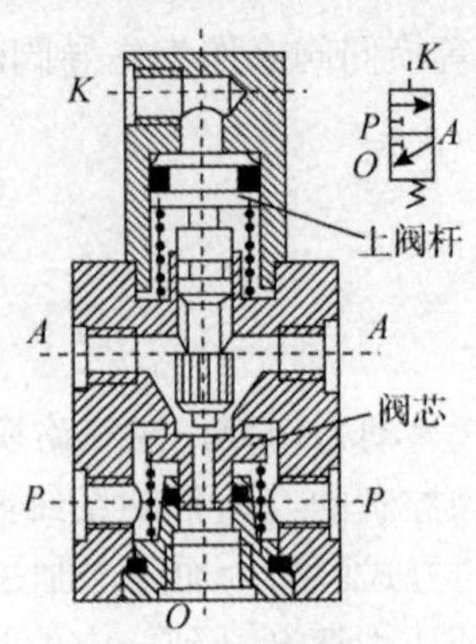


图 8-11　二位三通单气控截至式换向阀的结构

2．双气控加压式换向阀

这种换向阀阀芯两边都可作用压缩空气，但一次只作用于一边，并且这种换向阀具有记忆功能，即控制信号消失后，阀仍能保持在信号消失前的工作状态。图 8-12 为双气控滑阀式换向阀的工作原理图。图中 8-12（a）为有气控信号$K_2$时阀的状态，此时阀芯停在左边，其连通状态是 P 与 A、B 与$O_2$连通。图 8-12（b）为有气控信号$K_1$时阀的状态（此时信号$K_2$已不存在），阀芯换位，其连通状态变为 P 与 B、A 与$O_1$连通。

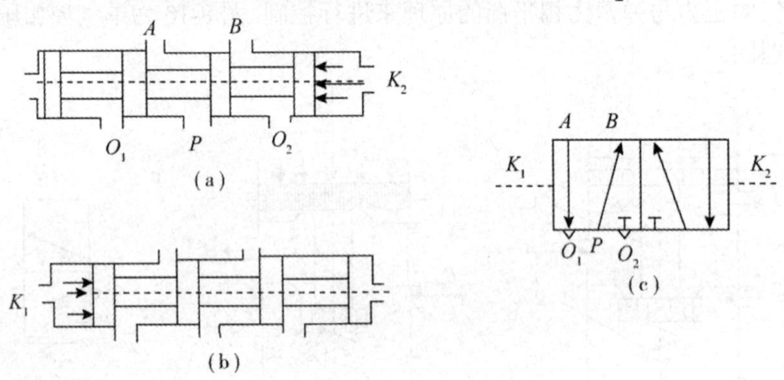


图 8-12　双气控滑阀式换向阀工作原理

3．差压控制换向阀

差压控制换向阀是利用控制气压作用在阀芯两端不同面积上所产生的压力差来使阀换向的一种控制方式。

二位五通差压控制换向阀的结构原理图如图 8-13 所示。阀的右腔始终与进气口 P 相通，在没有进气信号 K 时，控制活塞 13 上的气压力将推动阀芯 9 左移，其通路状态为 P 与 A、B 与$O_1$相通。A 口进气、B 口排气。当有气控信号 K 时，由于控制活塞 3 的端面积大于控制活塞 13 的端面积，作用在控制活塞 3 上的气压将克服控制活塞 13 上的压力及摩擦力，推动阀芯 9 右移，气路换向，其通路状态为 P 与 B、A 与$O_2$相通，B 口进气、A 口排气。当气控信号 K 消失时，阀芯 9 借助右腔内的气压作用复位。采用气压复位可提高阀的可靠性。

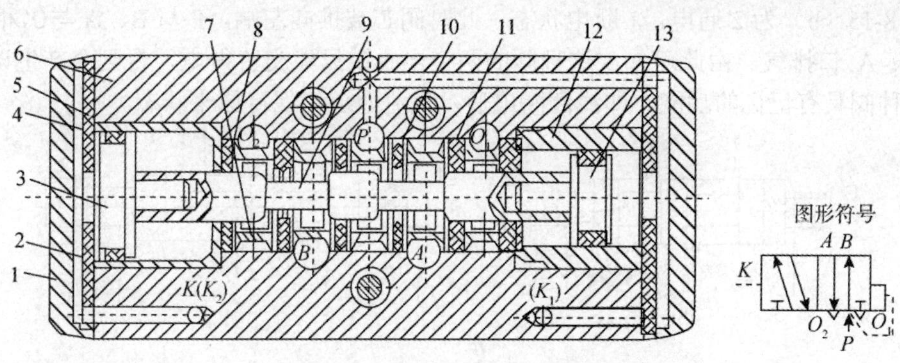


图 8-13　二位五通差压控制换向阀的结构原理图

1-端盖；2-缓冲垫片；3、13-控制活塞；4、10、11-密封垫；

5、12-衬套；6-阀体；7-隔套；8-挡片；9-阀芯

## 二、电磁控制换向阀

电磁换向阀是利用电磁力的作用来实现阀的切换以控制气流的流动方向。它和液压传动中的电磁换向阀一样，也由电磁铁控制部分和主阀两部分组成，按控制方式不同可分为直动式和先导式两种。其工作原理与液压阀中的电磁阀和电液动阀相类似，只是二者的工作介质不同而已。

1．直动式电磁换向阀

直动式电磁换向阀是由电磁铁的衔铁直接推动换向阀阀芯换向的阀。它由单电磁铁和双电磁铁两种。图 8-14 所示为单电磁铁换向阀的工作原理图。

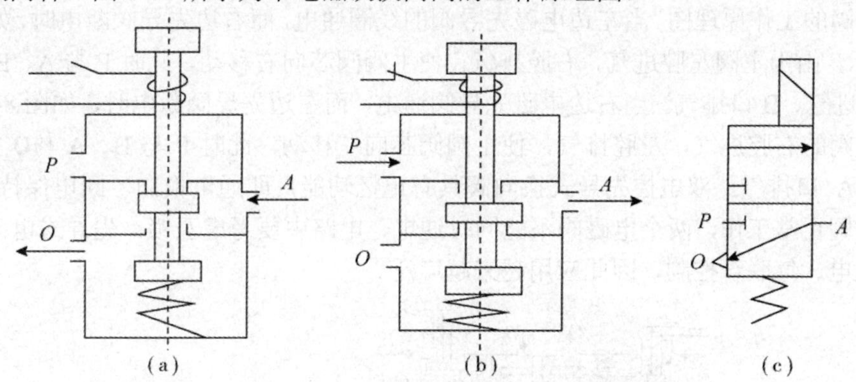


图 8-14　单电磁铁换向阀的工作原理图

图 8-14（a）为常态情况，即激励线圈不通电，此时阀在复位弹簧的作用下处于上端位置。其通路状态为 A 与 O 相通，A 口排气。当通电时，电磁铁推动阀芯向下移动，气路换向，此时 P 与 A 相通，A 口进气，如图 8-14（b）所示。图 8-14（c）为该阀的图形符号。这种阀换向冲击较大，故一般做成小型的阀。若将阀中的复位弹簧用电磁铁替代，就变为双电磁铁直磁铁直动式电磁阀。如图 8-15 所示。图 8-15（a）为线圈 1 通电、2 断电的状态，此时阀芯被推向右端，其通路状态为 P 与 A、B 与$O_2$相通，A 口进气，B 口排

气。图 8-15（b）为 2 通电，1 断电状态，此时阀芯被推向左端，P 与 B、A 与$O_1$相通，B 口进气、A 口排气。由此可知，这种阀的两个电磁铁只能交替得电，否则会产生误动作。因而这种阀具有记忆的功能，即线圈断电后，气流通道仍保持原来状态。

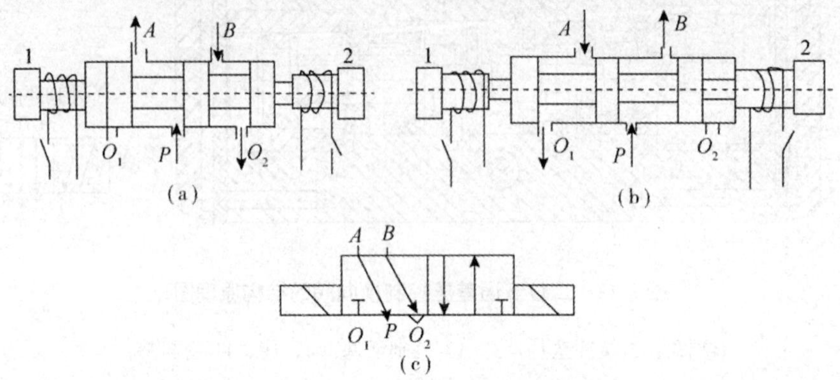


图 8-15　双电磁铁直动式换向阀原理图

2．先导式电磁换向阀

直动式电磁阀是由电磁铁的衔铁直接推动阀芯换向的，当阀通径较大时，用直动式结构所需的电磁铁体积和电力消耗都要加大，为克服此弱点可采用先导式结构。

先导式电磁阀是由电磁铁首先从主阀气源节流出来的一部分气体，产生先导压力，再由先导压力推动主阀阀芯换向的阀类。该先导控制部分，实际上是一个电磁阀，称为电磁先导阀，由它所控制用以改变气流方向的阀，称为主阀。一般电磁先导阀都单独制成通用件，既可用于先导控制，也可用于气流量较小的直接控制。

先导式电磁阀也可分单电磁铁控制和双电磁铁控制两种，图 8-16 为双电磁铁控制的先导式换向阀的工作原理图。当左边电磁先导阀的线圈通电，而右边先导阀断电时，如图 8-16（a）所示，由于主阀左腔进气，右腔排气，使主阀阀芯向右移动，此时 P 与 A、B 与$O_2$相通，A 口进气、B 口排气。当右边电磁先导阀通电，而左边先导阀断电时，如图 8-16（b）所示，主阀的右腔进气，左腔排气，使主阀阀芯向左移动，此时 P 与 B、A 与$O_1$相通，B 口进气，A 口排气。双电控先导式换向阀具有记忆功能，即通电换向，断电保持原状态。为保证主阀正常工作，两个电磁阀不能同时通电，电路中要考虑互锁。先导式电磁换向阀容易实现电、气联合控制，因此应用越来越广泛。

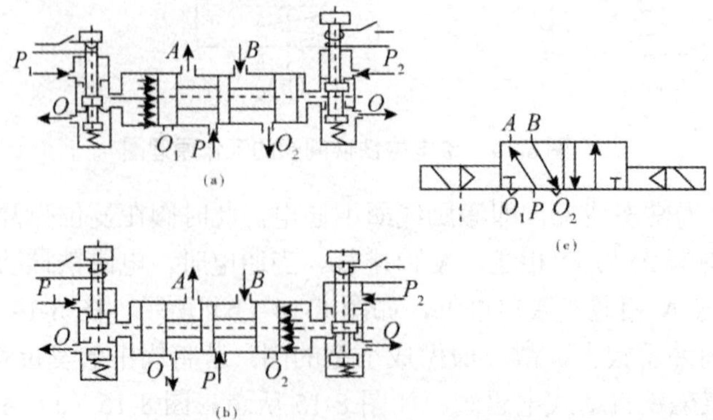


图 8-16　双电磁铁控制的先导式换向阀

## 三、直接控制与间接控制

1．定义和特点

如图 8-17 所示，通过人力或机械外力直接控制换向阀来实现执行元件动作控制的称为直接控制。图 8-18 间接控制指的则是执行元件的动作由气控换向阀来控制，人力、机械外力等外部输入信号只是用来控制气控换向阀的换向，不直接控制执行元件动作。

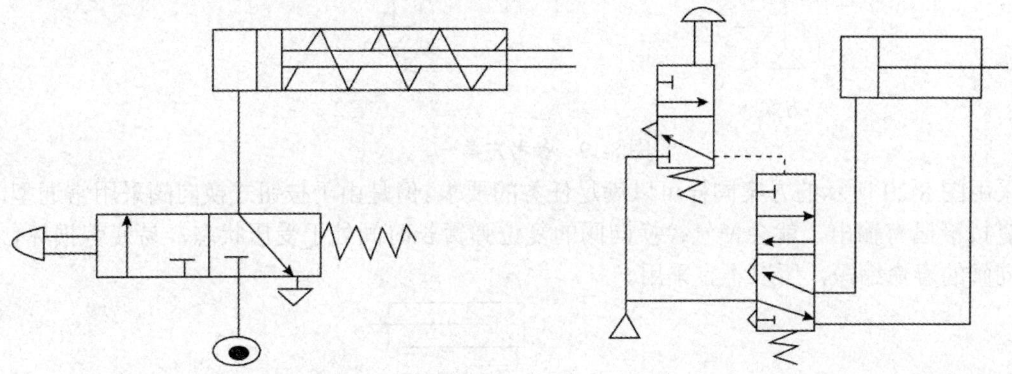

图 8-17　直接控制回路图　　　　图 8-18　间接控制回路图

2．直接控制的适用场合

直接控制所用原件少，回路简单，主要用于单作用气缸或双作用气缸的简单控制，但无法满足换向条件比较复杂的控制要求；而且由于直接控制是由人力和机械外力直接操控换向阀换向的，操作力小，只适用于所需气流量和控制阀的尺寸相对较小的场合。

3．间接控制的使用场合

（1）控制要求比较复杂的回路。在多数压力控制回路中，控制信号往往不止一个，或输入信号要经过逻辑运算、延时等处理后才去控制执行元件动作。如果采用直接控制就无法满足控制要求，这时应采用间接控制。

（2）高速或大口径执行元件的控制。执行元件所需气流量的大小决定了所用的控制阀门通径的大小。对于高速或大口径执行元件，其运动需要较大的气流量，相应的控制阀的通径也较大。这样，使得驱动控制阀阀芯动作需要较大的操作力。这时如果用人力或机械外力实现换向比较困难，而利用压缩空气的气压力就可以获得很大的操作力，容易实现换向。所以对于这种需要较大操作力的场合应采用间接控制。

## 【任务实施】

## 一、方案一（采用气压控制换向阀）

（1）回路图。采用气压控制换向阀的回路图如图 8-19 所示。

（2）回路分析。该项目与项目 4.1 的区别在于要求采用间接控制方式，与项目 4.1 一样，仍可以采用两种方案解决。当气缸活塞行程较小时可采用单作用气缸，如图 8-19 所示方案 1；行程较大时可采用双作用气缸，如图 8-19 所示方案 2。采用间接控制后，按钮的作用只是控制气控阀换向所需的气压，不再直接驱动气缸运动。

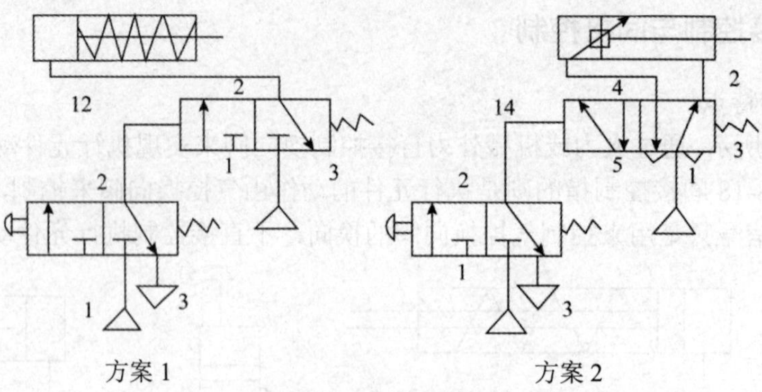


图 8-19　参考方案一

采用图 8-20 所示的方案同样可以满足任务的要求。但是由于按钮式换向阀采用常通型，即没有按下已有输出，就会使气控换向阀的复位弹簧长时间处于受压状态，易疲劳损坏，使换向阀的寿命缩短，所以不宜采用。

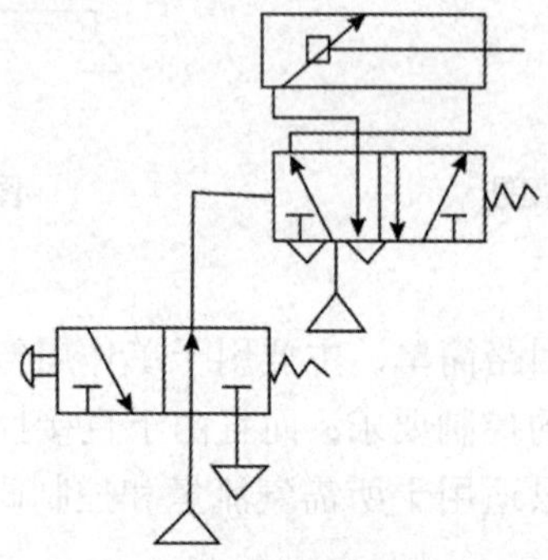

图 8-20　错误回路图

## 二、方案二（采用电磁换向阀）

如果采用双作用气缸可以得到如图 8-21 所示的电气控制回路图。图中（b）采用按钮$S_1$直接控制电磁阀线圈通、断电，回路简单；图中（c）采用按钮$S_1$控制电磁继电器线圈通、断电，继电器触点控制电磁阀线圈通、断电，回路比较复杂，但由于继电器提供多对触点，使回路具有良好的可扩展性。采用单作用气缸时的电气控制回路图与此基本相同。

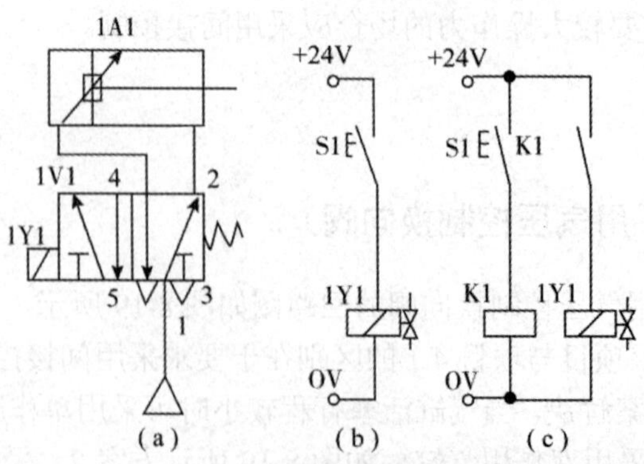


图 8-21　参考方案二

【课后总结】

本任务主要讲述了方向控制阀中气控换向阀和电磁换向阀的结构、工作原理，以及直接控制与间接控制的特点和适用场合。通过对本任务的学习，要求读者熟练掌握这两种方向控制阀的结构和工作原理，并能在实践中合理地使用他们。

【考核评价】

1．简述单气控和双气控换向阀的工作原理及各自特点？
2．简述间接控制与直接控制的特点和应用场合。

# 任务3　剪切装置气压回路的构建

【任务引入】

## 一、任务说明

如图8-22所示，剪切装置利用一个双作用式气缸带动剪切刀对不同长度的木材进行剪切加工。剪切的长度用工作台上的一把标尺进行调整，为保证安全，要求切断过程的启动必须采用双手操作，即与剪切头相连的气缸活塞杆必须在双手分别按下两个按钮才会伸出。当松开任一按钮时，气缸活塞即作回程运动。

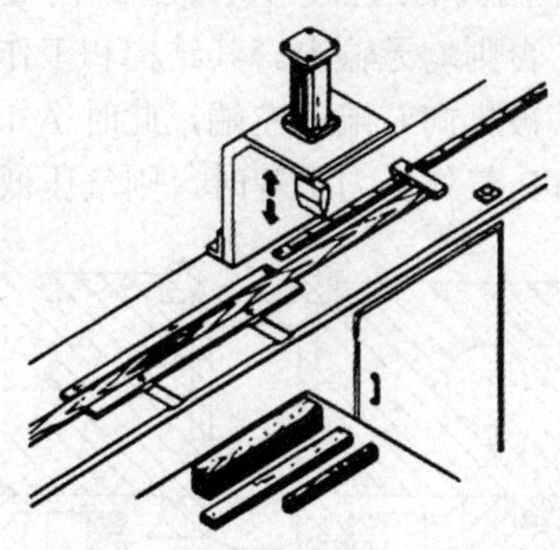

图8-22　木材剪切装置示意图

## 二、任务分析

本任务的特点在于，由两个按钮同时控制。单独按下任一按钮，不输出信号。只有同时按下两个按钮的时候，才输出信号，实现气缸的动作。这就要求在控制上要求实现逻辑“与”的控制。

## 【理论指导】

### 一、逻辑控制

在气动系统中，如果有多个输入条件来控制气缸的动作，就需要通过逻辑控制回路来处理这些信号间的逻辑关系，实现执行元件的正确动作。

1．或门型梭阀

在气压传动系统中，当两个通路$P_1$和$P_2$都与通路A相通，而不允许$P_1$与$P_2$相通时，就要采用或门型梭阀。由于梭阀像织布梭子一样来回运动，因而得名。或门型梭阀相当于两个单向阀的组合，其作用相当于逻辑元件中的“或门”，是构成逻辑回路的重要元件。

其结构如图8-23所示。当通路$P_1$进气时，推动阀芯右移，使通路$P_2$被堵死，于是压缩空气从A口输出；反之，气流从通路$P_2$进入时，推动阀芯左移，使$P_1$口被堵死，A口仍有压缩空气输出；若通路$P_1$、$P_2$都有压缩空气进入时，哪端压力高，A就与那端相通，另一端就自动关闭。

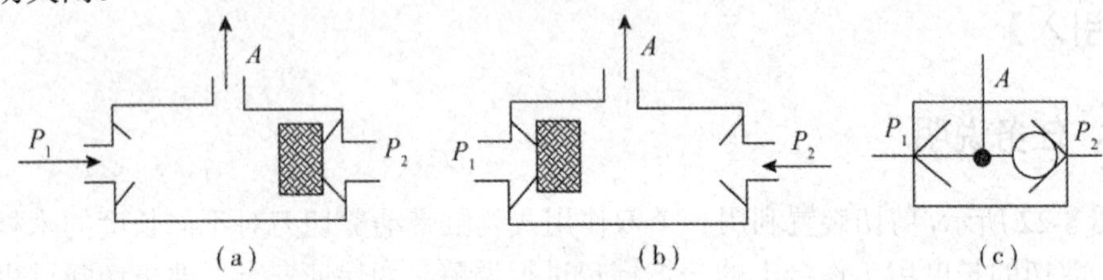


图8-23　或门型梭阀

2．与门型梭阀（双压阀）

与门型梭阀相当于两个单向阀的组合，其作用相当于逻辑“与”，即仅当两个输入口$P_1$、$P_2$均有输入时才有输出，否则均无输出。其结构和工作原理如图8-24和8-25所示。当$P_1$或$P_2$单独有输入时，阀芯被推向右端或左端，此时A口无输出，只有当$P_1$和$P_2$同时输入时，A口才有输出；当$P_1$和$P_2$气体压力不等时，则气压低的通过A口输出。

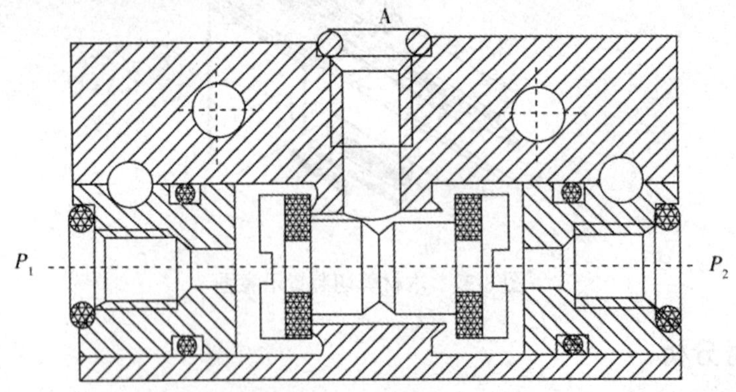


图8-24　双压阀结构图

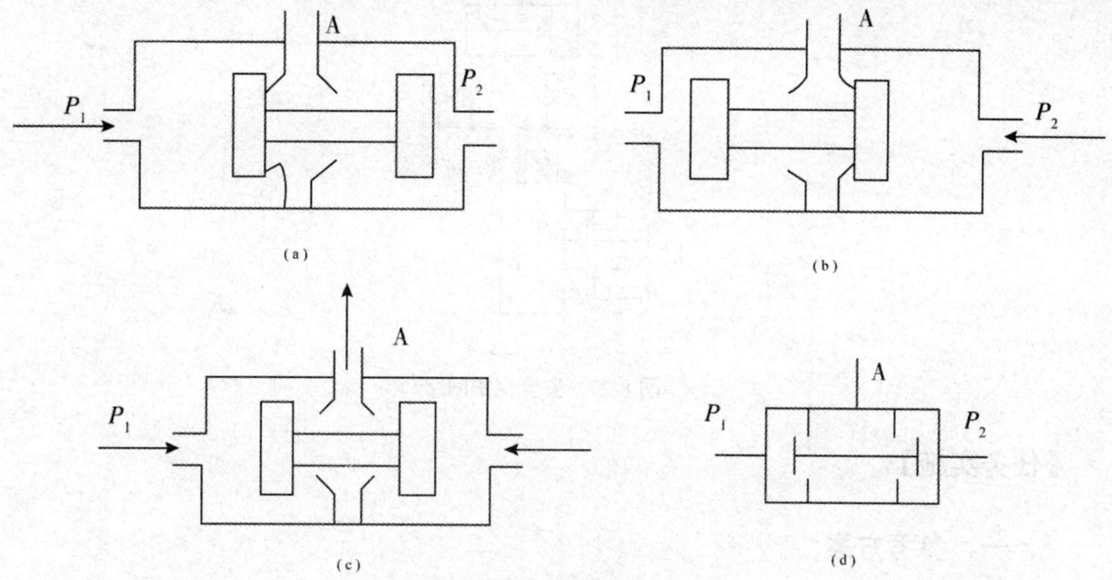


图 8-25　双压阀工作原理图

与门型梭阀常用于回路中两控制信号均有时才能有某一动作的组合。如图 8-26 所示在钻床控制回路中的应用。

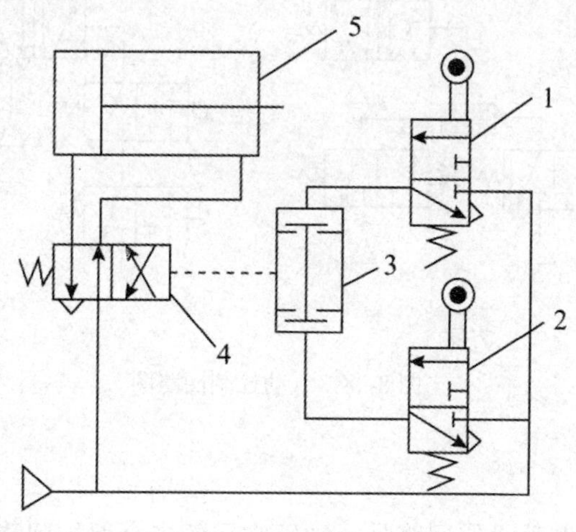


图 8-26　双压阀应用回路

## 二、安全保护回路

图 8-27 是经常应用在冲床、锻压机床上的安全保护回路。只有同时按下两个手动换向阀，气缸才动作，对操作人员的手起到保护作用。这个回路实际上也实现了逻辑“与”的控制。

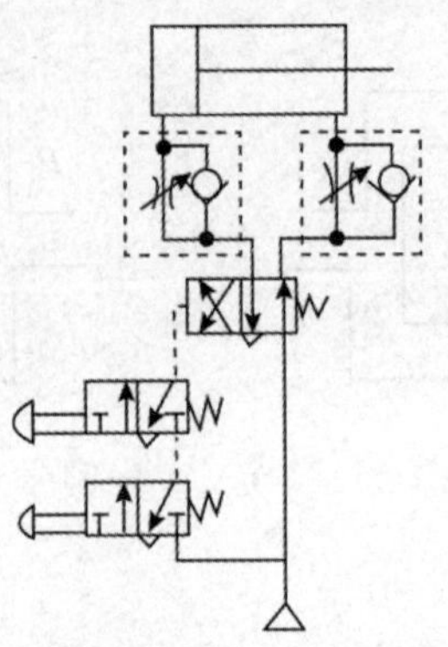

图 8-27　安全保护回路

【任务实施】

## 一、参考方案

气动控制回路如图 8-28 所示。

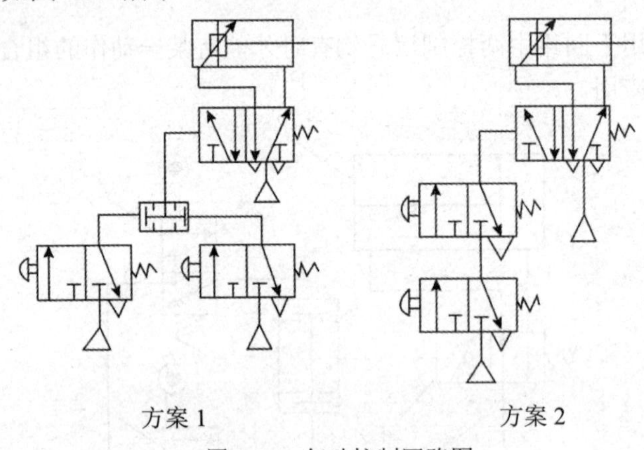


图 8-28　气动控制回路图

## 二、回路分析

该任务中所用到的双手操作回路是一种很常用的安全保护回路，由于气缸只有在两个手用在操作按钮时才动作，这时双手已经全部离开可能造成危险的区域，保证了人员安全。

由于输入信号有两个，而且这两个输入信号的关系是“与”，所以在设计回路时采用间接控制，两个由按钮产生的输入信号通过逻辑“与”回路进行处理后，送到气控换向阀的控制信号输入端来控制气缸伸出。气缸在控制伸出的信号消失后自动返回，所以换向阀采用单侧气控弹簧复位的结构。

## 三、电气控制回路

电气控制中通过对输入信号的串联和并联可以很方便地实现逻辑“与”“或”功能，如图 8-29 所示。

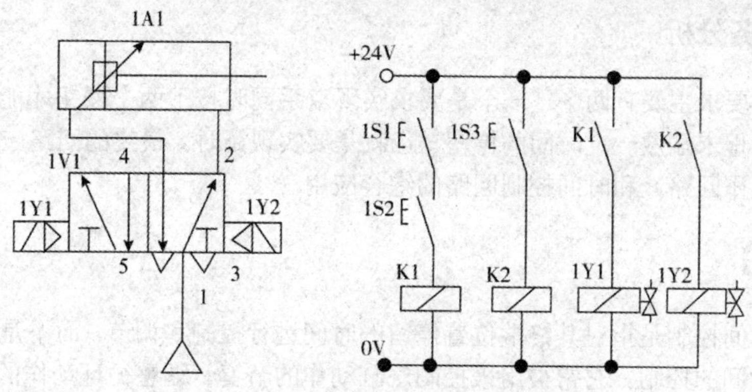


图 8-29　电气控制回路实现逻辑控制

【课后总结】

本任务主要讲述了方向控制阀中双压阀和梭阀的结构、工作原理。通过对本任务的学习，要求读者熟练掌握这两种方向控制阀的结构和工作原理，并能在实践中合理地使用。

【考核评价】

1. 简述或门型梭阀的应用场合及工作原理。
2. 简述双压阀的工作原理、特点及应用？

# 任务 4　压膜机气压传动回路的构建

【任务引入】

## 一、任务说明

如图 8-30 所示为一个气动压膜机用于对塑料件的压模加工。为保证安全气缸活塞由双手同时按下两个按钮后才能伸出，对工件进行压模加工，根据加工的需要，应在 *10s* 后气缸活塞才能缩回。

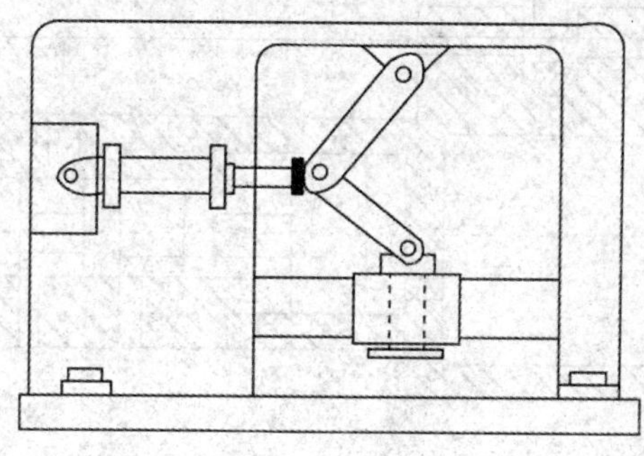

图 8-30　压膜机

## 二、任务分析

本任务的要求主要有两个，一个是要求实现双手同时按下两个按钮才能伸出，一个是要求能够在行程末端做一定时间的停留，也就是要实现延时。最终的回路应该是安全保护回路（双手操作回路）和时间控制回路的综合应用。

## 【理论指导】

气缸的时间控制是指对其终端位置停留的时间进行控制和调节，而不是气动系统动作过程的所需时间的控制。它常被用来控制气缸动作的节奏、调整循环动作的周期。

对于气动执行元件在其终端位置停留时间的控制和调节，如采用电气控制通过时间继电器可以非常方便地实现；如果采用气动控制则需要采用专门的延时阀来实现。

### 一、时间继电器

当线圈接受到外部信号，经过设定时间才使触点动作的继电器称为时间继电器。按延时方式不同，时间继电器可分为通电延时和断电延时。

通电延时时间继电器线圈得电后，触点延时动作；线圈断电后，触点瞬时复位。断电延时时间继电器线圈得电后，触点瞬时动作；线圈断电后，触点延时复位。

### 二、时间控制换向阀

时间控制换向阀是使气流通过气阻（如小孔缝隙等）节流后到气容（储气空间）中，经一定的时间使气容内建立起一定的压力后，再使阀芯换向的阀类。在不允许使用时间继电器（电控制）的场合（如易燃易爆粉尘大等），用气动时间控制就显示出其优越性。

1. 延时阀

图 8-31 所示为二位三通延时换向阀，它是由延时部分和换向部分组成的。当无气控信号时，P 与 A 断开，A 腔排气；当有气控信号时，气体从 K 腔输入经可调节流阀节流后到气容 a 内，使气容不断充气，直到气容内的压力达到某一值时，使阀芯 2 由左向右移动，使 P 与 A 连通，A 有输出。当气控信号消失后，气容内气压经单向阀到 K 腔迅速排空。这种延时阀的工作压力为 0~0.8MPa，信号压力为 0.2~0.8MPa，延时时间为 0~20s。

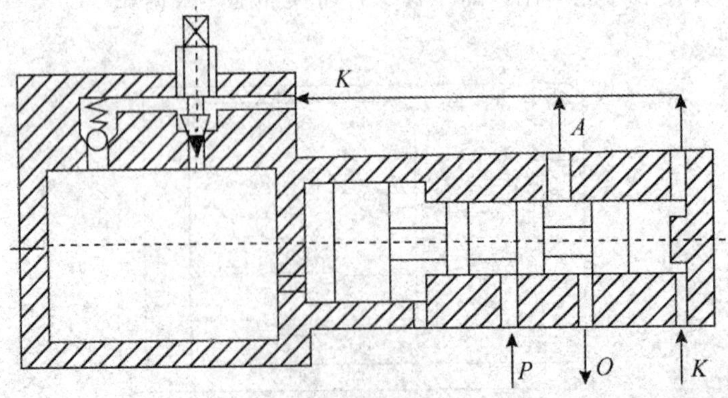


图 8-31　延时换向阀

2. 脉冲阀

脉冲阀是靠气流流经气阻、气容的延时作用，使压力输入长信号变为短暂的脉冲信号输出的阀类。图 8-32 为脉冲阀的工作原理图。图 a 为无信号输入的状态；图 b 为有信号输入的状态，此时滑柱向上，A 口有输出，同时从滑柱中间节流小孔不断向气室（气容）中充气；图 c 是当气室内的压力达到一定值时，滑柱向下，A 与 O 连通，A 口的输出状态结束。这种阀的信号工作压力范围为 0.2~0.8MPa，脉冲时间为 2s。

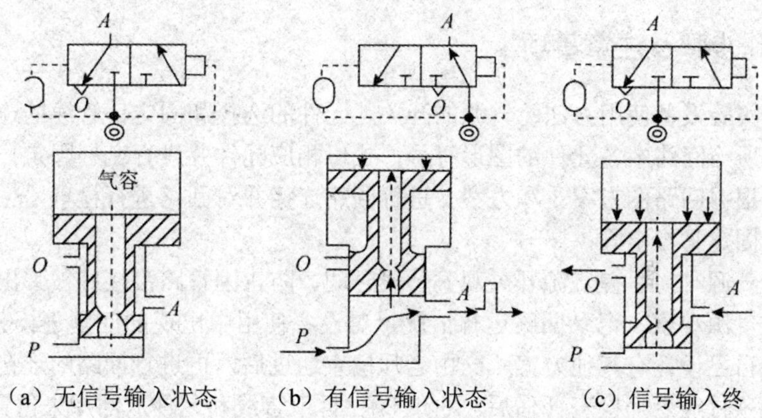


（a）无信号输入状态　（b）有信号输入状态　（c）信号输入终

**图 8-32　脉冲阀工作原理图**

## 【任务实施】

### 一、参考方案

回路图如图 8-33 所示。

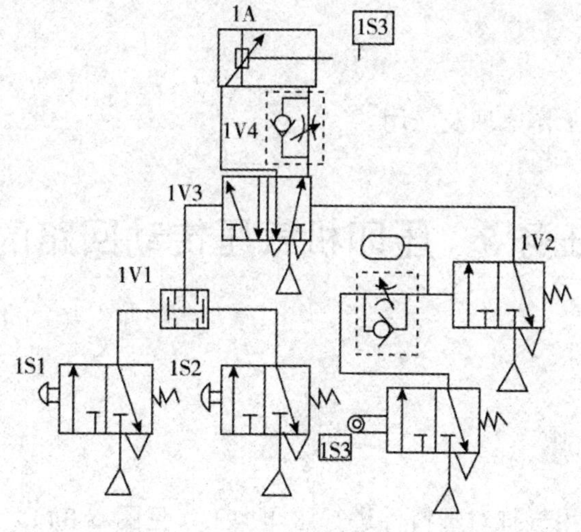


**图 8-33　任务 8.4 回路图**

### 二、回路分析

为保证安全本任务中的压模机要求采用双手操作，所以用了两个按钮式换向阀。它们通过双压阀相连，双压阀的输出用来控制气缸活塞的伸出，实现了双手操作时两个按纽逻辑“与”的要求。

气缸活塞要求在完全伸出 10s 后缩回，因此延时阀用于启动计时的输入信号应由检测气缸活塞杆是否完全伸出的行程阀发出。

为避免活塞杆伸出过快对工件造成损伤，回路中设置了一个单向节流阀来调节其伸出速度。为提高效率活塞缩回不进行节流控制。

### 三、操作步骤及注意事项

- 熟悉实验设备使用方法：气源的开关、元件的选择和固定、管线的连接等；
- 根据所给回路中各元件的图形符号，找出相应元件并进行良好固定；
- 分别根据回路图方案 1 和方案 2 进行回路连接并对回路进行检查，注意元件的安装与固定是否牢固；
- 打开气源时，手握气源开关观察一段时间，防止因管路没接好被弹出；
- 打开气源观察、记录回路运行情况，对设备使用中出现的问题进行分析和解决；
- 如果自己设计有其他方案，交由老师检查通过后，再进行回路的连接；
- 完成项目经老师检查评估后，关闭气源，拆下管线和元件放回原来位置，对破损、老化管线应及时处理。

### 【课后总结】

本任务主要讲述了时间继电器、时间控制换向阀的结构、工作原理及其应用。通过对本任务的学习，要求读者熟练掌握这两种气动元件的结构和工作原理，并能在实践中合理地使用他们。

### 【考核评价】

简述延时阀的工作原理及应用。

## 任务 5　压印机气压传动回路的构建

### 【任务引入】

### 一、任务说明

利用一个双作用气缸对塑料件进行压印加工（见图 8-34）。当按下按钮时，气缸活塞伸出，当活塞完全伸出时开始对工件进行压印。当压印压力上升 3bar（3bar=300kPa），则说明压印已经完成，气缸活塞自动缩回。压印压力应可以根据工件材料的不同进行调整。

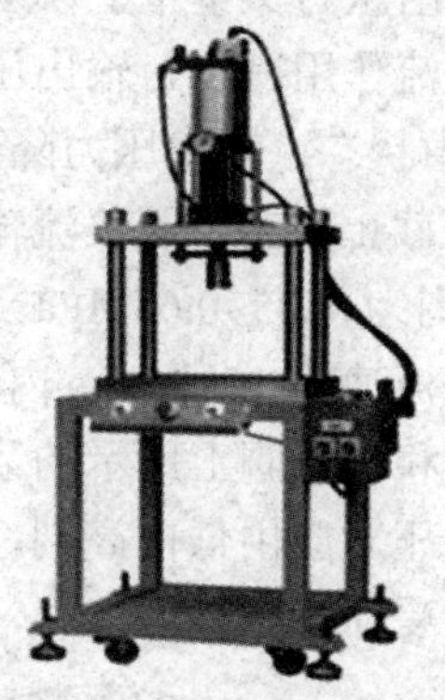

图 8-34　压印机

## 二、任务分析

本任务要求以压力作为控制信号，控制气缸的缩回。这就需要用到压力控制元件，试构建压力控制回路。

## 【理论指导】

## 一、压力控制阀概述

压力控制阀的作用及分类。气动系统不同于液压系统，一般每一个液压系统都自带液压源（液压泵），而在气动系统中，一般来说由空气压缩机先将空气压缩，储存在储气罐内，然后经管路输送给各个气动装置使用。而储气箱的空气压力往往比各台设备实际所需要的压力高一些，同时其压力波动值也较大。因此需要用减压阀（调压阀）将其压力减到每台装置所需的压力，并使减压后的压力稳定在所需压力值上。

有些气动回路需要依靠回路中压力的变化来实现控制两个执行元件的顺序动作，所用到的这种阀就是顺序阀。顺序阀与单向阀的组合称为单向顺序阀。

当压力超过允许压力值时，为了安全起见，所有的气动回路或储气罐需要实现自动向外排气，这种压力控制阀叫安全阀（溢流阀）。

## 二、减压阀（调压阀）

图 8-35 是 QTY 型直动式减压阀结构图。其工作原理：当阀处于工作状态时，调节手柄 1、压缩弹簧 2、3 及膜片 5，通过阀杆 6 使阀芯 8 下移，进气阀口被打开，有压气流从左端输入，经阀口节流减压后从右端输出。输出气流的一部分由阻尼管 7 进入膜片气室，在膜片 5 的下方产生一个向上的推力，这个推力总是企图把阀口开度关小，使其输出压力下降。当作用于膜片上的推力与弹簧力相平衡后，减压阀的输出压力便保持一定。

当输入压力发生波动时，如输入压力瞬时升高，输出压力也随之升高，作用于膜片 5 上的气体推力也随之增大，破坏了原来的力的平衡，使膜片 5 向上移动，有少量气体经溢流口 4、排气孔 11 排出。在膜片上移的同时，因复位弹簧 10 的作用，使输出压力下降，直到新的平衡为止。重新平衡后的输出压力又基本上恢复至原值。反之，输出压力瞬时下降，膜片下移，进气口开度增大，节流作用减小，输出压力又基本上回升至原值。

调节手柄 1 使弹簧 2、3 恢复自由状态，输出压力降至零，阀芯 8 在复位弹簧 10 的作用下，关闭进气阀口，减压阀便处于截止状态，无气流输出。

QTY 型直动式减压阀的调压范围为 0.05~0.63MPa。为限制气体流过减压阀所造成的压力损失，规定气体通过阀内通道的流速在 15~25m/s 内。

安装减压阀时，要按气流的方向和减压阀上所示的箭头方向，依照分水滤气器—减压阀—油雾器的安装次序进行安装。调压对应由低向高调，直至达到规定的调压值为止。阀不用时应把手柄放松，以免膜片经常受压变形。

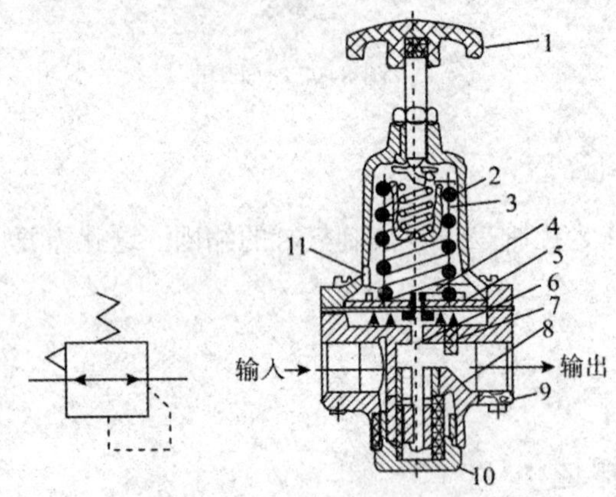


图 8-35 QTY 型直动式减压阀结构图

1-手柄；2，3-调压弹簧；4-溢流口；5-膜片；6-阀杆；7-阻尼孔；8-阀芯；9-阀座；10-复位弹簧；11-排气孔

## 三、顺序阀

顺序阀是依靠气路中压力的作用来控制执行元件按顺序动作的压力控制阀，如图 8-36 所示，它根据弹簧的预压缩量来控制其开启压力。当输入压力达到或超过开启压力时，顶开弹簧，A 才有输出；反之 A 无输出。顺序阀一般很少单独使用，往往与单向阀配合在一起，构成单向顺序阀。

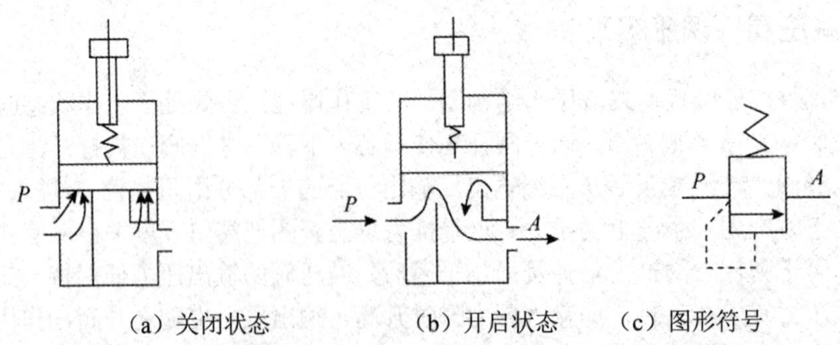


（a）关闭状态　（b）开启状态　（c）图形符号

图 8-36 顺序阀的工作原理图

如图 8-37 所示为单向顺序阀的工作原理图。当压缩空气由左端进入阀腔后，作用于活塞 3 上的气压力超过压缩弹簧 3 上的力时，将活塞顶起，压缩空气从 *A* 输出，见图 8-37（a），此时单向阀 4 在压差力及弹簧力的作用下处于关闭状态。反向流动时，输入侧变成排气口，输出侧压力将顶开单向阀 4 由口排气，如图 8-37（b）所示。调节旋钮就可改变单向顺序阀的开启压力，以便在不同的开启压力下，控制执行元件的顺序动作。

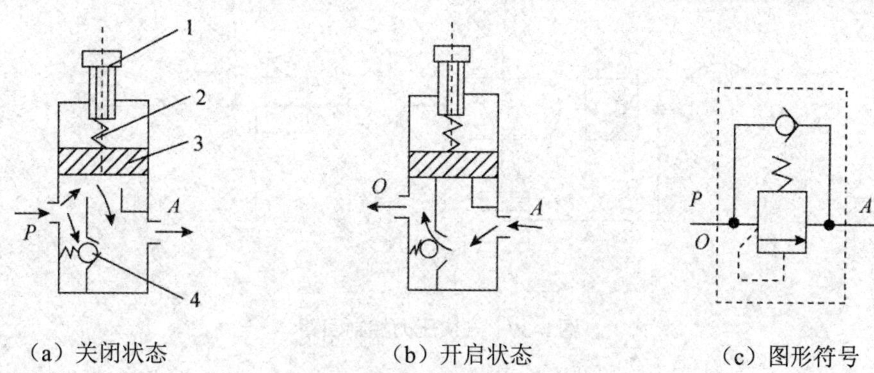


**图 8-37　单向顺序阀的工作原理图**

1-调节手柄；2-弹簧；3-活塞；4-单向阀

## 四、安全阀

当储气罐或回路中压力超过某调定值，要用安全阀向外放气，安全阀在系统中起过载保护作用。图 8-38 是安全阀工作原理图。当系统中气体压力在调定范围内时，作用在活塞 3 上的压力小于弹簧 2 的力，活塞处于关闭状态，如图 8-36（a）。当系统压力升高时，作用在活塞 3 上的压力大于弹簧的预定压力，活塞 3 向上移动，阀门开启排气，如见图 8-36（b）。直到系统压力降到调定范围以下，活塞又重新关闭。开启压力的大小与弹簧的预压量有关。

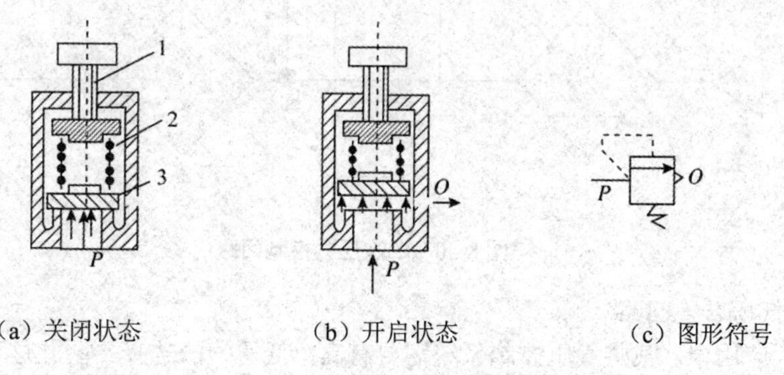


**图 8-38　安全阀工作原理图**

## 五、压力控制回路

压力控制回路的功用是使系统保持在某一规定的压力范围内，或使回路得到高、低不同压力的基本回路。常用的有一次压力控制回路、二次压力控制回路和高低压转换回路。

1．一次压力控制回路

这种压力控制回路，用于使储气罐送出的气体压力不超过规定压力。因此，通常在储气罐上安装一只安全阀，用来实现当罐内超过规定的压力时向大气放气；也常在储气罐上装一电接点压力表，一旦罐内压力超过规定压力，就用它来控制空气压缩机断电，不再供气，保证储气罐内的压力在规定的范围内。图 8-39 是一次压力控制回路。

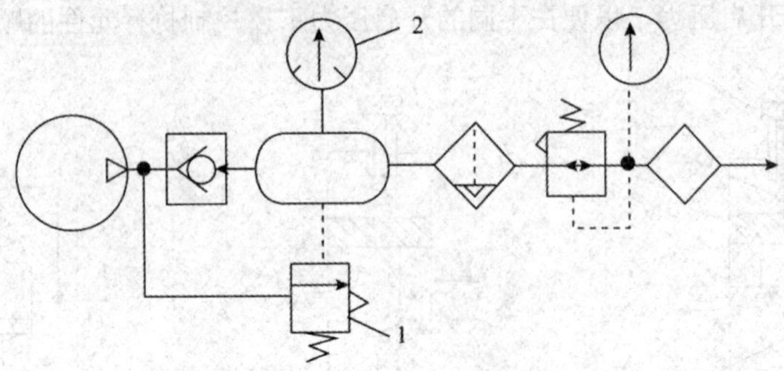


**图 8-39　一次压力控制回路**

它采用了外控安全阀或电接点压力表来控制。当采用安全阀 1 控制时，如储气罐内压力超过规定压力，安全阀开启，压缩机输出的压缩气体由安全阀排入大气，使储气罐内的压力保持在规定的范围内；当采用电接点压力表 2 控制时，它使压缩机停转，也能起到控制作用。采用安全阀控制时，结构简单、工作可靠，但气量浪费大；采用电接点压力控制时，对电动机及控制要求高，常用于小型空气压缩机。

2．二次压力控制回路

二次压力控制回路主要是对气动控制系统的气源压力进行控制。图 8-40 所示为常用的由空气过滤器、溢流减压阀和油雾器（亦称气动三联件）组成的二次压力控制回路。

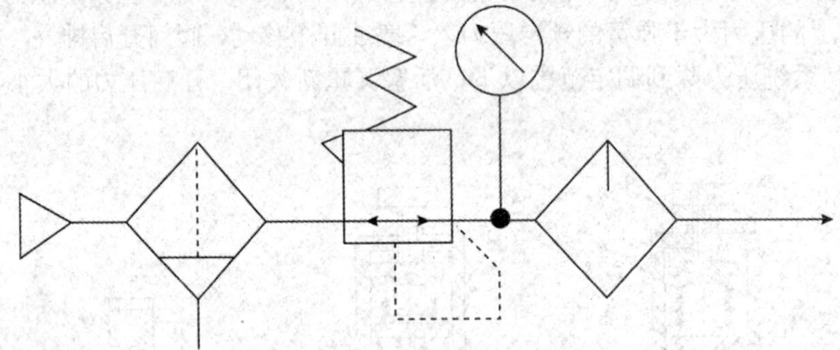

**图 8-40　二次压力控制回路**

3．高低压转换回路

在实际应用中，某些气压控制系统需要有高、低压力的选择。因此这种回路一般利用两个溢流减压阀与换向阀实现高低两种压力的转换。如图 8-41 所示。

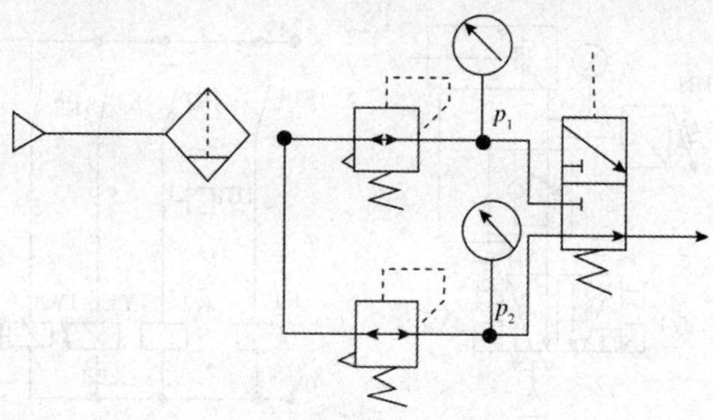


图 8-41　高低压转换回路

## 【任务实施】

### 一、参考方案

其气动控制回路图及电气控制回路图如图 8-42、图 8-43 所示。

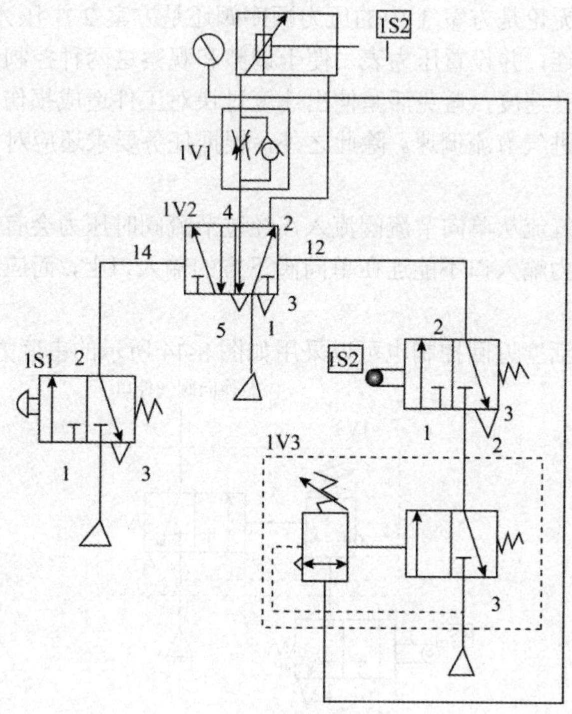


图 8-42　气动控制回路图

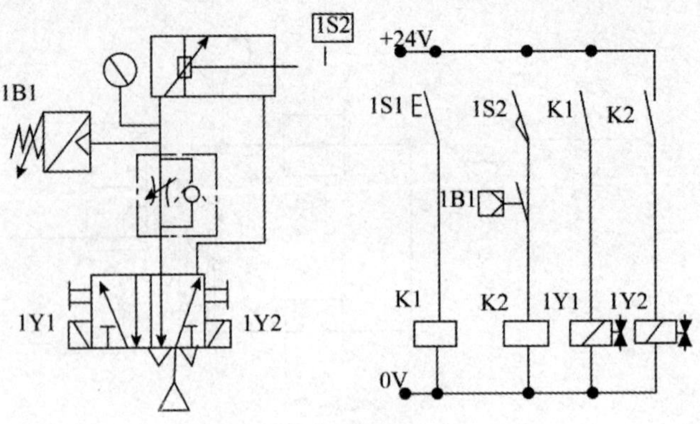


图 8-43 电气控制回路图

## 二、回路分析

本项目采用两种控制方案，方案 1 为利用压力顺序阀实现的气动控制；方案 2 为利用压力开关实现的电气控制。

在这个任务中需检测的压印压力为 3bar，这个压力是由气缸无杆腔中的气压作用在活塞上产生的。所以，无论是方案 1 中的压力顺序阀还是方案 2 中压力开关的压力输出口，都应与气缸无杆腔相连，并设置压力表，便于调整和观察这两种控制元件的动作压力。为了降低压印时压力上升速度，避免活塞伸出速度过快对工件造成损伤，通过一个单向节流阀对活塞的伸出进行进气节流调速。除此之外，根据任务要求还应对气缸活塞是否已完全伸出进行位置检测。

应当注意的是，气流从单向节流阀流入，经过节流阀时压力会有所损失，所以压力顺序阀和压力开关的压力输入口不能连在单向阀下方的输入口上，而应连在其与气缸无杆腔相连通的输出口上。

方案 1 中的气缸活塞返回控制也可以采用如图 8-44 所示的串联方法。

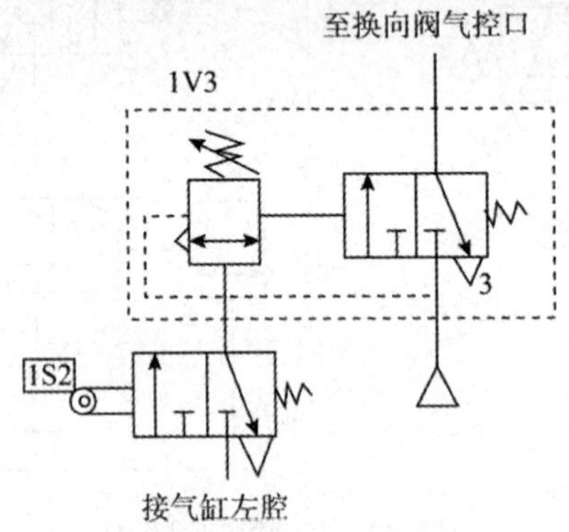


图 8-44 方案 1 的另一种返回控制方法

## 【课后总结】

本任务主要介绍了压力控制阀的种类、结构、工作原理及其应用。通过对本任务的学习，要求学生熟练掌握这种气动元件的结构和工作原理。并能在实践中合理地使用他们。

【考核评价】

1．简述减压阀和顺序阀的工作原理。
2．简述压力控制回路的分类及各类别的应用

# 任务 6　剪板机气压传动回路的构建

【任务引入】

## 一、任务说明

如图 8-45 所示剪板机可以对不同大小的板材进行剪裁，其剪切刀具的向下裁切以及返回通过一个双作用气缸活塞杆的伸出和缩回来实现。在防护罩（图中未画出）放下后，按下一个按钮使活塞杆带动刀具伸出。活塞杆伸到头即裁切结束，活塞自动缩回。为保证裁切质量，要求刀具伸出时有较高的速度；返回时为减少冲击，速度则不应过快。

图 8-45　剪板机

## 二、任务分析

本任务要求气缸伸出和缩回时速度不同。伸出时，要实现气缸的快速动作，这就要求进气和排气的流量大。缩回时，要求速度比较慢，并且可以调节。为满足动作的要求，需要使用速度控制元件来构建速度控制回路。

【理论指导】

在气压传动系统中，有时需要控制气缸的运动速度，有时需要控制换向阀的切换时间和气动信号的传递速度，这些都需要调节压缩空气的流量来实现。流量控制阀就是通过改变阀的通流截面积来实现流量控制的元件。流量控制阀包括节流阀、单向节流阀、排气节流阀和快速排气阀等。

## 一、节流阀

如图 8-46 所示为圆柱斜切型节流阀的结构图。压缩空气由 P 口进入，经过节流后，由 A 口流出。旋转阀芯螺杆，就可改变节流口的开度，这样就调节了压缩空气的流量。由于这种节流阀的结构简单、体积小，故应用范围较广。

## 二、单向节流阀

单向节流阀是由单向阀和节流阀并联而成的组合式流量控制阀，如图 8-47 所示。当气流沿着一个方向，例如 P-A（如图（a））流动时，经过节流阀节流；反方向（如图（b））流动，由 A-P 时单向阀打开，不节流，单向节流阀常用于气缸的调速和延时回路。

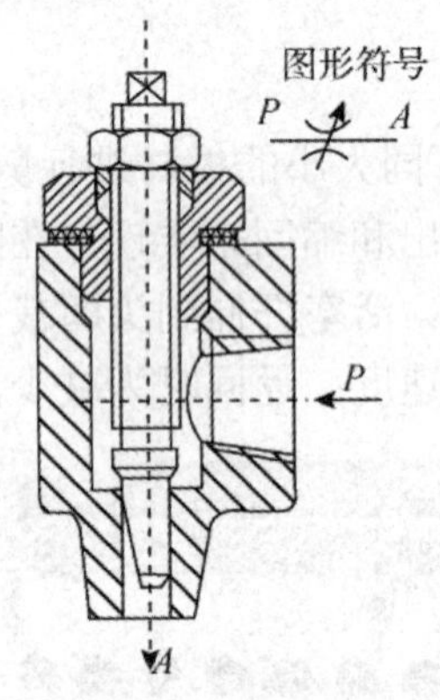


图 8-46　节流阀的结构原理图

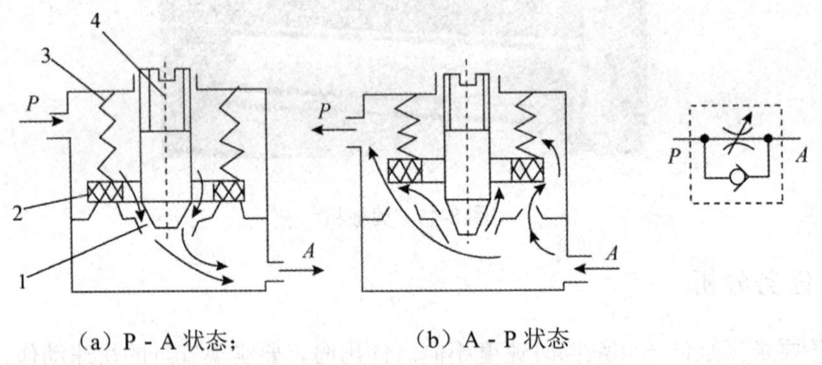


图 8-47　单向节流阀的工作原理图

1-节流口（三角沟槽式）；2-单向阀；3-弹簧；4-调节杆

## 三、排气节流阀

排气节流阀是装在执行元件的排气口处，调节进入大气中气体流量的一种控制阀。它不仅能调节执行元件的运动速度，还常带有消声器件，所以也能起降低排气噪声的作用。

图 8-48 为排气节流阀工作原理图。其工作原理和节流阀类似，靠调节节流口 1 处的通

流面积来调节排气流量，由消声套 2 来减小排气噪声。

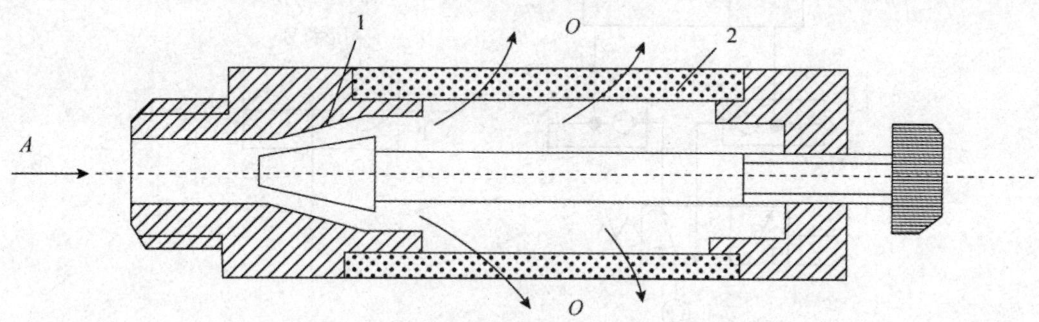


图 8-48　排气节流阀工作原理图

1-节流口；2-消声套

对于用流量控制的方法控制气缸内活塞的运动速度，采用气动比采用液压困难。特别是在极低速控制中，按照预定行程变化很难用气动来控制速度。在外部负载变化很大时，仅用气动流量阀也不会得到满意的调速效果。为提高其运动平稳性，建议采用气油联动。

## 四、快速排气阀

图 8-49 为快速排气阀工作原理图。

进气口 P 进入压缩空气，并将密封活塞迅速上移，开启阀口 2，同时关闭排气口 O，使进气口 P 和工作口 A 相通；当 P 口没有压缩空气进入时，在 A 口和 P 口压差作用下，密封活塞迅速下降，关闭 P 口，使 A 口通过 O 口快速排气。

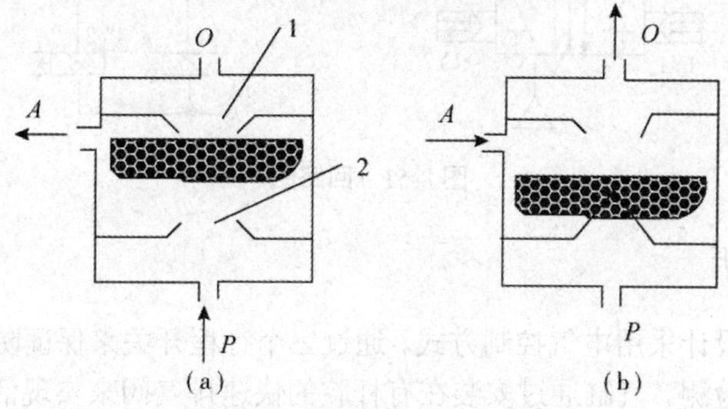


图 8-49　快速排气阀工作原理图

1、2-阀口

快速排气阀常安装在换向阀和气缸之间。图 8-50 表示了快速排气阀在回路中的应用。它使气缸的排气不用通过换向阀而快速排出，从而加速了气缸往复的运动速度，缩短了工作周期。

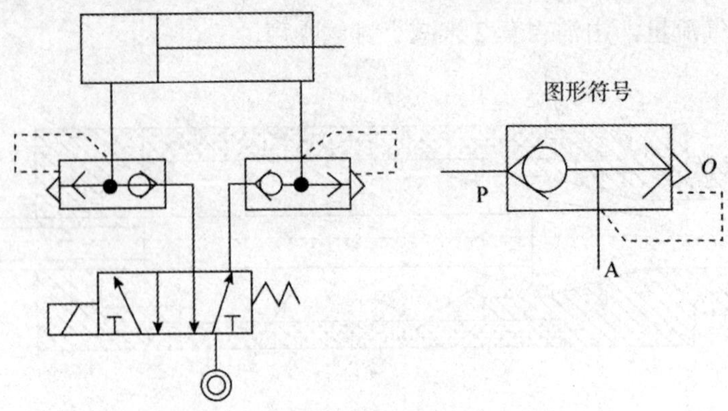


图 8-50　快速排气阀的应用回路

【任务实施】

## 一、参考方案

回路图如图 8-51 所示。

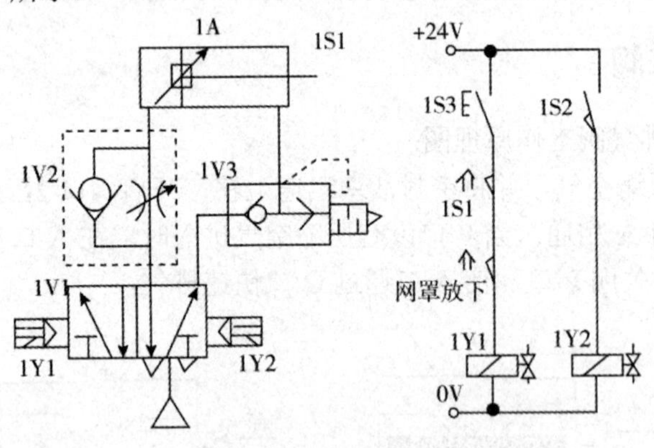


图 8-51　回路图

## 二、回路分析

该项目的回路设计采用电气控制方式。通过三个行程开关来保证防护罩放下并且对气缸活塞杆位置进行检测。气缸通过安装在有杆腔的快速排气阀来实现活塞的高速伸出。为了减少冲击，气缸返回时在气缸无杆腔安装一个单向节流阀对气缸返回进行节流排气，实现稳定的慢速返回。

在实验中可以将单向节流阀改为进气节流方式进行安装。随着节流口的减小，发现在速度较低时，气缸活塞的缩回会出现时走时停的爬行，这体现了进气节流时带来的活塞运动速度的不稳定。而采用排气节流，在相同的速度下活塞的爬行现象能明显改善，说明了排气节流能使活塞运动获得较好的速度稳定性。

## 【课后总结】

本任务主要讲述了流量控制阀的种类、结构、工作原理及其应用。通过对本任务的学习，要求读者熟练掌握这种气动元件的结构和工作原理，并能在实践中合理地使用他们。

## 【考核评价】

1．简述单向节流阀的工作原理及应用。

2．简述快速排气阀的作用。

# 项目九　气动系统的预防性维修、常见故障诊断与维修

【项目重点】

- H400 型加工中心气压传动系统的预防性维修
- 立式加工中心气动控制系统故障诊断与维修

【项目目标】

- 掌握如何对气动系统进行维护
- 掌握气压系统常见故障及排除方法

## 任务 1　H400 型加工中心气压传动系统的预防性维修

【任务说明】

### 一、任务引入

加工中心是典型的集高新技术于一体的机械加工设备，它具有工序集中、对加工对象的适应性强、加工精度高、加工生产率高、经济效益高、有利于生产管理的现代化等特点。但加工中心价格普遍比较昂贵，维修难度大且费用高。

如何使加工中心保持良好的技术状态，延缓劣化进程，并及时发现和消灭故障隐患，保证安全运行呢?

本任务要求了解并分析 H400 型卧式加工中心的工作情况，针对其气压传动系统，制定合理的预防性维修方案，并加以实施。

### 二、任务分析

H400 型卧式加工中心气压系统主要包括松刀汽缸、双工作台交换、工作台夹紧、鞍座锁紧、鞍座定位、工作台定位面吹气、刀库移动、主轴锥孔吹气等几个气压传动支路。

对气压系统的预防性维修，是保持气压系统长期可靠运行的基础。一方面，可保证机床的加工精度，另一方面，可延长机床的使用寿命，从而减少维修量，降低维修成本。

【理论指导】

气压系统的预防性维修主要针对压缩空气和气动元件两方面进行。

## 一、压缩空气污染的预防性维修

压缩空气的质量对气压传动系统性能的影响极大，压缩空气污染主要来自水分、油分和粉尘三个方面。水分会使管道、阀气缸腐蚀；油分会使橡胶、塑料和密封材料变质；粉尘会使阀体动作失灵。针对以上问题，应采取以下预防措施：

（1）及时排除系统各排水阀中积存的冷凝水，经常注意自动排水器、干燥器的工作是否正常，定期清洗空气过滤器、自动排水器的内部元件等。

（2）清除压缩空气中油分，较大的油分颗粒，通过除油器和空气过滤器的分离作用同空气分开，从设备的底部排污阀排除。较小的油分颗粒，则通过活性炭吸附作用清除。

（3）及时清洁、清扫、擦拭设备，注意保护、保持环境的清洁和保持良好的通风；选用合适的过滤器，可减少和清除压缩空气中的粉尘。

## 二、气动元件的预防性维修

（1）适度的润滑。气动系统中从控制元件到执行元件，凡有相对运动的表面都需要润滑。如果润滑不良，会使摩擦阻力增大、密封面磨损、生锈等。摩擦阻力会导致元件运动不良；密封面磨损会引起系统泄露。预防措施：保证空气中含有适量的润滑油。润滑方法一般采用油雾器进行喷雾润滑，油雾器一般安装有过滤器和减压阀。

润滑油的性质直接影响润滑效果。通常，高温环境下用高粘度的，低温环境下用低粘度润滑油。如果温度特别低，为克服起雾困难可在油杯内装加热器。供油量是随润滑部位的形状、运动状态及负载大小而变化，供油量需大于实际需要量，一般以每 10$m^3$ 自由空气供给 1mL 的油量为基准。检查润滑是否良好的一个方法：使用一张白纸放在换向阀的排气口附近，如果阀在 3~4 个循环后，白纸上只有很轻的斑点，表明润滑良好。

（2）保持密封性。泄露不仅增加能量的消耗，也会导致气压力的下降，甚至会造成气动元件的工作失常。严重的漏气在气压系统停止运行时，由漏气引起的响声很容易发现；轻微的漏气则可应用仪表，或用涂抹肥皂水的办法检测。

（3）保证气动元件中运动零件的灵敏性。从空气压缩机排出的压缩空气，包含有粒度为 0.01～0.08um的压缩机油微粒，在高温下，这些油粒会迅速氧化，粘性增大，并逐步液态固化成油泥。当它们进入到换向阀后便附在阀芯上，使阀的灵敏度逐步降低，甚至出现动作失灵。为了清除油泥，保证灵敏度，可在气动系统的过滤器后，安装油雾分离器，将油泥分离出来。此外，定期清洗阀也可以保证阀的灵敏度。

（4）制订和建立必要的定期保养制度。各类机床因其功能，结构及系统的不同，各具不同的特性。其维护保养的内容和规则也各有其特点，具体应根据其机床种类、型号及实际使用情况，并参照机床使用说明书要求制订和建立必要的定期保养制度。具体内容参照表 9-1。

表 9-1 定期保养制度

| 元件名称 | 点检内容 |
| --- | --- |
| 气缸 | （1）活塞杆与端面之间是否漏气<br>（2）活塞杆是否有划伤、变形<br>（3）管接头、配管是否划伤、损坏<br>（4）气缸动作时有无异常声音<br>（5）缓冲效果是否合乎要求 |
| 电磁阀 | （1）电磁阀外壳温度是否过高<br>（2）电磁阀动作时，工作是否正常<br>（3）气缸行程到末端时，通过检查阀的排气口是否有漏气来诊断电磁阀是否漏气<br>（4）紧固螺栓及管接头是否松动<br>（5）电压是否正常，电线是否损坏<br>（6）通过检查排气口是否被油润湿，或排气是否在白纸上留有油雾斑点来判断润滑是否正常 |
| 油雾器 | （1）油杯内油量是否足够，润滑油是否变色、混浊，油杯底部是否沉积有灰尘和水<br>（2）滴油量是否合适 |
| 调压阀 | （1）压力表读数是否在规定范围内<br>（2）调压阀盖或锁紧螺母是否锁紧<br>（3）有无漏气 |
| 过滤器 | （1）储水杯中是否积存冷凝水<br>（2）滤芯是否应该清洗或更换<br>（3）冷凝水排放阀动作是否可靠 |
| 安全阀及压力继电器 | （1）在调定压力下动作是否可靠<br>（2）校验合格后，是否有铅封或锁紧<br>（3）电线是否损伤，绝缘是否可靠 |

上述各项检查和修复的结果应记录下来，以作为设备出现故障时查找原因和设备大修时的参考。

## 【任务实施】

H400 型卧式加工中心气压传动系统要求提供一定压力的压缩空气。压缩空气通过管道连接到气压传动系统的调压、过滤、油雾气压传动三联件。经过气压传动三联件后，干燥、洁净并加入适当润滑用油雾，然后提供给后面的执行机构使用，从而保证整个气动系统的稳定安全运行，避免或减少执行部件、控制部件的磨损而使寿命降低。

对 H400 型卧式加工中心的预防性维修主要从以下几个方面进行：

### 一、管路系统点检

主要内容是对冷凝水和润滑油的管理。冷凝水的排放，一般应当在气动装置运行之前

进行。但是当夜间温度低于0℃时，为防止冷凝水冻结，气动装置运行结束后，应开启放水阀门排放冷凝水。补充润滑油时，要检查油雾器中油的质量和滴油量是否符合要求。此外，点检还应包括检查供气压力是否正常，有无漏气现象等。

### 二、气动元件的定检

主要内容是彻底处理系统的漏气现象。例如更换密封元件，处理管接头或连接螺钉松动等。定期检验测量仪表、安全阀和压力继电器;定期对各润滑、气压系统的过滤器或过滤网进行清洗或更换;定期对液压系统进行油质化验检查、添加和更换液压油;定期对气压系统分水滤气器放水。

### 三、定期更换易损零件

气动系统的大修间隔期为一年或几年。其主要内容是检查系统各元件和部件，判定其性能和寿命，并对平时产生故障的部位进行检修或更换元件，排除修理间隔期间内一切可能产生故障的因素。

### 【课后总结】

本任务主要讲述了 H400 型加工中心气压传动系统的预防性维修。通过本任务的学习，读者可以掌握气压系统预防性维护的基本知识，养成良好使用气压设备的习惯，为今后从事此项工作打下良好的基础。

### 【考核评价】

1．H400 型加工中心气压传动系统定期保养制度的具体内容包括哪些？
2．简述气动元件的润滑需要注意哪些问题。

## 任务 2　立式加工中心气动控制系统故障诊断与维修

### 【任务说明】

### 一、任务引入

如图 9-1 所示为立式加工中心的气动控制原理。该系统在换刀过程中实现主轴定位、主轴松刀、拔刀、向主轴吹气和插刀动作。现出现以下故障：

（1）该加工中心换刀时，向主轴锥孔吹气，把含有铁锈的水分子吹出，并附着在主轴锥孔和刀柄上。

（2）该加工中心换刀时，主轴松刀动作缓慢。

（3）该加工中心插刀、拔刀动作缓慢或不动作。

要求根据故障的现象，分析故障原因，提出维修方案并加以实施。

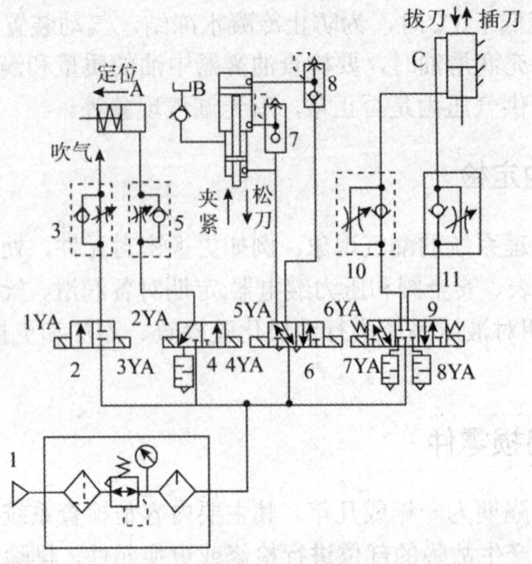


图 9-1　所示为立式加工中心的气动控制原理图

1-气动三联件；2、4、6、9-换向阀；3、5、10、11-单向阀；7、8-梭阀

## 二、任务分析

吹气吹出含有铁锈的水分子，说明空气中含有水分，水分会使管道、阀和气缸腐蚀；换刀时主轴松刀动作缓慢的主要原因是泄漏。泄漏导致气压力下降，甚至造成气动元件工作失常。以上故障如不及时排除，有可能会造成更大的故障，甚至造成安全事故。

## 【理论指导】

## 一、气动系统故障的分类

根据故障发生的时期、内容和原因不同，将故障分为初期故障、突发故障和老化故障。

（1）初期故障。主要是元件加工、装配不良、设计失误；安装不符合要求、维护管理不善；在调试阶段和开始运转的二、三个月内发生的故障。

（2）突发故障。系统在稳定运行时期突然发生的故障。

（3）老化故障。个别或少数元件达到使用寿命后发生的故障。其发生期限是可以预测的。

## 二、故障的诊断方法

（1）经验法（直观检查法）。可按中医诊断病人的四字，望、闻、问、切，具体方法在学习液压系统时已经介绍过。

（2）逻辑推理。原则是：由简到繁、由易到难、由表及里地逐一进行分析，排除掉不可能的和非主要的故障原因。先查故障发生前曾调试或更换的元件和故障率高的元件。

（3）仪表分析法。利用检测仪器仪表，如压力表、差压计、电压表、温度计等，检查系统或元件的技术参数是否合乎要求。

（4）部分停止法。即暂时停止气动系统部分的工作，观察对故障征兆的影响。

（5）试探反证法。试探性地改变气动系统中部分工作条件，观察对故障征兆的影响。

（6）比较法。即用标准的或合格的元件代替系统中相同的元件，通过工作状况的对比，来判断被更换的元件是否失效。

## 【维修方案】

### 一、故障现象一

故障产生的原因是压缩空气中含有水分。可采用空气干燥机，使用干燥后的压缩空气问题即可解决。若受条件限制，没有空气干燥机，也可在主轴锥孔吹气的管路上进行两次分水过滤，设置自动放水装置，并对气路中相关零件进行防锈处理，故障即可排除。

### 二、故障现象二

根据该加工中心气动控制原理图分析，主轴松刀动作缓慢的原因有:

（1）气动系统压力太低或流量不足。

（2）机床主轴拉刀系统有故障，如碟型弹簧破损等。

（3）主轴松刀气缸有故障。

根据分析，首先检查气动系统的压力，压力表显示压力正常。将机床操作转为手动，手动控制主轴松刀，发现系统压力明显下降，气缸的活塞杆缓慢伸出，故判定气缸内部漏气。拆下气缸，打开端盖，压出活塞和活塞环，发现密封环破损，气缸内壁拉毛。更换新的气缸后，故障排除。

### 三、故障现象三

故障分析及处理过程：插刀、拔刀动作缓慢或不动作，主要是换向阀 9 和气体泄漏的故障。

（1）换向阀不能换向或换向动作缓慢，一般是因润滑不良、弹簧被卡住或损坏、油污或杂质卡住滑动部分等原因引起的。因此，应先检查油雾器的工作是否正常；润滑油的赫度是否合适。必要时，应更换润滑油，清洗换向阀的滑动部分，或更换弹簧和换向阀。

（2）换向阀经长时间使用后易出现阀芯密封圈磨损、阀杆和阀座损伤的现象，导致阀内气体泄漏，阀的动作缓慢或不能正常换向等故障。此时，应更换密封圈、阀杆和阀座，或更换新的换向阀。

## 【课后总结】

本任务通过对立式加工中心气动控制系统故障诊断与维修的学习，目的是使学生掌握气动系统故障诊断的方法并掌握系统故障的排除方法。

## 【考核评价】

1．气动系统故障诊断方法有哪些？

2．气动系统常见哪些故障，可能是何种原因？

# 参考文献

[1] 王婷，李萌，陈友伟. 机械基础[M]. 北京. 兵器工业出版社，2014.
[2] 朱祖武，赖武军，沈艳军. 机械加工技术[M]. 长春. 吉林大学出版社，2017.
[3] 王积伟. 液压与气压传动[M]. 北京. 机械工业出版社，2018.
[4] 左健民. 液压与气压传动[M]. 北京. 机械工业出版社，2016.
[5] 李海涛，肖珊. 液压与气压传动技术[M]. 北京. 人民邮电出版社，2016.
[6] 吕庆洲. 液压与气压传动技术[M]. 合肥. 中国科学技术出版社，2017.